北京市高等教育精品教材立项项目

高等院校石油天然气类规划教材

环境地质学

黄文辉　曾溅辉　主编

石油工业出版社

内容提要

本书围绕地质环境和人类活动产生的环境问题这一核心，以典型的环境地质问题、各种环境地质问题的产生机制和预防预测措施、环境评价为主线，论述了环境地质学的基本概念、研究内容及研究方法，着重研究了化石燃料等自然资源开发与利用的现状及所产生的环境问题，并列举了有关环境保护的相关法规。

本书可作为地质、矿产、石油行业高等院校本科生的“环境地质学”课程的教材，特别适合灾害地质、环境地质、资源勘查技术与工程和石油地质与工程等相关专业师生阅读，也适合从事油气田和煤田勘探开发工作的生产、科研人员参考。

图书在版编目(CIP)数据

环境地质学/黄文辉，曾溅辉主编.
北京：石油工业出版社，2011.5
高等院校石油天然气类规划教材
ISBN 978-7-5021-8242-7

Ⅰ.环…
Ⅱ.①黄… ②曾…
Ⅲ.环境地质学-高等学校-教材
Ⅳ.X141

中国版本图书馆 CIP 数据核字(2011)第 001467 号

出版发行：石油工业出版社
(北京安定门外安华里 2 区 1 号 100011)
网 址：www.petropub.com.cn
编辑部：(010)64523579 发行部：(010)64523620
经 销：全国新华书店
印 刷：石油工业出版社印刷厂

2011 年 5 月第 1 版 2011 年 5 月第 1 次印刷
787×1092 毫米 开本：1/16 印张：13.75
字数：347 千字

定价：22.00 元
(如出现印装质量问题，我社发行部负责调换)

《环境地质学》编写人员名单

主　编:黄文辉　曾溅辉

主　审:于兴河　李治平

参与编写的人员及单位(按汉语拼音排序):

黄文辉　中国地质大学(北京)

刘大锰　中国地质大学(北京)

曾溅辉　中国石油大学(北京)

张矿明　中国地质大学(北京)

赵峰华　中国矿业大学(北京)

Preface 前言

环境地质学是地球科学中的一门新兴的分支科学,也是地质科学与环境科学的交叉学科,其研究内容随着社会、经济与科学技术的发展而不断发生改变。20 世纪 50 年代以来,由于工业污染成为严重的环境问题,影响到人类健康和生态平衡,大批地质学家投入了环境问题的研究。一些国家纷纷建立环境地质研究机构,出版书刊。从学科的发展来看,到 20 世纪 70 年代中期,环境地质学已发展成为一门比较完整、独立的新学科。环境地质学更加重视研究地球地质环境的基本特性、功能和演变规律及其与人类活动之间相互作用、相互制约的关系。环境地质学的研究对象主要是人类社会与地质环境组成的复杂系统。环境地质学的任务是在了解地质环境组成要素的特征和变化规律的基础上,弄清人类活动与地质环境的相互关系,并且揭示各种环境地质问题的发生、发展和演化趋势,针对不同问题对地质环境进行质量评价,提出地质环境合理开发、利用和保护的对策与方法。

资源与环境是人类社会的健康和可持续性发展的基本条件,面对不断加剧的全球气候变化和更加频繁的环境与地质灾害,人们越来越认识到保护好整个地球环境的重要性。保护好人类共同赖以生存的地球,是人类长期面临的共同任务。

本书分为 6 篇 18 章。第 1 篇为基础理论,主要是为本课程的学习提供地质理论基础;第 2 篇为地球环境的内部变化,主要从板块构造理论出发,阐述了地震、火山等地质灾害的成因、分布以及对人类社会的影响;第 3 篇为地球环境的外部变化,主要介绍了地球的外部变化带来的地质灾害;第 4 篇为我国自然资源与环境,详述了我国几种自然资源的利用及其对环境的影响;第 5 篇为城市环境与人体健康,主要介绍了固体废物的处理、地方病的成因和分布;第 6 篇为环境法规,主要列举了我国环境保护法的立法原则与适用范围。本书内容精练,编写时力求内容的完整性及体系的合理性。在介绍新理论、新观念及新现象的同时,注重基本原理和基本概念的介绍,尽量融入近几年的最新研究成果。本书每一章的最后都有总结,并设置了复习思考、思维拓展和拓展阅读部分,为读者提供了更为广泛的思考和阅读的空间。

本书主要由中国地质大学(北京)、中国石油大学(北京)和中国矿业大学(北京)从事本领域教学与研究的老师编写完成,其中第 1 至第 6 章,第 11 和第 12 章由中国地质大学(北京)黄文辉和张矿明编写;第 7 至第 9 章由中国石油大学(北京)的曾溅辉编写;第 10 章、第 14 章由中国矿业大学(北京)的赵峰华和中国地质大学(北京)的张矿明编写;第 15 至第 18 章由中国地质大学(北京)刘大锰编写。全书由黄文辉和张矿明负责统稿，由中国地质大学（北京）于兴河和李治平主审。

本书在编写的过程中，得到了许多专家的支持，同时也得到了众多年轻同仁的热情帮助。本书参考和吸收了国内外其他院校的研究与教学成果，还参考和引用了国内不同院校不同时期编写的部分材料。谨对上述各位专家、同仁以及引用文献的作者们致以最诚挚的谢意。在编写过程中，作者特别得到了中国地质大学（北京）教务处和能源学院等单位的领导与老师的大力支持与帮助，在此也对他们深表感谢。

由于作者水平有限，本书在内容选择和编写深度方面，难免有不妥之处，敬请诸位读者予以批评指正。

编　者

2010 年 8 月

第1篇　基础理论

第2篇　地球环境的内部变化

第3篇 地球环境的外部变化

第4篇 我国自然资源与环境

第5篇　城市环境与人体健康

第6篇　环境法规

第1篇

基础理论

1 绪论

1.1 环境与环境问题

1.1.1 环境的概念

环境是相对于某一中心事物而言的，与某一中心事物相关的周围条件和状况的总和就是这一中心事物的环境。中心事物不同，环境也随之发生改变。人类的环境是指人类周围的自然和社会的全部条件及情况，以及影响这些外界因素的条件和物质。环境不是许多孤立的事物和现象的简单集合体，而是一个巨大的、有内在联系的、相互制约的有机系统。

人类赖以生存的地球环境自内而外呈现圈层状构造，与人类关系最密切的是地球表层的岩石圈、水圈和大气圈，在它们相互联系、相互作用、相互制约和相互转化的过程中又产生了生物圈及土壤圈，这五个圈层共同组成了人类赖以生存的自然环境。随着人类的诞生和不断地发展又产生了智慧圈，即通过人类活动把自然环境改造成既包括自然因素也包括社会因素的生存环境。

环境的组成要素不是杂乱无章地堆积在一起，特定地段的各种环境要素是通过一定的结构、物质过程及相互联系构成一个整体的。在这个系统中，环境要素之间的相互作用通常遵循以下 3 个规律：

(1)木桶定律，即环境要素的平均状况不能决定其整体环境的质量，环境要素之中与最优状态差距最大的要素是决定整体环境质量的限制性因素。

(2)整体大于部分之和原理，环境整体的性状不同于其组成要素性状之和，环境整体的功能也大于其组成要素功能之和，环境各要素之间的物质迁移转换过程，使得环境整体的效应发生了质的变化。

(3)相互依赖性和不可替代性，各个环境要素之间存在着复杂的物质迁移转化和能量传递变换过程，每个要素的功能和作用均有差异，这就构成了它们之间的相互依赖性和不可替代性。

1.1.2 环境问题

环境问题是指因自然过程突变或人类活动引起的生态破坏和环境质量变化，以及由此给人类生产、生活和健康带来的不利影响。在人类生存与发展的历程中，环境问题在某种意义上是难免的，这是因为人类认识的局限性和环境的复杂多变性使得预见人类对环境较远、间接的影响是困难的。在人类赖以生存的这个地球舞台上，随着社会的发展和文明的进步，生产和生活方式的转变，人们对环境问题的认识也是与时俱进的。人类社会发展的不同时期有不同的环境问题，在采集与狩猎时代，人类面临的主要环境问题是生活资料缺乏引起的饥荒；在种植与畜牧时代，人类面临着一系列生态环境问题，如土地荒漠化、草场退化、水土流失加剧、水旱灾害频繁发生等；在现代工业化时代，人类大规模地垦殖、开采矿物资源、砍伐森林等，通过对自然环境进行深度改造和利用取得了辉煌一时的成就，便使得人们盲目自信起来，与此同时，人类对资源的消耗、废弃物的大量排放带来了一系列环境污染、生态破坏等严重的全球性环境问题。

环境问题按其发生机理可分为三大类：

(1)原生环境问题，是指由自然过程突变引起的各种自然灾害，包含天文灾害(如超新星爆发、陨石冲击等)、地质灾害(如火山爆发、地震等)、气象水文灾害(如水旱灾、沙尘暴等)、海洋灾害(如台风、海啸、厄尔尼诺等)、土壤及生物灾害(如水土流失、物种灭绝、地方病等)。这些环境问题一般是人类目前无法控制的，其发生是人们难以预测的，其危害后果也是难以估量的。对这类环境问题目前只能采取预防、减轻或避免危害的方法。

(2)次生环境问题，是指由于人类不合理的社会经济活动造成的对自然环境的破坏，包括环境污染和生态破坏。环境污染和生态破坏两者互为因果，不能截然分开。严重的环境污染可以导致生物死亡从而引起生态破坏；生态破坏又可以降低自然环境的自净能力，从而加剧环境污染的程度。

(3)第三环境问题，是指由于社会结构的不合理所造成的，如由于经济和社会发展水平低下或比例失调引起的各种社会问题。

综上所述，要解决环境问题需要逐步调整和改善主体群对环境的行为准则，并在坚持全过程控制原则和双赢原则的基础上，通过经济、法律和教育等手段协调人类社会发展与环境的相互关系。

1.2 环境地质学的研究对象与方法

1.2.1 环境地质学的研究对象与任务

随着地球环境的日益恶化和自然灾害的频繁发生，人们已经意识到所有的环境问题都与地质环境密切相关。一方面，大地构造循环、岩石循环、地球化学循环、水循环对大陆与海洋的分布和全球性气候变化起着决定性作用，控制着地貌、岩石、矿物、土壤、水体的空间分布；另一方面，人类的生存离不开地质环境，人类的活动又在改变着地质环境。人类与地质环境之间存在着相互作用、相互制约的密切关系。

环境地质学是地质科学中的一门新兴的分支科学，也是环境科学的重要的组成部分。它是应用地质科学、环境科学以及其他相关学科的理论和方法，研究地质环境的基本特性、功能和演变规律及其与人类活动之间相互作用、相互制约的关系的一门科学。环境地质学的研究对象是人类社会与地质环境组成的复杂系统。

环境地质学的任务是在分析地质环境组成要素的特征和变化规律的基础上，研究人类活动与地质环境的相互关系，揭示环境的地质问题的发生、发展和演化趋势，全面评价地质环境质量，提出地质环境合理开发、利用和保护的对策与方法，为实现人类经济社会的可持续发展提供科学的依据。

1.2.2 环境地质学的分支学科

目前环境地质学还没有形成系统的学科体系，但作为一门综合性的科学，正向许多新的分支学科发展。

根据研究对象、研究内容的差异以及学科的特点，可将环境地质学分为理论环境地质学、综合环境地质学、部门环境地质学、灾害环境地质学、社会环境地质学等。如果把环境地质学作为一门应用地质学，则按地质学基础性学科的分支，环境地质学可分为环境水文学、环境工程学、环境地球化学、环境矿产资源学等。

目前，环境地质学体系中比较成熟的分支学科主要有环境水文地质学、环境工程地质学、环境地球化学、灾害地质学、城市环境地质学、矿山环境地质学、农业环境地质学等。

随着地质学各个分支学科向环境科学的交叉渗透，环境地质学的学科体系正在不断充实和完善。许多重大环境地质问题，如区域稳定性评价、滑坡、泥石流、地震、固体废物处理等，都已经形成新的专门学科。

1.2.3 环境地质学的研究方法

环境地质学的研究具有研究对象的区域性、研究思路的系统性、研究方法的综合性与多样性、研究成果的实用性等特点。环境地质学的研究方法必须与上述特点和环境地质学的研究内容相适应，环境地质学的研究方法如下：

(1)自然历史分析法。自然历史分析法是通过已有环境地质问题的形成条件、机制和环境地质作用的研究，类比预测未来可能产生的变化和问题，这种“由已知推未知”的方法是环境地质研究必须遵循的基本研究思路。

(2)地球化学法。地球化学法是通过化学物质在环境中的迁移转化规律以及对矿物组成和结构的研究，探索地质环境的变化。例如，克山病、氟中毒等疾病的地区分布与某些环境地质因素有关，研究这种特定区域地质环境中的化学元素的丰度及其在各个生态环境中的运动规律，有利于揭示人体健康与地质环境间的内在联系。

(3)系统分析方法。环境地质学的研究对象是具有复杂圈层结构、层次分明的人—地环境系统，涉及自然地球系统和人类经济社会活动等多方面因素。在确定各种环境要素之间的关系、综合分析影响地质环境质量的地球动力和人类活动之间的相互作用的基础上，必须应用现代数学原理和计算方法，重点剖析大气圈、水圈、岩石圈和生物圈的相互作用以及人类活动对全球环境和生态系统的影响，建立表达人—地环境系统相互作用的动态模型，为生态破坏、环境污染和地质灾害等环境地质问题的预防和治理提供有效的优化方案。

(4)环境地质制图方法。环境地质问题具有空间性、动态性和综合性。分析、研究环境地质问题，全面、系统地调查收集资料并绘制专题图件是最基本的方法，这一过程包括对自然的、社会的环境要素的调查、描述、取样和监测，掌握地质环境的特征，分析环境地质问题的发生机制、分布规律，进行环境地质图件的编制等。

(5)模型模拟与预测方法。模型模拟方法是对环境系统的结构、功能和演化特征进行模拟和仿真，主要有结构模型、评价模型、仿真模型和预测模型等。模型模拟是在环境地质调查、资料收集和分析测试基础上进行的。环境地质研究需要从时间、空间和强度上对环境地质问题的演化做出预测,减轻或避免因环境地质问题而引发的灾难和损失。预测方法主要立足于以下三个方面:以监测为主要手段的预测预报研究;基于成因机理的预测预报研究;数学模型模拟预测预报研究。预测模型大体上可分为统计预测模型、数值模拟预测模型和系统预测模型。

(6)环境地质评价方法。环境地质评价的目的是通过揭示环境地质问题的发生和发展规律,评价其危险性及其对人类造成的破坏损失,分析人类社会在现有经济技术条件下防灾减灾的能力,运用经济学原理评价灾害防治和污染治理的经济投入及其环境效益、经济效益和社会效益。环境地质评价方法主要有模糊类聚法、模糊综合判别及系统分析法等,评价内容包括强度评价、破坏损失评价、危险性评价和防治工程评价等。

(7)现代科学技术方法。在现代及未来环境地质学研究中,更普遍采用的方法和技术手段是观测和探测技术、测试与分析技术、模型与实验技术和资料信息的计算与处理技术。卫星遥感(RS)、全球数字地震台网、全球定位系统(GPS)、地理信息系统(GIS)、环境同位素技术等高新技术和手段为环境地质学从宏观到微观、从定性到定量、从浅部到深部、从地球到宇宙空间的全方位多层次的研究提供了广阔的前景。

1.3 环境地质学的发展简史

1.3.1 环境地质学的孕育

从很早开始,人类在开发地质环境并在与地质环境恶化的现象做斗争的过程中,开始不断积累知识和总结经验,逐步提高了对地质环境的认识。在中国古代,大禹治水、开凿南北大运河、引浊放淤、排沟筑岸、建造台田等,多是合理开发利用地质资源和保护地质环境的典型范例。人类是地球环境演化的产物,也是地球环境的改造者。自从有了人类,人类与地表环境间的相互作用和影响就开始了,而且,随着人类社会的发展,这种作用和影响越来越显著。如今,人类活动已经成为全球变化的重要作用,而人类面临的环境威胁也更加严峻。这也是环境科学包括环境地质学产生的历史原因。

环境地质学的真正酝酿是从200年前的工业革命开始的。工业社会的发展带动了社会经济和科技生产力水平的巨大发展,但也极大地加快了对自然资源的消耗速度,并带来了废弃物排放量的剧增以及一系列的连锁反应。人类有史以来从未遇到的环境问题相继爆发,这引起了科学家们的重视与警惕。19世纪末,法国人文地理学家布拉什在其所著《人地学原理》中指出,人是一个积极的因素,自然环境提供了可能性的范围,而人类在创造自身的居住地时,又反过来按照他们的需要、愿望和能力来利用这种可能性。美国学者G. P. Marsh在其1864年出版的《人与自然》一书中,论述了人类活动对森林、水体、土壤的影响,并呼吁开展自然保护运动。他们都从不同角度来分析人与自然环境的关系,从而拉开了对环境和环境地质问题的研究与探索的序幕。

1.3.2 环境地质学的创立与发展

T. E. Hackett(1962)最早提出“环境地质学”一词,并很快被广泛地接受,出现了专门的文献。P. H. Moser在1969年指出:“环境地质学是应用地质学、水文地质学、工程地质学、地球物理学和其他相关科学的原理,来研究一个地区的资源如何为人类的最大利益而得到发展”。进入20世纪80年代,环境地质学在西方国家已初步形成为一门比较系统的学科,如美国

E. A. Keller、D. R. Coates、L. W. Lundgren、C. W. Montogmery 等人都曾著过《环境地质学》。

随着国内大量环境地质问题的出现，地质环境开发和保护方面要求的提高以及国际环境保护交流工作的加强，中国环境地质学也开始创立并得到发展。20 世纪 80 至 90 年代，环境地质学的理论与方法在中国进入了深入的研究、讨论阶段。刘培桐、关伯仁于 1980 年提出："环境地学是环境科学的一个分支，以人—地系统为对象，研究其发展、组成和结构、调节和控制、改造和利用的学科"。刘东生、万国江等于 1980 年提出："环境地质学是研究人类活动和地质环境相互作用的学科，是地质学的一个分支，也是环境地学的组成部分"，"研究内容包括自然和人为引起的环境地质问题"。张宗祜于 1988 年提出："环境地质学应当是研究人类技术经济活动与地质环境相互影响的学科"，"环境地质工作中，要考虑自然—技术系统的空间范围的界限，考虑决定工程与地质环境相互作用的可能范围"。陈梦熊于 1995 年提出："环境地质科学是地质科学与环境科学两者互相渗透重新组合形成的一门新的边缘学科"。

李鄂荣等（1991）、徐增亮等（1992）分别以 E. A. Keller 的《环境地质学（第三版）》（1976）为蓝本，分别在地质出版社和青岛海洋大学出版社编著出版了《环境地质学》；李铁锋等（1996）编著出版了《环境地学概论》。近几年潘懋等（1997）、戴塔根等（1999）、朱大奎等（2000）、吴志亮等（2001）相继编著出版了《环境地质学》。这些教材从不同侧面广泛地探讨了环境地质学的基本概念、学科特点、理论体系、研究内容和对象等内容，使环境地质学逐渐发展成为一门比较完整的独立学科。上述教材各有特色，并具有行业特点，如戴塔根等的环境地质学教材主要适用于地矿工程专业的学生，朱大奎等的教材更适合地理专业的学生，潘懋等编著的教材侧重于地质类专业的学生。

目前，中国在环境地质研究方面已开展了大量工作，取得了许多重要的成果。中国地质学会于 1987 年 3 月正式成立了环境地质专业委员会，并召开了全国第一届环境地质学术交流会议，着重对区域环境地质、城市环境地质、地震地质灾害、环境水文地质、环境地质制图以及新技术、新方法在环境地质调查研究的运用等进行了交流、讨论。自 20 世纪 80 年代中期开始，中国与环境地质有关的调查研究工作得到了广泛的开展，取得了大量成果，如晚更新世以来地质环境演化趋势的基础性研究、区域性环境地质图系编制和论证、沿海经济发达地区及城市环境地质调查研究、水资源开发引起的环境地质问题研究、农业环境地质调查研究、重大或专项工程地质调查研究和地方病调查研究等。

随着环境科学的快速发展，各分支学科针对原有学科范围内相关环境问题研究的局限性以及环境科学研究对象人—地环境系统的整体性等，都要求环境科学研究向整体综合化方向发展，要与现代科技发展水平以及社会实践的需要相适应。

目前，环境地质学的发展正是这样，它应用地球系统科学的全球性高综合的大学科优势，按照可持续发展的战略思想，广泛开展人类与地球环境相互作用结果以及全球变化等领域的理论研究和实践活动，为实现人类与自然和谐共存、协调发展的目标发挥着应有的作用。

随着地球环境的日益恶化和自然灾害的频繁发生，人们已经意识到所有的环境问题都与地质环境密切相关。环境地质学是地质科学中的一门新兴的分支科学，也是环

境科学的重要的组成部分。它是应用地质科学、环境科学以及其他相关学科的理论和方法,研究地质环境的基本特性、功能和演变规律及其与人类活动之间相互作用、相互制约的关系的一门科学。其研究对象是人类社会与地质环境组成的复杂系统。环境地质学的研究具有研究对象的区域性、研究思路的系统性、研究方法的综合性与多样性、研究成果的实用性等特点。

复习思考

1. 什么是环境?试简述不同自然带聚落环境的差异性及其原因。
2. 通过查阅相关资料,试说明环境地质学与环境地理学的主要差异。
3. 查阅相关资料,试叙述环境地质学的最新进展。
4. 如何理解人类环境及人—地环境系统?
5. 环境地质学的主要研究内容有哪些?

思维拓展

在21世纪初期阶段,中国仍将处在工业化和城镇化加速发展的阶段,资源消耗强度将进一步增大。面对人口不断增长,环境压力加大的挑战,必须加快“建设资源节约型、环境友好型社会”。请结合所学内容,谈谈环境地质学在这一方面的重要作用及其研究的主要方法与技术方法。

拓展阅读

[1] 廉有轩. 环境地学. 北京:中国环境科学出版社,2007.
[2] 潘懋等. 环境地质学. 北京:高等教育出版社,1996.
[3] 杨永杰. 环境学基础. 北京:化学工业出版社,2002.
[4] 赵烨. 环境地学. 北京:高等教育出版社,2007.

2　地球环境历史

2.1　宇宙中的地球

2.1.1　宇宙与天体

宇宙是人类对天地万物的统称。我国战国时代鲁人尸佼对宇宙的解释是“四方上下曰宇，古往今来曰宙。”辩证唯物主义认为，宇宙是物质世界，空间上无边无际，时间上无始无终。宇宙包罗万象，大至我们熟知的太阳、地球、月球，小至分子、原子、电子等粒子。

天体是日月星辰的统称，是宇宙中物质的存在形式。目前，人类利用先进的观测手段已能够看到宇宙中约150亿光年的范围。在这浩瀚的可视宇宙中，分布着无数各种各样的天体。在这些天体中有的大，有的小，有的发光称恒星（如太阳），有的环绕恒星运转称行星（如地球），有的环绕行星运转称卫星（如月球），还有由气体和尘埃组成的星云（云雾状块体，其密度很小，约 $1g/570m^3$）以及充满宇宙空间的极稀落的星际物质（为直径 0.3 ~ 3μm 的星际尘埃以及由 H、C、N、O、Ca、Na、K、Ti、Fe 等多种元素构成的密度非常小的星际气体，每立方厘米仅有一个原子），见图 2－1。

图 2－1　璀璨的宇宙

2.1.2　星系与太阳系

宇宙天体并不是均匀分布的，而是以漩涡形、椭圆形、透镜形或不规则形等，通过群体形式“聚集”分布。这些天体群分别是层次不同的星系。通常而言，星系是指包含几亿至上万亿颗恒星、行星和星际物质的天体系统，空间大小为几十至几千光年，厚度为 0.1 ~ 2 万光年的恒星系。地球所在的恒星系叫银河系，银河系的结构如图 2－2 所示。银河系之外的其他星系称为河外星系。所有星系构成总星系，它也是人类目前所能观测到的宇宙范围，约有数十亿星系分布其中。

太阳系（图 2－3）是银河系中距银心（银河系中心）27700 光年的绕银核运转的一个天体系统，该系统以太阳为中心，并由太阳和受太阳引力支配而环绕太阳运转的天体所构成。太阳

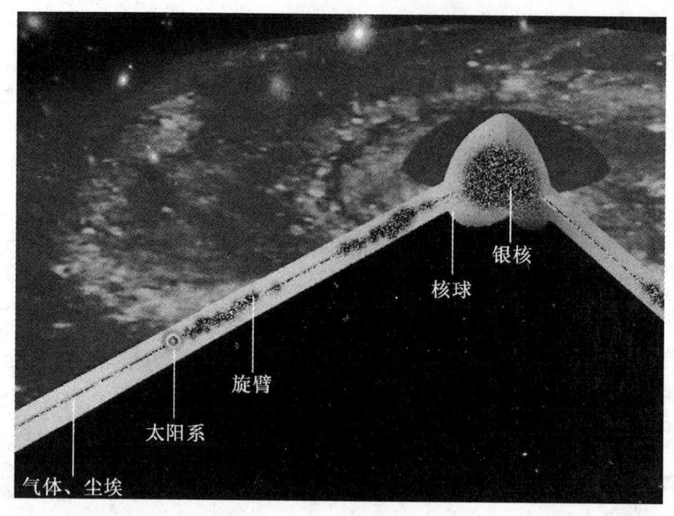

图 2－2　银河系的结构

图 2－3　太阳系

系中太阳占据了系统 99.86% 的质量，其他由太阳吸引的天体虽然总质量占系统的比例很小，但个体众多，分布空间庞大。据国际天文学联合会 2006 年 8 月在捷克首都布拉格大会的决议，除太阳外，太阳系的"家族成员"可分为三类。第一类是行星，指围绕太阳运转，自身引力足以克服其刚力而使天体呈圆球状，并能够清除其轨道附近其他物体的天体。符合这一定义的太阳系行星只有 8 个，依次为水星、金星、地球、火星、木星、土星、天王星、海王星。第二类是矮行星，是指与行星同样具有足够的质量，呈圆球状，但不能清除其轨道附近其他物体的天体。矮行星可被认为是二级行星，目前已列入矮行星行列的有冥王星、谷神星、齐娜、卡戎。第三类是太阳系小天体，是指围绕太阳运转但不符合行星和矮行星条件的天体。太阳系小天体有无数多个，已知有 1500 多颗彗星、流星，50 余颗卫星以及多分布在火星与木星轨道之间以及海王星轨道之外的万余颗小行星等。太阳系的大小天体都遵循万有引力定律，在自己的轨道上以自己的方式运转，这些天体相互影响，构成了一个永不停息的天体系统。

在太阳系中，太阳是个炽热的气体球，中心区温度达 $(1.5\sim2)\times10^7$K。太阳是个巨大的能量库，它以电磁波的形式不断地向宇宙空间辐射大量能量。地球所接受的太阳辐射能仅占其 $1/(20\times10^8)$，但正是这 $1/(20\times10^8)$ 的能量维持着地球上的生命活动。同时，由于太阳活动引起的电磁辐射和高能粒子流等的强弱变化对地球产生着显著的影响，地球的许多自然灾害均与太阳活动有关,如地震、天气异常、气候异常等。例如,据日本1608年至1925年的资料统计发现,太阳黑子多时日本内侧地震带地震增多,少时则外侧地震带地震增多。

2.1.3 宇宙的形成与演化

科学家利用望远镜观察最老的星球上的铀光谱,从而估计宇宙的年龄是 1.25×10^{10} 年。科学家对宇宙的年龄有不同的估计,根据不同的宇宙学模型,科学家估计宇宙的年龄是介乎 $(1\sim1.6)\times10^{10}$ 年之间;2001 年科学家利用南欧洲天文台的望远镜,观察一颗被称为 CS31082-001 的星球,量度星球上放射性同位素 ^{238}U 的光谱,从而计算出这星球的年龄是 1.25×10^{10} 年。

科学家认为宇宙起源为137亿年前之间的一次难以置信的大爆炸。这是一次难以想象的能量大爆炸。大爆炸散发的物质在太空中漂游,由许多恒星组成的巨大的星系就是由这些物质构成的,太阳就是这无数恒星中的一颗。原本人们想象宇宙会因引力而不再膨胀,但是科学家已发现宇宙中有一种"暗能量"会产生一种斥力而加速宇宙的膨胀。大爆炸后的膨胀过程是一种引力和斥力之争,爆炸产生的动力是一种斥力,它使宇宙中的天体不断远离;天体间又存在万有引力,它会阻止天体远离,甚至力图使其互相靠近。

最近一段时期,天文学的发展使得科学家们能够构建关于宇宙和太阳系的起源的更为清楚的图像。科学家们从观察到星体互相远离开始认识了宇宙膨胀学说,如果人们按时间向过去推测,所有物质明显地聚集在一个地方。现在,大部分天文学家都接受宇宙大爆炸作为现今宇宙的起源。大量的宇宙原先物质产生后,相互向相反的方向远离,体积逐渐膨胀得更大。宇宙大爆炸的时间能用7种方法估计,最直接的方法是把宇宙膨胀向过去推算到它明显的开始时间,其他的方法是依靠元素的形成和不同类型天体的演化的速率所建立的模型。这个年龄据估计大约在150~200亿年之间,这段年龄的范围也被认为是宇宙的大约的年龄。

在宇宙膨胀中的物质不是均匀分布的,局部物质由重力富集在一起,形成大型的团块。这其中的一些足够大的天体,当它的密度足够大时,开始发生能量释放的原子反应,这些天体就是早先的恒星。

恒星并不是永恒的天体,它们逐渐减小的辐射表明,当它们燃烧内部的能量的时候,它们不断损失着自身的能量和质量。最终,恒星会逐渐压缩和冷却成小的矮行星,或者膨胀成更大的超新星。原先形成恒星的团块物质决定了恒星的燃烧速度和它最终的命运。在宇宙中有一些恒星燃烧了几十亿年,而有的可能正由宇宙中的原始物质和老恒星碎片演化成为新的恒星。

太阳是个中等年纪的恒星,科学家们认为太阳和包括地球在内的太阳系的行星们是从由气体和尘土组成的转动的星云演化而来的,已经大约有将近50亿年的历史。在自身重力的作用下,太阳系可能是由膨胀的超新星辐射出来的剧烈的波动使得星云能够压缩在一起,其中大部分质量星云压缩成为了太阳(主要是由宇宙中富含的氢组成)。太阳内部的气体受到了足够的压力使得它们拥有足够的密度和热量导致原子核反应的发生,辐射出光和其他形式的能量。据估计,太阳还有至少50亿年才能把能量燃烧完,冷缩成矮行星。

随着原始太阳的形成,行星们开始围绕在太阳周围冷凝而成型。现代岩石中的同位素资料表明,最古老的岩浆和月球岩石碎片的年龄接近,为46亿年。

2.1.4 地球及其运动

人类诞生在地球上,一切生产和生活活动都离不开地球,因此渴望认识、了解人类的母亲——地球,这是很自然的。

地球是太阳系中的普通而又特殊的一颗行星，它距离太阳较近（1.5×10^8km），体积小（是太阳体积的1/1300000），密度大（平均5.52g/cm^3，是太阳的4倍），有一个绕其公转的卫星——月球，具有固体表层、水和外围大气层，是人类目前发现的唯一具有生命的天体。地球是人类的家园，地球环境是人类以及一切地球生命生存和发展的条件。同其他天体一样，地球处在不断的运动之中，其最重要的运动形式是它的公转和自转，这对地球生命具有十分重要的意义。

2.1.4.1 地球的运动

地球像一个转动的陀螺一样绕其自身轴线旋转运动，这种现象称为地球自转。地球自转方向是自西向东，即从北极上空看为逆时针旋转。地球自转是周期性的运动，其自转一周的时间（周期）称为一日。地球相对于不同参照物自转一周的时间有一定的差异，天文上常以太阳、月球和遥远恒星作参照物，其自转周期分别定义为太阳日、太阴日和恒星日。我们常说的一天（一昼夜），是指一个太阳日，为24小时。太阳日对人类的生产、生活活动有非常实际的应用价值，是广泛应用的最基本的计时单位。太阴日对潮汐的估算具有实际意义。但恒星日才是地球真正意义的自转周期，为23小时56分4秒。

自转对地球具有重要的意义和影响：

（1）产生了两极和赤道，建立了地理坐标系统，可以精确地确定地表任一点的地理位置。

（2）形成了适中的昼夜更替，保证了地表增温和冷却不超过一定的限度，与地表热量平衡相联系的一切过程不会朝极端方向发展，才使得生物得以生存。

（3）使地球上做水平运动的一切物体运动方向偏向，北半球向右偏转，南半球向左偏转。

（4）产生了周期性的潮汐和潮汐摩擦阻力，使得海洋的环境受其影响，地球自转速度慢慢减缓。

（5）影响地壳、海水、大气等地球局部物质的运动，如离心力使赤道和低纬度地区海面高于中纬度地区。

地球在绕轴自转的同时，还按照一定轨道围绕太阳运转，这种运转称为地球的公转。同自转一样，地球的公转方向也是自西向东，逆时针旋转。地球公转也是一种周期运动，周期为一年，按参照物的不同分别有恒星年（地球连续两次通过太阳与另一恒星的连线所需的时间为365日6时9分9.5秒）和回归年（绕太阳一周的时间为365日5时48分46秒）。

地球的公转轨道是一个接近圆的椭圆，其偏心率约为0.017，太阳位于椭圆的一个焦点上。地球公转轨道所在的平面称为黄道面，为一通过地心的平面。其与赤道面成约23.5°的交角，称黄赤交角。这也是说地球的自转轴与黄道面约成66.5°的交角。这个角的存在具有非常重要的意义：使得地球在一年的公转周期中，不同地方不同日子有不同的太阳光线投射角和日照时间，即从太阳来的辐射能量在一年内是不同的，于是才形成了地球春夏秋冬四季不同的气候、昼夜长短的规律变化以及地球5个热量带的划分（南、北寒带——有极昼极夜现象；热带——有正午太阳直射的地带；南、北温带——既无极昼极夜现象，又无正午太阳直射的地带）。此外，黄赤交角的存在，使得极地和高纬度地区增加了日射量，使这里的夏季有了较充足的热量，动植物得以在此生存，既扩大了生物圈的范围，又为人类提供了更多的资源。

2.1.4.2 地球的形状

地球的表面崎岖不平，有的地方是崇山峻岭，有的地方是平原、盆地和海洋。我们通常所说的地球的形状是指地球的固体外壳及其表面上水体的轮廓。测量学上规定，地球的形状是由大地水准面所圈闭的形状。这是一个接近球形的真实形状。

随着人类对地球认识的不断加深和空间技术的不断发展，现在不但可以从人造卫星拍摄的照片上看到完整的地球形态，而且通过人造卫星的观测和计算，已能较精确地获得地球形状大小的参数，国际大地测量和地球物理联合会第十八届年会推荐的地球主要参数见表2-1。

表2-1 地球的主要参数表

地球的几何参数	参数值	地球的几何参数	参数值
赤道半径(a)，km	6378.137	子午线周长($2\pi c$)，km	400008.08
两极半径(c)，km	6356.752	表面积($4\pi R^2$)，$\times 10^8 km^2$	5.101
平均半径[$R=(a^2c)^{1/3}$]，km	6371.012	体积($4\pi R^3/3$)，$\times 10^8 km^2$	10832
扁率[$(a-c)/a$]	0.003352813	质量(m)，kg	$(5.9742\pm 0.0006)\times 10^{24}$
赤道周长($2\pi a$)，km	40075.7	—	—

按地球参数勾画出的地球形状是一个接近球形的旋转椭圆体（图2-4）。它与大地水准球体很近似，但不完全重合。地球体北极尖（凸出约10m）、细（中纬度凹进不足10m），南极平（凹进约30m）、粗（中纬度凸出不足10m）。大地水准球体不规则的原因是地球内部物质分布不均，各处重力大小不等，致使大地水准面高低起伏、形状不规则。地球的椭圆形状与地球的自转有关，说明地球具有一定的塑形或曾经历过软化阶段。

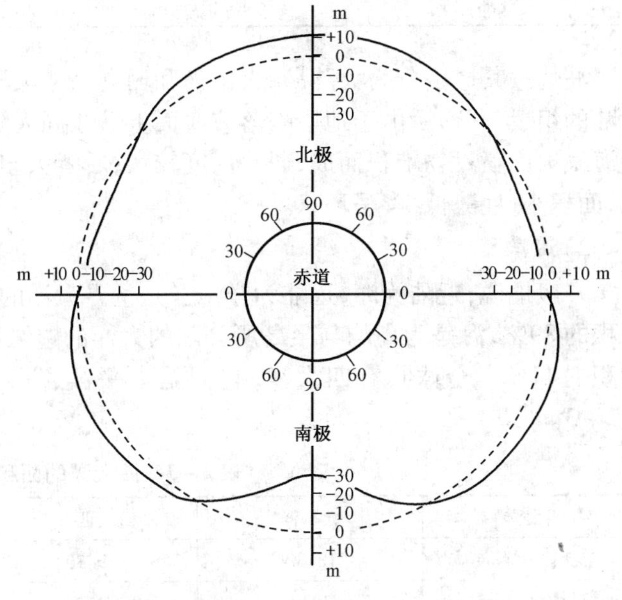

图2-4 地球形状示意图

2.1.4.3 地球的表面形态

地球表面分为陆地和海洋两大部分。陆地面积为$1.49\times 10^8 km^2$，占地球表面积的29.2%；海洋面积为$3.61\times 10^8 km^2$，占地球表面积的70.8%。陆地和海洋在地球表面的分布极不均匀，65%以上的陆地集中在北半球。各大陆的轮廓有某些相似性，所有大陆的北端宽、南端窄，大致呈倒三角形，并多在北端与其他大陆相连。三大洋则在南纬50°~60°间相互沟通。

地球表面起伏不平，陆地和海底都是如此。地表的最高点在亚洲喜马拉雅山脉的珠穆朗玛峰，海拔8844.43m[1]；最低点位于太平洋西侧的马里亚纳海沟，在海面以下11034m。因此，地表最大垂直起伏约20km。陆地的平均高度为875m，海洋的平均深度为3729m。地表有两级面积较大、起伏较小的台阶，其一是海洋中深4000~5000m的大洋盆地，占地球总面积的22%；其二是大陆上低于1000m的平原、丘陵和低山，占地球总面积的20.8%。

[1] 2005年中华人民共和国国家测绘局公布的珠穆朗玛峰海拔高度为8844.43m，原1975年公布的珠穆朗玛峰海拔高度8848.13m已停用。

1)陆地

地球上的陆地按其面积可分为大陆与岛屿。大块的陆地称大陆,小块的陆地称岛屿。全球的大陆共分为七大洲,它们是亚洲、欧洲、非洲、北美洲、南美洲、大洋洲和南极洲,各大洲的面积与平均高度见表2-2。欧洲与亚洲连在一起,统称为欧亚大陆。

表2-2 各大洲的面积与平均高度

名称	面积,10^6km^2	占全球陆地面积,%	平均高度,m
亚洲	44.4	29.8	950
欧洲	10.4	7.0	300
非洲	30.6	20.5	650
北美洲	22.0	14.8	700
南美洲	17.9	12.0	600
大洋洲	7.8	5.2	400
南极洲	15.6	10.5	2000

岛屿按其成因分为大陆岛、火山岛和珊瑚岛。大陆岛一般面积较大,地势较高,它们原是大陆的组成部分,后由于地层陷落或海面上升才同大陆分离。火山岛和珊瑚岛属海洋岛,前者由海底火山喷发物堆积而成,通常高度较大;后者大多分布在热带海洋中,由珊瑚遗骸堆积而成,面积小,地势低,多呈环状。

2)海洋

一般地说,近陆为海,远陆为洋。洋是世界大洋的中心部分和主体,深度较大,约占海洋总面积的89%;海是为岛屿与半岛所分割的大洋的边缘部分和次要部分,深度较浅,约占海洋总面积的11%。全球共有四大洋,它们是太平洋、大西洋、印度洋、北冰洋,其面积与水深见表2-3。

表2-3 四大洋的面积与水深

四大洋	太平洋	大西洋	印度洋	北冰洋
面积,10^4km^2	18130	9430	7410	1230
平均水深,m	3940	3575	3840	1117
最大水深,m	11030	8750	7450	5180

2.1.4.4 地球的圈层结构

1)地球的外部圈层

地球的外部圈层通常可分为大气圈、水圈、生物圈。

(1)大气圈。据估算,大气圈的总质量约5×10^{18}kg,其中绝大部分质量集中在大气圈的下层。自然状态下的大气是多种气体的混合物,主要由氮、氧、二氧化碳、水及一些微量惰性气体组成,前三者占总体积的99.97%。随着人类活动的日益增强和工业化的发展,大气中的有毒、有害物质和悬浮颗粒也明显增多。大气的密度随高度减小,压力也随之降低,并逐渐向星际空间过渡。整个大气圈按密度和温度等的垂直分布特征分为对流层、平流层、中层、暖层和散逸层。主要天气现象和大气污染多发生在贴近地壳的对流层中。

(2)水圈。自然界的水以气态、固态和液态三种形式存在于大气圈、生物圈、海洋与大陆表层之中，其循环方式见图 2－5。地球水体的总质量为 1.5×10^{21} kg，体积约 1.4×10^{18} m^3，其中，海洋水约占 97.21%，大陆表面水约占 2.167%，地下水为 0.619%，大气水占 0.001%。地球上水体的分布是极不均匀的，能被人类饮用的淡水只占所有水体的一小部分，而且大部分又为固结在两极及高山地区的固态水。如果将地球表面全部削平，水圈的水体足以覆盖整个地球 2700 多米的厚度。

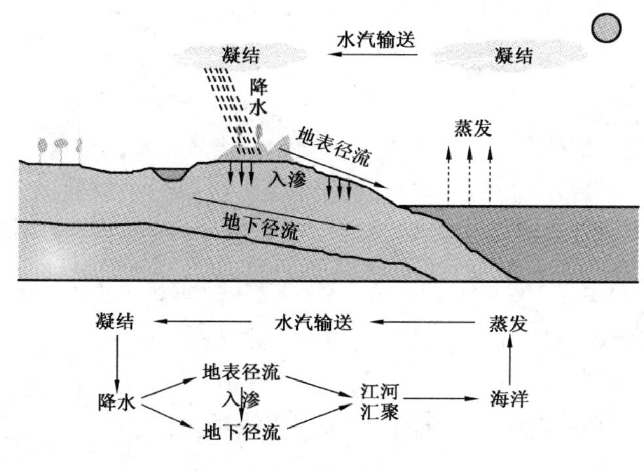

图 2－5　自然界的水循环

（3）生物圈。生物圈是指地球表层由生物及其生命活动的地带所构成的连续圈层，是地球上所有生物及其生存环境的总称。它同大气圈、水圈和岩石圈的表层相互渗透、相互影响、相互交错分布，它们之间没有一条绝然的分界线。生物圈所包括的范围是以生物存在和生命活动为标准的。从现在的研究现状来看，从地表以下 3km 到地表以上 10km 的高空以及深海的海底都属于生物圈的范围，但是生物圈中的 90% 以上的生物都活动在地表到 200m 高空以及从水面到水下 200m 的水域空间内，所以这部分是生物圈的主体。生物圈中的生物分布极不平衡，受太阳辐射量、气候、地形、地质、大气环境、水环境等因素的影响。例如，在沙漠、两极地区的生物数量、种类都很少，而在气候炎热、湿润的热带和亚热带地区，不仅生物种类繁多，而且生物量也很大。

2）地球的内部圈层

地球是一个平均半径为 6371km 的行星。目前的技术水平，通过钻孔直接观察，研究的范围自地表向地下深度不超过 12km。对于地下更深处的研究主要是根据地球物理资料，特别是根据地震波在不同性质的物质中传播速度的变化，推断地球内部的圈层结构。

地震波的传播速度总体上是随着深度而递增的，其中出现 2 个明显的一级波速不连续界面。

莫霍洛维奇不连续面（简称莫霍面，Moho discontinuity）。该不连续面是 1909 年由前南斯拉夫学者莫霍洛维奇首先发现的。其出现的深度在大陆之下平均为 33km，在大洋之下平均为 7km。在该界面附近，纵波的速度从 7.0km/s 突然增加到 8.1km/s；横波的速度从 4.2km/s 增至 4.4km/s。莫霍面之上的地球表层称为地壳（Crust）。

古登堡不连续面（简称古登堡面，Gutenberg discontinuity）。该不连续面是 1924 年由美国地球物理学家古登堡首先发现的。它位于地下 2885km 的深处。在此不连续面上下，纵波速度由 13.64km/s 突然降低为 7.98km/s，横波速度由 7.23km/s 向下突然消失。并且在该不连续面上地震波出现极明显的反射、折射现象。古登堡面以上到莫霍面之间的地球部分称为地幔(Mantle),古登堡以下到地心之间的地球部分称为地核(Core)。

地球的内部结构及纵、横波速度分布见图2-6。

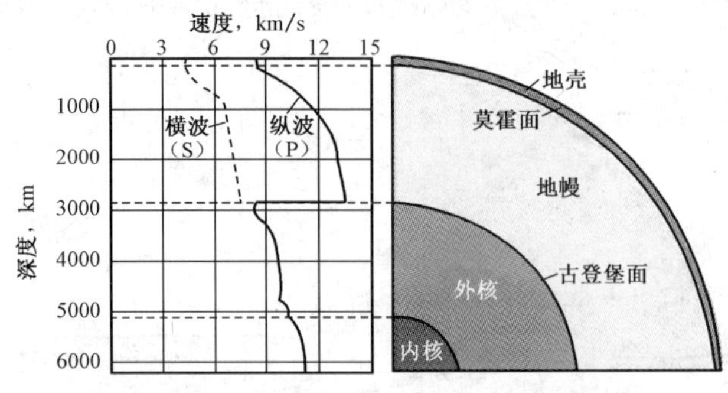

图2-6 地球内部结构及纵波和横波的速度分布

因此,地球的内部构造可以以莫霍面和古登堡面划分为地壳、地幔和地核三个主要圈层。根据次一级界面,还可以把地幔进一步划分为上地幔和下地幔,把地核进一步划分为外地核及内地核。在上地幔上部存在着一个软流圈,软流圈以上的上地幔部分与地壳一起构成岩石圈。图2-7为地球圈层解析图。

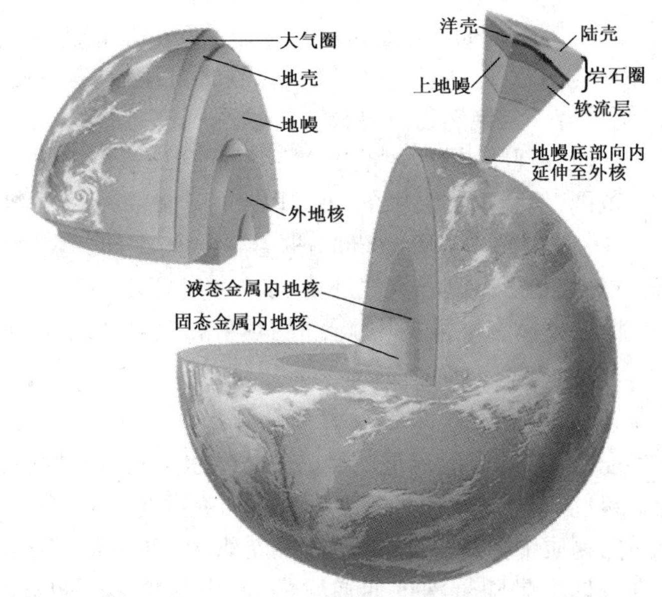

图2-7 地球圈层解析图

2.1.5 地球的形成与演化

地球形成至今大约有46亿年,大致可以分为3个阶段:第一阶段为原始地壳的形成阶段,时限为距今约46~35亿年,这一时期的情况主要是根据现有的地质知识和理论知识,并结合对月球及其他星球的考察推论得出的;第二阶段为陆核和地盾的形成阶段,时限为距今约35~5.9亿年,在地球的部分地区保留有这一时期的地质体;第三阶段为现代地壳的演化阶段,时限为距今5.9亿年前至今,对其研究较为成熟。

2.1.5.1 原始地壳的形成阶段

地球圈层包括岩石圈、大气圈、水圈、生物圈、土壤圈五大圈层，各个圈层是逐步分异而成的。最初，原始地球是一个接近均质的物体，并没有明显的分层现象，地球圈层的分化过程同整个地球的温度变化密切相关。地球内部放射性的辐射能量使地球由冷变热，使地球内部物质在熔融状态下发生轻重对流分异，导致固体地球系统圈层结构的形成：轻的物质上浮，冷却形成原始地壳、岩石圈；重的物质下沉，逐渐形成地幔、地核各圈层。这种演化是地球系统自组织过程的表现，也是地球物质有序化程度逐渐提高的表现。

在地球系统的圈层分化中，不仅形成了内部各层，也形成了地球表层系统的各圈层。岩石圈位于地球的表层，也是五大圈层中最早分异出来的层次。在岩石圈形成的过程中，伴随着大量气体逸出，开始形成原始的大气圈，原始大气主要是由二氧化碳、甲烷、一氧化碳、氨和大量的水汽组成。此后在地球表面的降温过程中，原始大气中大量水汽发生凝结，降落地面，汇集后逐渐形成原始的水圈。在岩石圈、大气圈、水圈形成的基础上，在特定的条件下，慢慢形成了生物圈和土壤圈，自然环境完成了圈层的分异过程。

2.1.5.2 地壳的演化阶段

自然环境的发展变化经历了漫长的演化历程。在由地壳和地幔上部构成的原始岩石圈形成后，各圈层之间存在复杂的相关作用，使岩石圈进一步演化。原始岩石圈与软流圈之间进行着物质交换，软流圈物质运动及其高温熔化能力，可对岩石圈侵入和喷出，在这样反复的过程中继续建造岩石圈。岩石圈作为自然环境的组成部分，在演化进程中表现出显著的阶段性。岩石圈整体的演化过程表现为由简单到复杂，由低级到高级。在岩石圈的结构演化中，其结构特征表现出由层少到层多的过程，并趋向细致化和复杂化；在性能演化中其性能特征由相对软弱演化到相对强固；其组成物质由偏碱性演化到偏酸性；其构造活动也由相对活跃演化到相对稳定。

1）岩石圈演化的驱动力

岩石圈演化的自然驱动力主要包括以太阳能为主的地球外因素、地球内部能量因素，以及地球系统本身各圈层之间的相互影响和反馈。地球外因素包括太阳辐射能量的变化和太阳表面黑子、耀斑等宏观活动，以及受其他天体引力作用影响而产生的地球运行轨道参数的改变等。地内驱动作用包括地幔对流以及地幔—地壳之间的物质流及能量流，甚至涵盖地核的某些作用。

自第四纪以来，人为活动成为岩石圈演化的重要驱动力。人类与岩石圈之间的作用是双向的。目前人类的影响力量已在某些方面可与自然力相比拟。例如，人类每年消耗主要来自岩石圈的矿产资源（约 5.0×10^{10} t）已经超过大洋中脊每年新形成的岩石圈物质数量（约 3.0×10^{10} t），并且显著大于全球河流每年搬运的数量（约 1.65×10^{10} t）。因此，人类应能动地优化自身的作用，促使人类—岩石圈和谐演化。

2）岩石圈的演化过程

距今约46亿年前，形成地球的冷星云在万有引力作用下，物质微粒相互吸引，形成小团块，这种小团块称为星子，星子之间可以再相互吸引。当时，以星子为基础的各类岩石块体各不相属地分布在地球表面，成为地壳中最古老、最稳定的部分。约在距今40亿年，随着地球内部物质的进一步分异,形成了较薄、连续完整的原始地壳。原始地壳一方面与其以下的地幔物质继续相互作用,进行物质交换,进一步建造岩石圈;另一方面在缺少大气层保护的情况下,受到陨石撞击,形成大量陨石坑。这个时期被称为冥古宙(距今46~38亿年)。冥古宙时形成的地表岩石绝大部分已在后期被改造。

在距今38~25亿年的太古宙,早期地壳较薄,大都是以基性岩为主的岩石圈层,岛弧形式的原始陆壳开始出现。在此之后,岛弧逐渐增大,地幔、地壳之间物质交换剧烈,以中性与酸性为主的陆壳物质不断增大,并且形成最早的沉积岩。太古宙中、晚期,地壳上已出现分散的较小古陆。

进入元古宙(距今25~5.4亿年),大陆不断扩大,地壳的稳定性加强。在距今18亿年以前的古元古代,大陆不断扩大,地壳的稳定性加强,地球内部的热活动一直较强,物质在垂直方向上的分异、对流、迁移等作用都相当剧烈。18亿年以后的中元古代,^{235}U的诱发裂变能已经释放完毕,热能释放主要靠长寿命放射性元素^{238}U、Th、K等,能量显著降低,地球内部变冷,岩石可塑性变小,导致上地幔的顶部和地壳合成统一的岩石圈,并且刚性程度加大,为以后岩石圈板块大规模水平运移提供了基础。许多研究认为,可能在距今11.5亿年前的中元古代末期,由于板块汇聚,大陆相互联结,存在一个主要大陆联合在一起的古联合大陆。在距今10~5.4亿年的新元古代,古联合大陆解体,可能存在5个分离的大陆,即中国古陆、西伯利亚古陆、欧洲古陆、北美古陆及冈瓦纳联合古陆。

距今约5.4亿年的显生宙,大陆经历了分裂—聚合—再分裂的复杂历史。大陆上现存的古生代构造区主要是通过一系列造山运动形成的褶皱带。由于这一地质时期陆块汇聚拼合和相关的造山运动主要发生于现今北半球各大陆,因此,古生代褶皱带也大部分分布于此。中生代是现代海陆分布格局和地形轮廓开始形成并奠定基础的时期,在这一地质时期还形成了一系列重要的高大褶皱山脉。新生代是地质历史演化的最新阶段,这一时期形成的地质构造形态类型主要有大陆新造山带、岛弧—海沟系、边缘海盆、洋脊系统、大陆裂谷以及活动断裂带等。它们都是当今的活动构造。可以看出,岩石圈经过漫长地质历史时期的复杂变化,逐渐演变形成现在的大陆与大洋轮廓。

经过漫长的生物演化过程,在距今250万年左右(新生代的第四纪)出现了人类。人类的诞生、发展与固体岩石圈的支撑密切相关。尽管地球上生命最早起源于海洋,但陆地的存在以及一部分海洋生物登上陆地,对人类的诞生至关重要。另外,人类以岩石圈表层为生活场所,并且曾长期(几百万年)使用石制工具,从而作用于岩石圈。随着社会及科学技术的进步,人为活动日益深刻、广泛地影响着岩石圈的演化。

2.1.6 地球的卫星——月球

月球也称太阴,俗称月亮,是地球唯一的天然卫星。在太阳系里,除水星和金星外,其他行星都有天然卫星。

2.1.6.1 月球的物质组成和形态

月球的年龄大约有46亿年。从月震波的传播可以了解到月球也有壳、幔、核等分层结构。最外层的月壳厚60~65km。月壳下面到1000km深度是月幔,占了月球大部分体积。月幔下面是月核。月核的温度约1000℃,很可能是熔融的,据推测大概是由Fe、Ni、S和榴辉岩物质构成。月球直径约3476km,是地球的3/11,太阳的1/400。月球的体积只有地球的1/49,质量约7.35×10^{22}kg,相当于地球质量的1/81,月球表面的重力差不多是地球重力的1/6。

月球本身并不发光，只反射太阳光。月球亮度随日、月间角距离[1]和地、月间距离的改变而变化。平均亮度为太阳亮度的1/465000，亮度变化幅度从1/630000至1/375000。月面不是一个良好的反光体，它的平均反照率只有7%，其余93%均被月球吸收。月海的反照率更低，约为6%。月面高地和环形山的反照率为17%，看上去比月海明亮。早期的天文学家在观察月球时，以为发暗的地区都有海水覆盖，因此把它们称为“海”。明亮的部分是山脉，那里层峦叠嶂，山脉纵横，到处都是星罗棋布的环形山。位于南极附近的贝利环形山直径295km，可以把整个海南岛装进去。最深的山是牛顿环形山，深达8788m。除了环形山，月面上也有普通的山脉。高山和深谷叠现，别有一番风光。

由于月球上没有大气和水分，再加上月面物质的热容量和导热率又很低，因而月球表面昼夜的温差很大。白天，在阳光垂直照射的地方温度高达127℃；夜晚，温度可降低到-183℃。因此，没有适合生物居住的条件。1969年7月20日，人类首次登月（图2-8）。中国也在2007年10月24日发射了首个月球探测器——嫦娥一号探月卫星（图2-9）。图2-10是“嫦娥一号”发回的月面照片。

图2-8　人类登月照片

图2-9　嫦娥一号探月卫星

2.1.6.2　月球的运动

和其他天体一样，月球也处于永恒的运动之中。月球围绕地球公转的方向相同，即由西向东转。月球轨道的偏心率为0.0549，近地点平均距离为363300km，远地点平均距离为405500km，月球围绕地球公转的轨道面称为白道面，它与黄道面之间有5.17°的夹角，该角称为黄白交角。月球除东升西落外，它每天还相对于恒星自西向东平均移动13°多，因此，月亮每天升起来的时间，都比前一天约迟50min。月亮的东升西落是地球自转的反映；而自西向东的移动却是月亮围绕地球公转的结果。月亮绕地球一周叫做一个“恒星月”，平均是27.32天。月

图2-10　“嫦娥一号”发回的月面照片

[1] 角距离是由一定点到两物体之间的夹角。

亮绕地球公转的同时,它本身也在自转。月亮的自转周期和公转周期是相等的。由于月亮绕地球公转的周期和它的自转周期相等,所以它永远以一面对着地球。

图 2-11　月相图

随着月亮每天在星空中自西向东移动一大段距离,它的形状也在不断地变化着,这就是月亮位相变化,叫做月相。由于月亮自己不会发光,靠反射太阳光才发亮,随着月亮相对于地球和太阳的位置变化,就使它被太阳照亮的一面有时对向地球,有时背向地球;有时对向地球的月亮部分大一些,有时小一些,这样就出现了不同的月相(图 2-11)。当月亮运行到地球和太阳之间,被太阳照亮的半球背着地球,这时的月亮叫做"新月",也叫"朔",这时是农历初一。过了新月,月亮被照亮的部分逐渐转向地球,这时看到一钩弯月,称为"娥眉月",这时是农历初三、初四。初七、初八看到的是半个月亮(凸边向西),叫做"上弦月"。到了农历十五、十六、十七,月亮上亮的一面全部对着地球,这时能看到一轮圆月,称为"满月",也叫"望"。满月过后,月亮的明亮面逐渐变小。到农历二十二、二十三,这时又能看到半个月亮(凸边向东),叫做"下弦月"。下弦月半夜时分才能从东方升起。再过一星期,月亮又回到"朔"。月相就是这样周而复始地变化着。如果用月相变化的周期来计算,从新月到下一个新月,或从满月到下一个满月,就是一个"朔望月",为 29.53 天左右。中国农历的一个月长度,就是根据"朔望月"确定的。

有时在阴历朔的时候,月亮运行到地球和太阳之间,如果这时太阳、月亮、地球三者正好处于或接近于一条直线,在地球上被月影锥扫过的地区就会看到月亮把太阳射到地球上的光线遮住一部分或者全部,这就造成了日偏食或日全食。有时候在满月的日子里,地球在太阳和月亮之间,如果这时三者正好或几乎处于一条直线,月亮被地球的影锥遮住一部分或全部,这就造成了月偏食或月全食。由于天文学家掌握了日月运行的规律,便可以预先把日食、月食的时间计算出来,刊登在每年的历书上。

2.2　地球上的人类

2.2.1　世界人口增长情况

自从类人猿进化到真正意义上的人以来,人类作为一个特殊的种群不断繁衍,并创造了人类文明。在整个过程中,人口也是在环境因素和社会因素的调节和约束下不断变化的,但迄今为止,人口总的趋势依然是增长。

其实,在人类历史的绝大部分时间内,人类的生命繁衍受自然环境的约束,世界人口增长缓慢。据考证,公元前 100 万年,世界人口仅为 1~2 万;大约 1 万年前,也只有 500 万。至 19 世纪初,世界人口达到 10 亿左右;至 20 世纪初,世界人口基数不到 20 亿。进入 20 世纪,科学技术的迅猛发展,加速了人类文明的繁荣,在这 100 年里,世界人口平均年增长率迅速提高,人口大幅度增长,1927 年总人口已接近 20 亿。此后,仅用了 33 年,到 1960 年左右,总人口增长了 10 亿,14 年后即 1974 年,总人口在 1960 年的基础上又增长了 10 亿,平均年增长率达到了历史上的最高值 2.08%。20 世纪 60 年代世界人口进入高速增长期,至 1999 年世界总人口已超过 60 亿。此后,世界人口平均年增长率逐渐降低,但由于人口基数较大,总人口每增长 10 亿所需的时间仍逐渐缩短。

由此可见,世界人口总量的发展,最初是漫长的低速增长阶段逐渐沿着增长趋势直至近现代爆炸式人口激增,而后处于人为自控状态,逐渐向一个稳定的人口数趋近。

世界人口的不断增长已引起了各国的普遍关注,其增长特点主要包括以下三个方面:

(1)世界人口逐年快速增加。

1800 年前后,世界人口增加到 10 亿,1930 年前后人口增加到 20 亿,1960 年人口增加到 30 亿,此后仅用了 14 年左右的时间人口又增加了 10 亿。世界人口的迅速增长,对人类的生存提出了严峻的挑战,人口问题引起了世界各国的普遍关注。1999 年 10 月 12 日世界人口突破 60 亿,联合国特别设立了"60 亿纪念日"。世界人口快速增长的直接原因是发展中国家人口基数大且增长过快。

2002 年较发达地区人口自然增长率为 1.6%,人口增长地区差异较大。因此,世界人口问题就是发展中国家的人口问题,发展中国家对人口若不加以控制,将进一步加大发展中国家与发达国家之间的差距,加剧世界性人口同资源、环境之间的矛盾。

(2)城市人口和非农业人口急剧增长。

城市化是以农村人口向城市迁移和集中为特征的一种历史过程,表现在人地理位置的转移和职业的改变,以及由此引起的生产与生活方式的变化,既有看得见的实体变化,也有精神文化方面的无形转变。有关城市化水平的数据大约 1800 年后才出现,1800 年世界人口总数约为 9.06 亿,其中大约 2.17 亿(24%)的人口生活在拥有 2 万人口规模以上的城市中,大约 2% 的生活在拥有 10 万人口的大城市。1850 年世界人口大约增长 30%,拥有 2 万规模人口以上的城市人口比例增长了 132%,大城市的人口比例增长了 76%。1851 年,英国城市人口首次超过农村,率先在世界上实现了城市化。1900 年至 1950 年期间,大城市人口增长率达到 254%。

据联合国统计,1950 年至 1995 年,发达国家的城市人口增长 37% 左右,不发达国家城市人口增加了一倍以上,而最不发达国家的城市人口增加了两倍以上。工业革命以来,达到 100 万人口规模的城市 1800 年全世界只有伦敦一座,1850 年有 3 座,1900 年有 16 座,1950 年增加到 115 座,1980 年达到 234 座,目前全世界人口超过 100 万的大城市已有 325 座,超过 1000 万的超大城市有 20 座。其中 2000 年人口数量排在前 10 位的城市在表 2-4 中列出。

表 2-4　2000 年世界人口最多的 10 个城市

排名	城市	人口,万	排名	城市	人口,万
1	东京(日本)	2880	6	上海(中国)	1400
2	墨西哥城(墨西哥)	1780	7	洛杉矶(美国)	1300
3	圣保罗(巴西)	1750	8	拉各斯(尼日利亚)	1280
4	孟买(印度)	1740	9	加尔各答(印度)	1270
5	纽约(美国)	1650	10	布宜诺斯艾利斯(阿根廷)	1230

当前城市化过程出现了另外一个特点:发达国家城市化水平已经趋于基本稳定,城市人口与农村人口比例相对平衡;发展中国家城市水平正逐步提高,城市人口激增,导致城市基础设施严重不足,产生许多城市问题。

(3)世界人口年龄结构呈老龄化趋势。

人口年龄结构常指一定时间某地区各年龄组人口在全体人口中的比例,又称为人口年龄构成,通常用百分比来表示,有时也用各年龄组人口的人数表示。为了反映人口结构的类型,常把人口分为三类:0 ~ 14 岁为少年儿童,15 ~ 64 岁为成年人,64 岁以上为老年人。人口年龄构成可以分为三种基本类型:年轻型人口、成年型人口和老年型人口。目前国际通用人口年龄构成类型标准如表 2 - 5 所示。

表 2 - 5　人口年龄构成类型标准

类　　型	年轻型	成年型	老年型
少年儿童系数(0 ~ 14 岁人口所占比例),%	>40	30 ~ 40	<30
老年人口系数(65 岁以上人口所占比例),%	<4	4 ~ 7	>7
年龄中指数	<20 岁	20 ~ 30 岁	>30 岁

国际人口日趋老龄化是世界人口结构发展的一个新特点和新形势。发达国家步入老龄社会的趋势更为明显,而发展中国家的老龄人口不断增长,所占的比例也有所增加。

人们逐渐认识到,人口年龄结构的变化比人口总量的变动更能影响经济的发展。统计资料显示,1999 年全球老年人口总数已达到 5. 93 亿。继 19 世纪中叶法国最早进入人口老龄化国家之后,瑞典和挪威于 1890 年相继进入老龄化国家行列。目前,全球进入人口老龄化的国家和地区已有 72 个。其中欧洲 41 个,拉丁美洲和加勒比海地区 14 个。全世界 60 岁以上人口数到 1999 年末已接近 6 亿,根据联合国的预测,2050 年将增长到 20 亿,届时世界 60 岁以上人口将首次超过 0 ~ 14 岁的儿童人口数,世界上每 5 个人中有一个老年人。2150 年每 3 个人中将会有一个 60 岁以上的老年人。目前世界老年人口主要分布在亚洲(占 53%),其次是欧洲(占 25%),老年人口比例在发达国家明显高于发展中国家,但发展中国家人口老龄化的速度更快,发展中国家的人口年龄结构从年轻型变为老年型的时间将大大缩短。2006 年中国人口构成比例见表 2 - 6。

表 2 - 6　2006 年中国人口构成比例

分类方式	按性别分		按城乡分		按年龄分		
	男	女	城镇	乡村	14 岁以下	15 ~ 64 岁	65 岁以上
比例,%	51. 5	48. 5	43	57	20. 3	72	7. 7

人口老龄化将引起社会人口结构、投资结构、消费结构、产业结构的变化,对世界经济社会的发展产生多方面重要影响。

2. 2. 2　人口增长对地球环境的影响

人类社会从受制于环境到改造环境,直至与环境协调发展,人口也在不断地增长。世界人口的发展大致经历了以下四个时期。

第一阶段,从人类起源开始至公元前 3000 年左右,称为史前阶段。这个阶段人类先后经历了旧石器时代、中石器时代和新石器时代。火的使用提高了人类的生活质量,第一次较大地提高了人口增长率，但饥寒和疾病、野兽、自然灾害和部落冲突仍是阻碍该阶段人口增长的主要原因。所以，这个时期全球人口的增长曲线呈现为大幅度升降的波浪形，其中下降时比较急剧，而恢复时则比较缓慢。史前时代人口发展的另一个显著特点是时间和空间上的极端不平衡，人口增长在很大程度上受到自然因素的制约。环境良好时，人口增长较多；环境恶劣时，则明显减少，有时恶劣的环境甚至导致一个部落或一个地区内人口趋近于绝灭。

第二阶段，大约从公元前3000年至18世纪，这个阶段基本上可以称为农业文明时期。此时，人类经历奴隶社会和封建社会两个重要的时期。人类逐渐掌握了铜器和铁器制造，并且学会驯养禽畜，更重要的是掌握了农业种植技术，生产技术水平获得了较大的提高。这使人类有了较稳定的食物来源，逐渐摆脱了饥饿的威胁。因此，人口出生率得到稳定提高，死亡率则进一步降低。至1800年，世界人口达到10亿左右。这个阶段，影响人口增长的主要因素是瘟疫、频繁的战争以及自然灾害。此阶段世界人口总量大致呈破浪式发展，但总趋势仍是不断增长。

第三阶段，从18世纪至20世纪70年代，基本上可以称为工业文明时期。1768年蒸汽机的出现标志着人类文明进入工业文明阶段。人类社会生产逐渐进入工业化生产模式，社会生产总值显著提高，人口发展相应地进入高速增长时期。特别是“第二次世界大战”之后，国际社会逐渐稳定下来，全球出现爆炸式的人口增长模式。由于科学的发展和医疗卫生事业的进步，历史上导致世界人口增长波动的因素基本上得到消除，世界人口一直是稳步地上升，极少出现大范围的波动。近代以来人口增长曲线上仅有的两个波折，是分别由两次世界大战造成的，但持续时间短，升降幅度小。另外，由于各国生产力水平差别悬殊，人口增长在地区之间出现了显著的差距，至1974年，世界人口达到40亿。这一阶段，由于工业化规模不断扩大，一方面人类对各种自然资源的开发和索取强度极大提高，对资源环境造成了巨大压力；另一方面工业文明造成了局部以及大范围的环境污染、生态破坏。工业废气的排放导致温室效应、酸雨和臭氧层的破坏，打破了大气圈原有物质循环和能量流动的平衡，出现了全球性的环境问题。工业文明在造福人类的同时，也使人类环境日趋恶化。

第四阶段，20世纪70年代以后，可以称为人口与环境逐渐协调的阶段。以1972年联合国的《人类环境宣言》和1987年的《我们共同的未来》为发端，以1992年联合国环境与发展大会的《里约环境与发展宣言》为标志，人类社会正在从“蒙昧”步入以“保护环境，崇尚自然，促进持续发展”为核心的“绿色时代”，资源环境问题已经成为人类持续发展的关键问题之一。这个阶段，全球处于和平时期，科学技术水平获得极大的提升，人类生活质量进一步提高。世界总人口从1987年的50亿增长到1999年的60亿，而且未来仍有不断增长的趋势。因此，世界人口增长逐渐由自发性增长状态转向与自然资源、生态环境、社会经济协调发展的新模式。因此，在该文明阶段，人口的增长将经历增长减缓、零增长、负增长等阶段，世界人口最终将趋于一个适宜的总量。

在人类社会生存和发展的过程中，人类无时无刻不从地球环境系统之中采集和利用各种资源，也无时无刻不在改造着地球环境。这种改造可以划归为人类有意识和无意识的两种方式。前者是指人类为了自身生存和发展所从事的利用和改造区域环境的活动，如植物的采集与动物的驯化、狩猎与捕鱼、砍伐森林、植树造林、农田开垦等，以及文明社会的资源开发、城乡聚落的发展、兴修道路和水利设施等。后者主要是指人类在利用自然资源进行生产生活的过程中引起的环境恶化现象。人类活动以4种主要方式改变环境，即改变区域环境系统的物质组成、改变区域环境系统的结构、改变区域环境系统中的物质能量过程、人为释放能量。上述影响有的属于局地的影响，有的则会导致大区域性甚至全球性的环境变化。

人类活动对地球环境系统的影响方式和强度随着人口的增长、人类社会的发展而不断变化。在人类社会发展的早期阶段,原始人类仅对其栖息地周围进行践踏,使该地段土质变得紧实,从而使道路旁杂草可以获得更多的阳光,使草质变得坚韧得以耐受践踏。这些土地也获得自由播种,移入由远方带来的新果实和种子。另外特别需要指出的是,古人类利用火来清除荒乱的灌丛和杂草,以便他们采集果实或开垦农田,或用火熏死行动迟缓的动物,或用火伤害数目众多的大型动物以保卫自身的安全。火的广泛使用使人类对地球环境的影响显著加强。在现代工业社会之中,人类大规模地开发和使用化石能源,已经显著地改变了全球大气中 CO_2、CH_4、CFCS 的含量,并已引发了显著的温室效应和全球变暖。

总之,人类积极地改造和优化区域自然环境,给地球环境带来了巨大的生机和活力。同时,由于地球环境系统的复杂多变性和人类认识的局限性,人类社会在自身生存和发展的过程中,也给地球环境系统以巨大影响。这些不利的影响可归结为生态破坏、环境污染和生物多样性降低。近 300 年来,全球人口的急速增长、社会经济的持续高速发展、人类生活水平的不断改善,使得地球环境中的许多资源问题制约了某些国家或地区的经济社会发展,个别区域环境质量正在危害着人群健康。

2.2.3 人类大型水利工程对环境的影响

随着现代工程技术手段的不断发展,近一百年来人类对河流进行了大规模的开发利用,兴建了一批大型蓄水库和跨流域调水工程。这些水利工程一方面给社会带来了巨大的经济效益和社会效益,另一方面也极大地破坏了人类赖以生存的自然资源和生态环境。水利工程对环境的影响归纳起来主要体现在两个方面:一方面是对自然地质环境的影响;另一方面是对社会环境的影响。

2.2.3.1 水利工程对自然地质环境的影响

1)工程建设对水文情势的影响

水利工程的建设改变了天然河流的水文特征和结构。在河流上建坝,使上游水流速减缓、水深增大,水体自净能力减弱;库区水体增大后,水温结构也会发生变化,这对水体密度、溶解氧、微生物和水生生物都产生影响,下游河道的径污比和鱼类繁殖条件将随之发生变化;水库蓄水后可引起周围地区的地下水位上升,导致土壤环境变化。

2)工程建设对泥沙淤积的影响

水利工程的建设将改变库区和下游河道泥沙的输移和沉积模式。例如,为了一劳永逸地解决尼罗河年年发洪水的困扰,1960 年埃及政府在前苏联的帮助下,在尼罗河上修建了阿斯旺大坝,它一改尼罗河泛滥性灌溉为可调节的人工灌溉,从此结束了依赖尼罗河自然泛滥进行耕种的历史,同时,水位落差产生的巨大电力也成为埃及迈向现代工业文明的重要动力。然而历史上尼罗河水每年泛滥携带而下的泥沙无形中为沿岸土地提供了丰富的天然肥料,而阿斯旺大坝在拦截河水同时,也截住了河水携带而来的淤泥,下游的耕地失去了这些天然肥料而变得贫瘠,加之沿尼罗河两岸的土壤因缺少河水的冲刷,盐碱化严重,可耕地面积逐年减少,因而抵消了因修建大坝而增加的农田。与此同时,由于尼罗河三角洲没有了淤泥的堆积,自阿斯旺大坝建成后,尼罗河三角洲正以每年 5mm 的速度下沉。据专家估计,如果以这个速度下沉,再过几十年,埃及将损失 15% 的耕地,1000 万人口将不得不背井离乡。随着时代的前进,在农业社会显得极为重要的灌溉工程,到了工业和服务业产值比重大大增加的时代,它的负面作用也日益彰显。

3)工程建设对局地气候、水库水温结构、水质和地震的影响

大型水库的建设使库区微气候环境条件有所改变,包括气温、风速、湿度、降水等。水库的水温结构分为分层型和混合型两种。混合型的水温结构对环境的影响比分层型小。水库水温的变化主要取决于水温的分层温度高低的变化,水库下部的低温水对农作物、水生生物、人类生活等产生危害。水利工程的建设对水质产生了一定的影响:一方面水体经过长距离的输送或一定时间的储藏,都会充分完成复氧过程,从而丰富了水体潜在的环境容量资源。另一方面在库区内水位抬高,水流缓慢,不利于污染物的扩散。同时水库中由于大量水体的聚集,会使库区地壳结构的地应力发生变化,容易诱发地震,特别是随着高坝水库的修建,强烈的水库地震时有发生。

4)工程建设对土壤环境的影响

水利工程的建设对土壤环境的影响也是有利有弊,一方面通过筑堤建库、疏通水道等措施,保护农田免受淹没冲刷等灾害,并通过拦截天然径流、调节地表径流等措施补充了土壤的水分,改善了土壤的养分和热状况;另一方面水利工程的兴建也使下游平原的淤泥肥源减少,土壤肥力下降,同时输水渠道两岸由于渗漏使地下水抬高,造成大面积土壤的次生盐碱化和沼泽化。例如,阿斯旺大坝的兴建使泥沙淤积在水库内,汛期不再出现洪水泛滥、肥沃两岸的土地。

5)工程建设对动植物的影响

修筑堤坝将使鱼类特别是洄游性鱼类的正常生活习性受到影响,其生活环境被打破,严重的会造成某种鱼类的灭绝。例如:长江特有的白甲鱼、岩原鲤、中华鲅在渔业产量中的比重已很少,特别是白鳘豚近几年来的种群数量急剧下降。水利工程的建设使自然河流出现了渠道化和非连续化的态势,这种情况造成库区内原来的森林、草地或农田被淹没水底,陆生动物被迫迁徙。

6)工程建设对中下游及河口的影响

水利工程的建设对整个流域都将产生不同程度的影响。受影响较大的主要是库区,且多为不利影响。中下游地区所受影响有利有弊,影响的时间一般是长期的,影响范围有的延伸至河口。河口是咸淡水交汇的地方,环境条件复杂多变,而且往往受到上游各水利工程的叠加作用。水利工程的兴建还会对河口水质及水体自净能力产生影响,对生物环境及生物多样性产生影响,对两岸沼泽湿地、河口三角洲和滨海湿地产生影响,并会引起盐水入侵、海岸侵蚀等一系列问题。例如,三峡工程兴建的不利影响主要集中在库区,库区内泥沙淤积,坝下河道冲刷,水库可能引起少数大型滑坡的复活等。而中下游在工程兴建后可以有效地减免洪水灾害的影响,有利于防治血吸虫病、减缓洞庭湖淤积、延长湖泊寿命,并可改善中下游枯水期水质及通航条件,对河口和近海生态环境有长远影响。

2.2.3.2 水利工程对社会环境的影响

1)工程建设对人口迁移、土地利用的影响

移民安置问题是水利工程建设中的大课题,其对环境的影响是深远的。兴建水库常会淹没土地,必将使人地矛盾更加紧张。如果移民未加妥善安置,还会造成毁林开荒、水土流失等问题。众所周知,三峡工程中移民总量达到113万人,我国在三峡工程的建设中制订了开发性移民政策,不仅要给移民安置淹没补偿费,而且要使移民及迁入区人民生产和生活水平得到提高,确保长治久安。

2）工程建设对人群健康的影响

水利工程在施工过程中会引起诸多环境因素变化，如施工期产生的废污水、废气、噪声、固体废弃物等会影响施工区的卫生环境和当地居民、施工人员的健康。水利工程在运行过程中会改变某些病原体生存环境及传媒栖息地。例如，阿斯旺水利枢纽工程建成后水介疾病的传媒体不被洪水冲刷，因此血吸虫病、疟疾、肠胃炎等发病率急剧上升。据统计，阿斯旺水坝的水库一带居民血吸虫病发率约为80%，部分三角洲地带高达100%，对当地居民的健康造成严重威胁。再如，南水北调对于优化我国水资源配置、解决北方地区缺水具有战略基础性作用。可如果对南水北调工程引起钉螺区域扩散和钉螺向北推移的可能性放松警惕，也许会造成严重的社会和经济后果。

3）工程建设对文物古迹和自然景观的影响

水利工程的建设使部分文物古迹和自然景观被淹没。文物古迹作为人类的宝贵财富，它反映了一个历史时期的社会制度、社会生产、社会风情、科学技术、军事和历史等，对历史研究具有重要意义，对古代科学技术的研究具有重要价值。因此，在水利工程的建设中对重要的古迹要进行防护、迁移、仿制并进行录像保存。三门峡水利枢纽、三峡水利枢纽等都采取了文物保护措施。三峡水库蓄水后库区著名的文物古迹和三峡峡谷险、秀、奇、幽等自然景色并无明显不利影响，并且创造和改善了旅游环境。三峡工程不仅保留了“高峡出平湖”的景观，而且小三峡及沿线峡谷也将更加秀丽，形成了坝区独特的风景。

本章总结

太阳系是银河系中距银心（银河系中心）27700光年、绕银核运转的一个天体系统，该系统以太阳为中心，并由太阳和受太阳引力支配而环绕太阳运转的天体所构成，形成于大约50亿年前。地球是太阳系中在化学组成、丰富的表面水资源和富含氧气的大气圈等方面都表现独特的星体。地球经历了漫长的内部分离的历史，这一历史导致了大气圈与大洋的形成。地球表面特征在持续而相互关联地变化着。

随着人类的诞生，人类社会从受制于环境到改造环境，直至与环境协调发展，人口也在不断地增长。世界人口早已在20世纪末突破了60亿，并可能在2050年之前突破100亿。世界人口问题主要是发展中国家的人口问题，如果发展中国家对人口不加以控制，将进一步加大发展中国家与发达国家之间的差距，加剧世界性人口同资源、环境之间的矛盾。

复习思考

1. 如何看待地球在宇宙中的位置及其对人类的作用？
2. 结合具体如日食、月食的天文观察，分析地球和月球的运动特征及其环境意义。
3. 庞大的人口直接导致了众多的其他的环境问题，请着重根据资源与环境污染两个方面来解释。

4. 解释人类与地球环境的相互影响关系与历史。

思维拓展

随着现代工程技术手段的不断发展,近一百年来人类对河流进行了大规模开发利用,兴建了一批大型蓄水库和跨流域调水工程。通过查阅文献资料,对南水北调工程与长江三峡工程环境正、负影响进行分析。

拓展阅读

[1] Carla W Montgomery. Environmental Geology. IA:Wm C Brown Publishers,2000.

[2] H V 迪特富特. 宇宙星体漫谈. 北京:地震出版社,1986.

[3] 杨魁孚,田雪原. 人口、资源、环境可持续发展. 杭州:浙江人民出版社,2001.

3　矿物与岩石

3.1　矿物综述

矿物是单个元素或若干元素在一定地质条件下形成的具有特定理化性质的单质或化合物，是构成岩石的基本单元。自然界中单质矿物为数极少，而化合物构成的矿物占绝大部分。大部分矿物为晶质固体，也有少数呈液态和气态，如自然汞、石油和天然气。晶质矿物因化学成分不同，结晶构造及几何形态也不相同（石英晶体见图3－1）。成分相同的物质因形成环境有别，也可有不同的结晶构造和外形，如金刚石与石墨。矿物只能在与其形成环境相近的条件下才能保持其稳定性，从形成环境转移到地表环境时将发生变化，形成相应的次生矿物。气体升华、液体或熔融体直接结晶、胶体凝固、固体再结晶作用是自然界矿物形成的4种主要方式。

图3－1　石英晶体

矿物的形态（指矿物的单体及集合体的形状而言）十分丰富。矿物的单体形态有一向的柱状或针状，两向延伸的板状和片状，三向等长的立方体、八方体等（部分矿物晶体形态见图3－2）。矿物的集合体形态有纤维状、毛发状、鳞片状、粒状和块状。

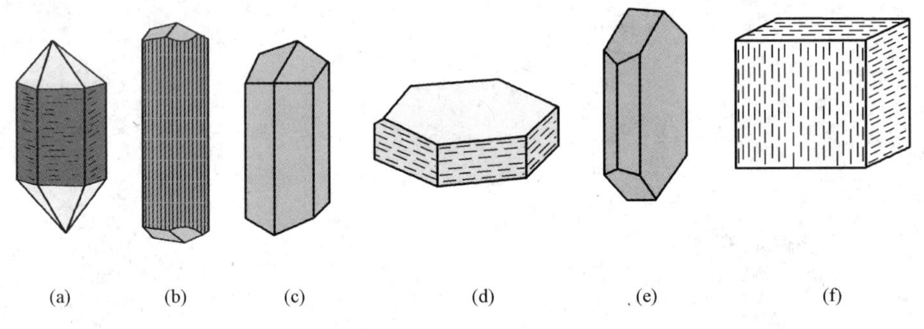

图3－2　几种矿物的晶体形态

(a)石英（柱状）；(b)辉锑矿（斜方柱状）；(c)角闪石（短柱状）；
(d)云母（假六柱状）；(e)长石（厚板状）；(f)黄铁矿（四方体）

3.1.1　矿物的化学成分

3.1.1.1　*矿物的化学成分类型*

自然界中，矿物的化学组成是十分复杂的，根据元素相互的基本形式，可分为单质和化合物两种类型。

（1）单质：单质由同种元素自相结合而成，称为自然元素矿物，如自然金、自然铜、石墨、自然硫等。这类矿物在自然界中分布不多。

(2)化合物:化合物是由两种或两种以上的元素化合而成。绝大多数的矿物属于此类。根据元素化合的方式,可分为:

① 简单化合物:由阴、阳离子结合而成,如石盐($NaCl$)、赤铁矿(Fe_2O_3)、锑华(Sb_2O_3)(图3-3)等。另外,还有一些含酸根的化合物称为单盐,如方解石($CaCO_3$)、重晶石($BaSO_4$)等,也可归入此类。

② 复杂化合物:由两种阳离子和两种阴离子或络阴离子所组成,如黄铜矿[$CuFeS_2$]、白云石[$CaMg(CO_3)_2$](又称复盐)等。复杂化合物也可以是由两种或两种以上的简单化合物按一定的比例组合而成,如黄铜矿可看成是CuS和FeS的组合,白云石是$CaCO_3$和$MgCO_3$的组合。

图3-3 锑华

矿物的化学成分基本上是固定不变的,遵守化学上的定比定律和倍比定律,每种矿物都可以用化学式表示。它们的化学成分可以在一定的范围内变化,当其变化很小时,可以忽略不计,变化明显时,将导致矿物化学成分的复杂化。

3.1.1.2 矿物化学成分中的络阴离子和水的作用

1)络阴离子

矿物化学成分中的络阴离子,如$[SO_4]^{2-}$、$[CO_3]^{2-}$、$[PO_4]^{3-}$、$[SiO_4]^{4-}$等,是作为一个独立单位参加晶体结构的。这是因为络阴离子内部的结合力比其与外部阳离子的结合力要牢固。各种络阴离子都是以阳离子为中心,并与其周围的氧离子结合而成。它们的形状、大小及其化学性质是因中心阳离子的种类和阳离子与氧联结的方式而异。各种络阴离子的主要特性见表3-1。

表3-1 各种络阴离子的主要特性

络阴离子	离子半径,10^{-10}m	能量系数,J/g	离子电位,V	络阴离子形状
$[NO_3]^-$	2.57	0.19	0.39	三角形
$[CrO_4]^{2-}$	3.00	0.34	0.67	四面体
$[SO_4]^{2-}$	2.95	0.34	0.68	四面体
$[CO_3]^{2-}$	2.57	0.39	0.78	三角形
$[PO_4]^{3-}$	3.00	0.50	1.00	四面体
$[AsO_4]^{3-}$	2.95	0.51	1.02	四面体
$[BO_3]^{3-}$	2.66	0.56	1.12	三角形
$[SiO_4]^{4-}$	2.90	0.69	1.38	四面体

各种络阴离子与某些金属阳离子化合而成一类含氧盐类矿物。根据所含络阴离子的不同,含氧盐又可分为几种盐类。特别是在硅酸盐中,因其络阴离子联结方式的复杂性,形成种类繁多的亚类硅酸盐矿物。各类含氧盐的特性是随其晶体特征的不同而不同,因此,络阴离子

的类型,对于决定矿物的性质和矿物的分类具有重要的意义。

2)水在矿物成分中的作用

许多矿物的化学组成中都含有水,按矿物中"水"的存在形式及其在晶体结构中的作用,可以分为胶体水、层间水、沸石水、结晶水及结构水等。

(1)胶体水:作为分散媒散布在胶体粒子的表面上。由于胶体水是胶体矿物本身固有的特征,所以应计入矿物的成分,但在数量上是可以变化的。如蛋白石($SiO_2 \cdot nH_2O$)中的水,就属这种类型。胶体水的失水温度较高,一般为110~125℃。

(2)层间水:分布在某些具有层状构造的硅酸盐晶体结构层之间的水。其含量可以变化。当失水或吸水时,并不破坏晶体结构,只使结构层的间距发生相应的缩小或增大。例如胶岭石的吸水膨胀性就是由此引起的。在常压下,当温度达110℃时,层间水就大量汽化逸出。随着层间水的脱失,矿物的密度和折射率也将趋于增大。

(3)沸石水:存在于沸石族矿物中而得名。沸石晶体结构中有较大的孔穴和孔道,水在这些孔穴和孔道内自由出入。加热后逐渐失水,水含量的变化并不破坏晶格,只是改变物理性质。失水温度在80~110℃之间,失水后又能重新吸收,并能恢复其原来的物理性质。

(4)结晶水:呈水分子状态存在于矿物晶体的晶格中,其数量与矿物的其他成分之间常成一定的比例,如石膏($CaSO_4 \cdot 2H_2O$)中的水。含结晶水的矿物,在升高温度的情况下,可以失水,同时晶格将随之改组,形成新的矿物,例如石膏在150℃时脱水而变成硬石膏($CaSO_4$)。结晶水的失水温度不超过600℃,一般为100~200℃左右。

(5)结构水:是以OH^-、H^+等离子形式存在于矿物晶体结构中,它们的晶格中占有一定的位置,数量固定,与其他离子结合牢固,一般在600~1000℃高温作用下,晶格遭受破坏后才会结合成水分子逸出。由于不同矿物的失水温度不一样,故可用来鉴定矿物。例如,高岭石$[Al_4(Si_4O_{10})(OH)_8]$的失水温度为580℃,滑石$[Mg_3(Si_4O_{10})(OH)_2]$为930℃。水锌矿$[Zn_5(CO_3)_2(OH)_6]$(又名锌华,见图3-4)和黝帘石$[Ca_2Al_3(SiO_4)(Si_2O_7)O(OH)]$,(又名坦桑石,见图3-5)中也含有结构水。

图3-4　水锌矿

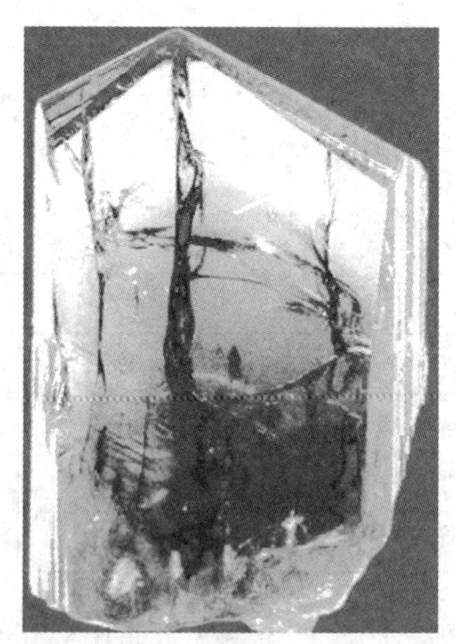

图3-5　黝帘石

3.1.2 矿物物理性质

矿物相互差异的两个最基本的特征是它的化学组成和晶体的形态,然而实际的矿物鉴别中很少都用到这两个方面。矿物的物理性质由于它们内部晶体结构的差异而显现出明显的不同。例如,金刚石和石墨化学组成上都是由单质碳组成的,而它们的物理性质是显著不同的,可以据此把它们鉴别出来。因此,矿物物理性质既是矿物的特征,也是鉴别主要造岩矿物的依据。

矿物的物理性质主要包括光学性质、力学性质、电学性质、磁学性质、热学性质、放射性和其他性质。这些性质决定于矿物的化学成分和内部结构,是鉴定矿物的主要依据。对一般矿物的识别主要是对矿物的光学性质和力学性质进行分析。有些矿物还具有某种特殊性质,如金刚石极高的硬度、石英晶体的压电性、云南石的绝缘性等,在工业生产上已被广泛利用。因此,研究和掌握矿物的物理性质,对于鉴定矿物和矿物的工业利用都是十分重要的。

3.1.2.1 矿物的光学性质

矿物的光学性质是指矿物对光线的反射、吸收及折射的效果,它主要包括颜色、条痕、透明度和光泽等。

1)颜色

矿物的颜色是矿物对白光中不同波长光波吸收的结果,所呈的颜色为被吸收光的补色。如果对各种波长的光波普遍而均匀地吸收,则随吸收程度不同而呈黑、灰、白色;如果对各种波长的光波有选择性地吸收,则呈现各种较鲜艳的颜色,如红、蓝、绿、橙等颜色。许多矿物都具有鲜明的色彩,如橄榄石为橄榄绿色,孔雀石为翠绿色,黄铁矿(图3-6)为浅黄铜色等。这些不同的颜色是鉴定各种矿物最直观的重要特征。根据矿物颜色产生的原因不同,可分为自色、他色和假色3种。

图3-6 黄铁矿

(1)自色:矿物本身固有的颜色。它主要是矿物成分中含有色素离子而引起的。所谓色素离子,是指能使矿物呈色的离子,主要为Ti、V、Cr、Mn、Fe、Co等过渡金属元素的离子,如表3-2所示。这些离子能使矿物呈色,是由于白光通过矿物时,受到光的激发,其内部发生从低能轨道向高能轨道的电子跃进,需要选择吸收一定波长的光波,余下的互补色光即构成了矿物的颜色。图3-7所示为自色的月光石。

表3-2 各种主要色素离子的呈色作用

色素离子	颜色	矿物
Ti^{3+}	紫色	钛辉石
V^{3+}	橄榄绿色	钒云母
Cr^{3+}	红色 绿色	红宝石 纯绿宝石
Mn^{3+}	红色	红帘石

续表

色素离子	颜色	矿物
Fe^{2+}	绿色 褐色	普通角闪石、绿泥石 黑云母
Fe^{3+}	红色 褐色	赤铁矿 褐铁矿
Co^{2+}	玫瑰色	钴华
Ni^{2+}	绿色 黄色	镍橄榄石 镍辉石
Cu^{2+}	绿色 蓝色	孔雀石 蓝铜矿

此外，由于晶体结构中存在有缺席位置或晶格空隙，能够捕获外来的电子，从而引起晶格中电子的转移跃迁过程，也可使矿物呈色。这种现象在碱金属和碱土金属元素的化合物中常见，例如石盐、萤石等矿物的颜色。矿物的自色比较固定，因而最具有鉴定意义。

(2)他色：矿物因含有外来带色杂质而引起的颜色。例如水晶，即无色透明的石英由于各种杂质的混入，使其染成紫色、玫瑰色、烟灰色、黑色等。矿物的他色常有变化，一般不能作为鉴定的特征；对于某些有比较固定的他色的矿物，如紫晶、蔷薇石英(图3－8)等，仍具有鉴定意义。

图3－7　月光石

图3－8　蔷薇石英

(3)假色：由某些物理因素所引起的呈色现象。假色与矿物的化学成分和内部结构无关。它只对个别矿物具有鉴定意义，如斑铜矿、拉长石等。

2)条痕

矿物的条痕是矿物粉末的颜色，一般是指矿物在白色瓷板上划擦时所留下的粉末的颜色。条痕是矿物呈粉末状态时对光线中不同波长光波吸收的结果，它可以消除假色、减弱他色、保存自色,较之矿物的颜色更为稳定可靠。例如赤铁矿的颜色,有的为铁黑色,有的为暗红色,其条痕都为樱红色。条痕是鉴定不透明或深色半透明矿物的重要标志。对于透明矿物来说,由于条痕都是白色、近于白色或无色,因此在鉴定过程中使用条痕多无实际意义。

3)透明度

矿物的透明度就是指矿物透过可见光波的能力。根据光波透过矿物的不同程度,可将矿物的透明度分为透明、半透明、不透明。

4)光泽

矿物的光泽是指矿物表面的总光量,反映矿物表面反光的性质。矿物光泽的强弱决定于矿物对可见光的吸收,吸收越大则反射越大、光泽越强,反之越弱。根据矿物折射率的大小可将矿物光泽分为五级:金属光泽、半金属光泽、金刚光泽、玻璃光泽、油脂光泽。

矿物的各种光学性质,存在着一定的内在联系,因此,在观察这些性质时需要结合起来考虑。例如在观察矿物的光泽时,需要结合颜色等其他光学性质来确定光泽的类型。各种光学性质之间的关系见表3-3。

表3-3　矿物的光学性质关系表

<table>
<tr><td>颜色</td><td colspan="2">无色、白色或浅色</td><td colspan="3">深色、黑色、金属色</td></tr>
<tr><td>条痕</td><td colspan="4">白色或浅色</td><td>深色或黑色</td></tr>
<tr><td>光泽</td><td colspan="2">非金属(玻璃—金刚石)光泽</td><td colspan="3">半金属、金属光泽</td></tr>
<tr><td>透明度</td><td>透明</td><td colspan="2">半透明</td><td colspan="2">不透明</td></tr>
</table>

3.1.2.2　矿物的力学性质

矿物的力学性质是指矿物在受到外力作用下所表现出来的一系列的物理特征,不同的矿物有着不同的力学性质。矿物的力学性质主要包括:解理、裂开、断口、硬度、密度、脆性、延展性、弹性和挠性。其中以解理和硬度在矿物的鉴定方面最具有意义。

1)解理、裂开和断口

矿物的解理、裂开与断口都是矿物在外力作用下发生破裂的性质。

矿物解理是指矿物晶体在外力作用下严格沿着一定结晶方向破裂,并能裂成光滑平面的性质。根据发生解理的难易和解理面完好的程度,将解理分为五级:极完全解理、完全解理、中等解理、不完全解理、极不完全解理。同种矿物解理的组数、性质及其交角,都是受晶体结构严格控制的,不会发生变异。所以,解理也是鉴定矿物的重要标志。解理是晶体的一种属性,并且是异向性的一种表现。有些晶质矿物可以无解理,那是因为它们内部结构中的作用力在各个方向上都比较均衡的缘故。对于非晶质矿物,由于其内部不呈晶体结构,则不能具有这种性质。

断口是指矿物晶体在外力作用下沿任意方向破裂,呈凹凸不平的断面,它与解理是互为消长的。矿物的解理越完全,断口越少见;反之,断口就越发育。断口的形状往往具有一定的特点,根据断口的五种形状:贝壳状断口、锯齿状断口、参差状断口、阶梯状断口和平坦状断口,也可作为鉴定矿物的辅助标志。

裂开是指矿物沿着双晶接合面,特别是聚片双晶的接合面裂开的性质。裂开与解理在现象上很相似,它们产生的原因则不相同。解理是沿晶体结构中面网间键力最弱的平面所产生的定向破裂,解理面是按照对称重复规律分布,为晶体固有的特性;裂开主要是在晶体中的一定方向分布有它种物质的夹层，或是沿聚片双晶的接合面而发生的，其裂开面不一定按照对称重复规律分布。裂开的形成与矿物的生存条件有关，而不是固定的，具有这种性质的矿物不是在任何标本上都能出现。因此，裂开只对少数常具有这种特征的矿物（如刚玉、辉石、磁铁矿等）才具有鉴定意义。

2）矿物的硬度

矿物的硬度是指矿物抵抗某种外来机械作用力（如刻划、压入、研磨等）的能力，常采用摩氏硬度计确定矿物的相对硬度，以滑石、石膏、方解石、萤石、磷灰石、正长石、石英、黄玉、刚玉和金刚石分别作为硬度1－10的代表矿物，组成相对硬度的系列（表3－4）。

表3－4　摩氏硬度计系列

硬度等级	1	2	3	4	5	6	7	8	9	10
代表矿物	滑石	石膏	方解石	萤石	磷灰石	正长石	石英	黄玉	刚玉	金刚石

摩氏硬度是一种相对的硬度，其硬度等差也不够精确，但比较实用。在实际工作中，用摩氏硬度计去测定未知矿物的硬度，是不方便的。在野外，通常是利用其他工具，如指甲（硬度约为2～2.5）、小刀（硬度约为5～5.5）、铜钥匙（硬度约为3）、玻璃（硬度约为6）等，来大致测定未知矿物的硬度范围。当矿物硬度小于指甲，为硬度小；大于指甲而小于小刀，为硬度中等；大于小刀的为硬度大。这种方法比较简单，一般能够满足野外鉴定的需要。矿物的硬度是比较固定的，因此，矿物的硬度也是鉴定矿物的标志。

3）其他力学性质

矿物的相对密度是指纯净、均匀的单矿物在空气中的质量与同体积水在4℃时质量之比。矿物的相对密度变化范围很大，可以小于1（如石蜡），大于23（如锇钌族矿物）。矿物相对密度的大小，主要决定于组成元素的原子量、原子半径和质点的堆积方式。矿物的相对密度是鉴定和研究矿物的一项重要的物理数据。在作手标本鉴定时，通常是凭经验用手掂量估计。根据轻重将矿物大致分为三级。

（1）轻的：相对密度在2.5以下，如石盐、石膏等。

（2）中等的：相对密度在2.5～4之间，如石英，正长石、方解石等。

（3）重的：相对密度在4以上，如重晶石、锡石、方铅矿等。

矿物的相对密度比较固定，绝大多数属于中等一类。因此，对于相对密度特大的矿物，相对密度是一个重要的鉴定特征。

矿物的脆性是指矿物受外力作用时容易破碎的性质。矿物的延展性是指矿物在锤击或拉引下容易形成薄片和细丝的性质。矿物的弹性是指矿物受外力作用发生弯曲形变，但当外力作用取消后，则能使弯曲形变恢复原状的性质。矿物的挠性是指矿物受外力作用发生弯曲形变，如外力作用取消后，弯曲了的形变不能恢复原状的性质。

3.1.3　几种主要类型的造岩矿物

自然界中，矿物的种类虽然名目繁多，但主要的造岩矿物却只有十几种，如石英、长石、云母、角闪石、辉石、橄榄石、石榴子石。在这些矿物中，石英、长石、白云母等富含Si、Al，颜色较浅，称为浅色矿物；角闪石、辉石、橄榄石、黑云母等富含Fe、Mg，颜色深，称为暗色矿物。

3.1.3.1　石英类

石英呈无色透明或乳白色，或因含不同杂质而具不同颜色，油脂光泽或玻璃光泽，贝壳状断口,硬度为7。结晶程度较好的石英称作水晶,其化学成分为 SiO_2。

3.1.3.2 长石类

1)钾长石

钾长石常呈肉红色、灰紫色、灰白色、深蓝绿色等,格子双晶或卡式双晶,硬度大于小刀(6~6.5)。化学成分为 $KAlSi_3O_8$。

2)斜长石

斜长石一般为白色,半透明,条痕为无色,玻璃光泽,硬度大于小刀(6~6.5)。随着矿物中 Na 与 Ca 含量不同,矿物的性质略有差别。斜长石的化学成分复杂多样,是 $NaAlSi_3O_8$(Ab)-$CaAl_2Si_2O_8$(An)类质同像系列的长石矿物的总称。

3.1.3.3 云母类

云母呈薄片状,无色透明,玻璃光泽,一组完全解理,硬度小于指甲。根据矿物中铁含量的不同,可将云母分为黑云母、白云母和普通云母。云母的化学成分十分复杂,属铝硅酸盐矿物。

3.1.3.4 铁镁矿物类

1)角闪石

角闪石常见于闪长岩、正长岩和辉长岩等岩石中。一般呈暗绿色,条痕无色或白色,玻璃光泽,不透明,短柱状,两组解理,夹角56°或124°,横截面为菱形,硬度为5~6。组成角闪石的主要化学元素有 Ca、Na、Mg、Fe、Al、Si、O。

2)辉石

辉石是超基性岩和基性岩的主要矿物。常呈墨绿、海绿色等,长柱状,二组解理,解理夹角为90°,硬度大于小刀。化学成分为 $XY(Si,Al)_2O_6$。其中 $Y = Mg^{2+}, Fe^{2+}, Mn^{2+}, Al^{3+}, Fe^{3+}$;$X = Ca^{2+}, Mg^{2+}, Fe^{2+}, Mn^{2+}, Na^{+}, Al^{3+}$。

3)石榴子石

石榴子石的颜色多样(受成分的影响较大),玻璃光泽,断口油脂光泽,粒状,晶形为菱形十二面体,一组不完全解理或无解理,硬度大于小刀(5.6~7.5),有脆性。组成石榴子石的主要化学元素为 Fe、Al、Mg、Si、O 等。

4)橄榄石

普通橄榄石一般为黄绿色,玻璃光泽,结晶好的橄榄石呈透明状,两组解理,硬度大于小刀(6.5~7),贝壳状断口,其主要化学成分为$(Mg,Fe)_2[SiO_4]$。橄榄石种类多样,有铁橄榄石、锰橄榄石、钙镁橄榄石等。

3.1.3.5 碳酸盐类

1)方解石

方解石常见于各种碳酸盐岩中。结晶好的方解石呈无色,透明至半透明,玻璃光泽,三组解理,硬度介于小刀与指甲之间。方解石的化学成分为 $CaCO_3$。

2)白云石

纯净的白云石多呈白色,含铁的则灰色—暗褐色,表面为褐红色,玻璃光泽,一组完全解理,硬度介于指甲与小刀之间(3.5~4),密度较方解石大。白云石的化学成分为 $CaMg(CO_3)_2$,可含有 Fe,Mn,Zn 等元素。

3.2 岩石综述

经地质作用形成的由矿物或岩屑组成的集合体称为岩石。有的岩石是由一种矿物形成的单矿岩,如纯的大理岩由方解石组成;多数岩石是由两种以上的矿物组成的复矿岩,如花岗岩由长石、石英等组成。自然界中岩石的种类繁多,根据其成因的不同可分为沉积岩、岩浆岩和变质岩三大类。

3.2.1 沉积岩

沉积岩是在地表或地表以下不太深的地方,由母岩(火成岩、沉积岩、变质岩)经过风化、搬运、沉积、成岩等作用和某些火山作用所形成的产物,经过改造而成的层状岩石。沉积岩的种类很多,其中分布最广的是粘土岩,其次为砂岩和石灰岩。

沉积岩是成层的岩石,常呈层状产出,即一层一层地叠加在一起,有时见到的呈水平层。在比较多的情况下,见到岩层向一个方向倾斜,这是由于后期构造运动的结果。

沉积岩的分布范围很广,据统计,陆地大约75%的面积被沉积岩覆盖着,而海底几乎全部面积都被沉积物(岩)所覆盖。但从体积而言,沉积岩约占岩石圈体积的5%。由此可知,沉积岩主要分布在岩石圈的上部和表层部分。至于沉积岩在地壳表层的具体厚度则变化很大,有的地方可达十几千米,如高加索地区;但有的地方则很薄,甚至没有沉积岩的分布,直接出露着岩浆岩和变质岩。

沉积岩中蕴藏着大量矿产。根据第19届国际地质学会统计资料,世界资源总储量的75%~85%是沉积和沉积变质成因的。石油、天然气、煤、油页岩等可燃有机矿产以及盐类矿产,几乎全部是沉积成因的。铁矿的90%、铅锌矿的40%~50%、铜矿的25%~30%、锰矿和铝矿的绝大部分,以及其他许多金属和非金属矿产,也都是沉积或沉积变质成因的。许多沉积岩本身就是有用的矿产,如建筑石料、水泥、玻璃原料、冶金溶剂和耐火材料等,原料大多是沉积岩。此外,沉积岩与地下水开发利用、工程建设的规划和设计关系密切。沉积岩也是地壳发展历史的重要记录,通过对沉积岩的研究,可查明地质历史时期自然地理变迁,地壳运动及构造变动情况;通过对沉积岩中所含古生物化石的研究,还可获得生命起源和生物演化的宝贵资料。

沉积岩是在地壳表层的条件下,由母岩的风化产物、火山物质、有机物质等沉积岩的原始物质成分,经搬运作用、沉积作用以及沉积后作用而形成的一类岩石。其形成的一般过程即成岩的过程可分为4个互相衔接的阶段,即先成岩破坏、搬运作用、沉积作用和埋藏成岩作用。

(1)沉积物的形成。

在沉积岩形成的过程中,成岩物质的物理状态首先发生明显变化(如压实、固结),其次原始物质分解,新生物质形成,与之伴随的化学元素发生活化迁移与重组等地球化学变化。

引起先成岩破坏的过程有风化作用和剥蚀作用。风化作用是指岩石及其组成的矿物在大气圈、水圈和生物圈作用下发生的各种复杂的对岩石的破坏作用。按照风化过程的性质可将其分为3类:物理风化作用、化学风化作用和生物风化作用。

物理风化作用是指岩石在外力作用下发生机械破碎,而没有显著的化学成分变化的过程。地理环境中的温度变化、水分相态变化、晶体生长、重力作用、生物的生活活动,以及风的破坏作用等均能引起岩石的机械破碎。物理风化作用的总趋势是使母岩破碎,产生碎屑物质,其中包括岩石碎屑和矿物碎屑等。

化学风化作用是指在氧、水和溶于水中的各种酸的作用下,母岩遭受氧化、水解、水化和溶解作用等化学变化,自身分解而产生新矿物的过程。化学风化作用不仅使母岩破碎,而且使其矿物成分和化学成分发生本质的改变。它们在适当的条件下就形成粘土物质和化学沉淀物质(真溶液及胶体物质)。

生物风化作用是指生物的生长发育及其生理代谢过程对岩石及其矿物的破坏作用。在岩石圈的上部、大气圈的下部和水圈的全部,几乎到处都有生物的存在。因此,生物(特别是微生物)在风化作用中能起到巨大的作用。生物对岩石的破坏方式既有机械作用,又有化学作用和生物化学作用;既有直接的作用,又有间接的作用。

(2)机械搬运和沉积。

风化产物中的碎屑与粘土物质,一般都是以机械方式搬运和沉积的。这些物质以悬浮状态、滚动或跳动的方式被流水或风搬运。当水和风的速度减小或是因泥沙量过大而无法带动时,碎屑和粘土就会沉积下来;当流速和风速增大时又可继续搬运,最终碎屑与粘土物质汇集到海洋或湖泊、平原或低洼的地区。

在地面流水和风的搬运过程中,最先沉积的是颗粒粗大的碎屑,依次至最小的碎屑,密度大的碎屑颗粒早沉积于密度小的颗粒。沿着搬运方向,碎屑颗粒出现带状分布的现象。这些碎屑物质在搬运和沉积过程中,根据其本身的粒度、密度、形状和矿物成分,在重力的影响下,沿着运动的方向,按一定的顺序有规律地沉积下来,这种作用称为机械沉积分异作用。与机械沉积分异作用同时进行的还有化学沉积分异作用产生。化学沉积分异作用是由于各种元素的化学性质不同而引起的。元素的化学性质越活泼,在水溶液中的溶解度越大,越不易沉淀,有可能长期处于溶解状态而被搬运到远离母岩的区域;化学性质较稳定和溶解度较小的元素,比较容易从溶液中沉淀出来。一般低价、离子半径大、能量系数小的元素,如 K、Na 等碱金属和碱土金属元素的化学性质比较活泼,溶解度较大,在溶液中不易析出,搬运较远,它们常成为沉积分异的最后产物;相反,高价、离子半径小、能量系数大的元素,如 Fe、Mn、Al、Si 等,由于化学活动性较差,所以从溶液中析出较早,常在海湖近岸沉积。各种化学溶解物质的化学沉积分异作用的大致顺序为:氧化物—硅酸盐—碳酸盐—硫酸盐及卤化物。

(3)沉积岩的成岩作用和后生作用。

母岩风化后,其风化产物经搬运、沉积之后,形成了松散的、多半富于水分的沉积物,即构成了沉积岩的原始物质。沉积物在地壳运动的影响下,随着地壳表面坳陷的不断沉降,新的沉积物又不断地进行堆积,先生成的沉积物被埋藏得越来越深,其所受的压力和温度也越来越高,介质条件发生了改变,与沉积时的环境完全不同,致使沉积物产生一系列的变化,最终使松散含水的沉积物固结成为岩石。沉积物转变为沉积岩的一系列变化,称为沉积物的成岩作用;沉积物转变为沉积岩的阶段,称为成岩作用阶段。后生作用是继成岩作用阶段之后,在沉积岩转变为变质岩之前所产生的一切作用和变化。后生作用的发生与较高温度、压力以及外来物质的加入有关。

沉积岩按照组成可分为 3 个基本的类型:由母岩风化产物组成的沉积岩、主要由火山碎屑物质组成的沉积岩、主要由生物遗体组成的沉积岩。沉积岩基本类型的详细划分见表 3-5。

表 3-5 沉积岩的基本类型的划分

<table>
<tr><td colspan="9">主要由母岩风化产物组成的沉积岩</td><td rowspan="2">主要由火山碎屑物质组成的沉积岩</td><td colspan="2" rowspan="2">主要由生物遗体组成的沉积岩</td></tr>
<tr></tr>
<tr><td colspan="4">碎屑岩</td><td colspan="5">化学岩</td><td rowspan="2">火山碎屑岩</td><td rowspan="2">可燃生物岩</td><td rowspan="2">非可燃生物岩</td></tr>
<tr><td>砾岩</td><td>砂岩</td><td>粉砂岩</td><td>粘土岩</td><td>碳酸盐岩</td><td>硫酸盐岩</td><td>卤化物岩</td><td>硅岩</td><td>其他化学岩</td></tr>
</table>

与其他岩类相比,沉积岩有自己显著的特点。从化学成分看,由于沉积岩的原始物质来源于岩浆岩,因此沉积岩的平均化学成分和岩浆岩的平均化学成分很接近。但由于沉积岩与岩浆岩的形成条件不同,所以某些化学成分仍有较大差别:

(1)沉积岩中 $Fe_2O_3 > FeO$,而岩浆岩中 $Fe_2O_3 < FeO$。这是因为沉积岩是在地表条件下形成的,地表的氧化作用强烈,因而使低价铁转化为高价铁。

(2)沉积岩中的 $K_2O > Na_2O$,而岩浆岩中,一般来说 $K_2O < Na_2O$。这是因为沉积岩中有较多含钾的矿物,如白云母等。此外,新形成的粘土矿物还吸附有大量的钾。而钠却大量以氯化物的形式溶于水中,最后被带进海洋。

(3)沉积岩中富含 H_2O 和 CO_2,而岩浆岩中含量较少。因为沉积岩是形成于富含 H_2O 和 CO_2 的地表环境中。除化学成分的差异外,沉积岩具有自己独特的结构构造,这不仅是其与岩浆岩、变质岩区别的标志,而且能说明沉积岩的形成条件和沉积环境。沉积岩最典型的构造特征是具有层理,即由于矿物成分、结构或颜色的不同排列分布而表现出的成层性。沉积岩的另一个重要的构造特征是有层面构造,即在岩层表面有波痕、泥裂等沉积构造痕迹。有的沉积岩还保存有晶体印模、结核以及生物成因的生物遗骸等。

3.2.2 岩浆岩

岩浆岩又称火成岩,它是由地下深处的岩浆侵入地壳或喷出地表冷凝而成的岩石(图 3-9),是岩浆活动的产物。岩浆是一种粘稠的熔浆,其主要组成部分是硅酸盐熔浆和挥发性组分(水汽和其他气体物质)。岩浆的粘度大小与硅酸含量有密切关系,硅酸含量少者称为基性岩浆,粘度小易流动;硅酸含量多者称为酸性岩浆,粘度大不易流动。另外,温度、压力和挥发性组分含量对粘度也有影响。由于岩浆的温度很高(可达 900 ~ 1200℃),且在地下承受巨大的压力,因而具有极端的物理化学活性。岩浆可以顺着地壳薄弱地带侵入上部或沿构造裂隙喷出地表,这种岩浆向地壳上层压力减小的方向上升的活动,称为岩浆活动。岩浆活动有两种方式:① 岩浆上升到一定位置,由于上覆岩层的外压力大于岩浆内压力,迫使岩浆停留在地壳之中冷凝而结晶,这种岩浆活动称为侵入作用。岩浆在地下深处冷凝而成的岩石称深成岩,在浅处冷凝而成的岩石称为浅成岩,二者统称为侵入岩。② 岩浆冲破上覆岩层而喷出地表,这种活动称为喷出活动或火山活动。喷出地表的岩浆,其中挥发性成分大部分逸散,称为熔岩。

图 3-9 岩浆岩

熔岩在地表冷凝形成的岩石称为喷出岩或火山岩。

3.2.2.1 岩浆岩的矿物成分和化学成分

岩浆岩中的矿物是岩浆作用的产物，它反映了火成岩的化学成分和形成的条件，是火山岩分类命名的主要依据之一。

组成岩浆岩的矿物种类繁多，最常见的矿物有十几种，即橄榄石、辉石、角闪石、黑云母、斜长石、钾长石、石英及似长石类矿物等。

岩浆岩的化学成分十分复杂，几乎包括了地壳中所有的元素，其中 O、Si、Al、Fe、Ca、Na、K、Mg、Ti 等元素的含量最多，占岩浆岩化学元素总量的99%以上，这些元素称为造岩元素。岩浆岩中化合物以 SiO_2 的含量最大。因此，岩浆岩实际上是一种硅酸盐岩石。岩浆岩的平均化学成分见表 3－6。

表 3－6 岩浆岩的平均化学成分

氧化物	质量分数，%	元素	质量分数，%
SiO_2	69.14	O	46.42
Al_2O_3	15.34	Si	27.59
Fe_2O_3	3.08	Al	8.08
FeO	3.80	Fe	5.08
MgO	3.49	Ca	3.61
CaO	5.08	Mg	2.09
Na_2O	3.84	Na	2.83
K_2O	3.13	K	2.58
H_2O	1.15	Ti	0.721
TiO_3	1.05	P	0.158
P_2O_3	0.299	H	0.130
MnO	0.124	Mn	0.125
CO_2	0.101	其他	0.586

3.2.2.2 岩浆岩的产状

岩浆岩在地壳中是以一定形态的岩体产出，并在一定的地质构造条件下形成的。岩浆岩的产状是指岩浆岩体的形态、大小与围岩的关系，以及它形成时期所处的构造环境及距离当时地表的深度等。产状特征同岩体形成期间所处的地质构造环境及岩浆的活动性、岩浆在地壳中凝固的深度密切相关。

1）侵入岩体的产状

根据岩体与围岩的接触关系，侵入岩体分为整合侵入体及不整合侵入体两种。

（1）整合侵入体：岩浆沿层间裂隙侵入而成。岩体与围岩层理或片理呈平行接触关系，因此，它们与围岩产状呈整合接触。按其形态不同，又可分为以下几个层次。

岩床：流动性较大的岩浆顺着岩层层理侵入形成的板状岩体，与围岩产状一致，其上下界面大致平行。一般厚度比较稳定，其规模大小不同，厚度由数厘米至数十米或数百米以上，多数是由流动性较大的基性岩构成。

岩盖：又称岩盘，是岩浆顺岩层侵入，并将上覆岩层拱起，顶部呈穹窿状，中部厚、边部薄、底部比较平整，向两侧延伸不远，直径可达 3 ~6km，厚度可达 1km。主要由粘性较大的酸性岩构成。

岩盆：岩浆顺岩层侵入，在岩浆强大静压力作用下，岩层底板断裂而下沉，致使侵入体底面均向中心倾斜形成盆状，与岩盖相反。一般规模较大，多由基性岩或碱性岩构成。

(2)不整合侵入体：一般是由岩浆沿斜交层理的裂隙侵入形成。常见的有以下几种。

岩墙：是与围岩层理或片理垂直或斜交的板状侵入体。其规模大小不同，厚度从数厘米到数十米，长度由数十米可达数百米甚至数十千米。岩体可单个出现。在断裂发育地区岩墙常成群出现，形成岩墙群。各个岩墙大致相互平行或呈放射状分布。

岩脉：与岩墙在形态上相似的板状侵入体，其规模小，延伸不远，不如岩墙规则。

岩株：一种形状很不规则的侵入体，在平面上一般呈不规则的圆形，与围岩的接触面较陡，面积一般小于 $100km^2$，其成分常由中酸性岩组成。

岩基：是侵入岩中规模最大的一种岩体，面积大于 $100km^2$，平面上呈长圆形，成分比较稳定，一般由花岗岩类组成。

2)喷出岩体的产状

根据岩浆从地下深处上升到地表的方式，可分为中心式喷发和裂隙式喷发两种类型。喷出岩产状主要有以下几种。

(1)火山锥：岩浆沿一定的管状通道喷出地表，往往在火山口附近堆积而成，是由中心式喷发形成的产状。

(2)熔岩流：基性熔岩喷出地表后，顺着山坡或河谷填充在地形低洼处，形成狭长带状的熔岩流。

除以上产状之外，岩浆岩还有火山颈、熔岩流、熔岩被、岩盘、岩鞍等产状，见图 3 – 10。

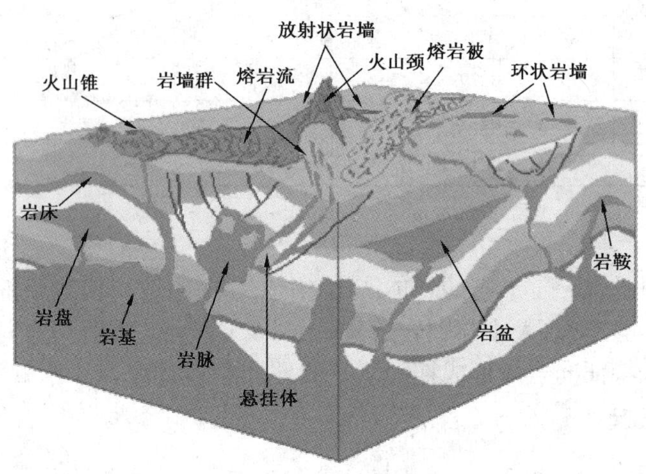

图 3 – 10　岩浆岩产状立体示意图

除组成特征外，特殊的形成条件也使岩浆岩具有特有的结构构造特征。结构由岩石中矿物颗粒自身的结晶程度、晶粒大小、晶形等特征以及颗粒间的相互关系来反映，主要包括全晶质粗粒、中粒、细粒结构，隐晶质结构，非晶质结构，斑状结构等。构造是由组成岩石的矿物集合体的形状、大小、排列和空间分布特征等来反映，主要有块状构造、流纹构造、气孔构造、杏仁构造等。

3)岩浆岩的分类

自然界的岩浆岩是多种多样的,它们之间在矿物成分、结构、产状等方面均存在着明显的差异。因此常依据下列原则对其进行分类。

(1)按岩浆的化学成分,即按其中 SiO_2 含量可将其划分为超基性岩、基性岩、中性岩和酸性岩4大类。

(2)按岩浆岩的矿物成分,即是否含有石英(酸性岩的指示矿物)、所含长石的种类(即钾长石和各种斜长石)及其比例、暗色矿物的种类及其含量,据此就可以将岩浆岩细分为橄榄岩、辉岩、辉长岩、闪长岩、花岗闪长岩、花岗岩、正长岩等。

3.2.3 变质岩

变质岩是指先成岩石在特定的地质作用下,矿物成分和组构发生变化而形成的新岩石。这种变质过程一般是高温、高压条件下进行的,在变质作用过程中,岩石基本保持固态。变质作用过程中,原有矿物会重新结晶形成较大的晶体,或者被分解重新组合,形成新的矿物。

3.2.3.1 变质作用

变质作用是自然界的一种内动力地质作用,它决定于各种复杂的变质因素及当时的物理化学条件。在变质作用过程中,原岩化学成分的变化有两种情况:一种是原岩的化学成分基本保持不变,称为等化学变质;另一种是在变质过程中伴有交代作用,岩石变质前后的化学成分可有显著改变,称为异化学变质。前者可以反映变质前的岩石化学成分特征,如石灰岩经接触变质形成的大理岩。而后者就不能反映变质前的岩石化学成分特点,如中酸性岩浆侵入碳酸盐成分的围岩,通过交代作用所形成的矽卡岩即可说明这个问题。所以说变质岩的化学成分既与原岩的化学成分密切相关,同时,也与变质作用的特点有关。

关于变质作用类型的划分,至今尚未完全统一。本书采用了较普遍应用的、依据变质作用主要因素,并结合地质条件为基础的分类,有以下几种主要类型。

(1)接触变质作用:接触变质作用发生在火山岩体和围岩的接触带上,主要是由于岩浆的高温和从岩浆中析出的溶液所引起的变质作用。

(2)气成热液变质作用:气成热液变质作用主要是在岩浆析出的气态或液态溶液影响下,对岩石所引起的变质作用,并往往伴随有物质的带入或带出。这些溶液除来自岩浆体的挥发份外,也可来自地壳内的区域性分布的热水,只要条件适合就可发生交代变质作用。

(3)动力变质作用:动力变质作用发生在断裂带附近,主要是在定向压力的影响下使岩石发生的变质作用。

(4)区域变质作用:区域变质作用是在大面积内发生的区域性的变质作用,是地壳活动带伴随强烈构造运动所发生的一种变质作用,也是一种综合性的变质作用。

(5)超变质作用:超变质作用是向岩浆作用过渡的一种特殊的变质作用,在这一过程中广泛发育着岩石局部的或全部的重熔作用,岩石开始向岩浆状态转化。

(6)复变质作用:同一个地区的岩石常常可以遭受不同时期的多次的变质作用,这种变质作用叠加的现象,称为复变质作用。

通常变质岩的化学成分主要由下列氧化物所组成:SiO_2、Al_2O_3、Fe_2O_3、FeO、MgO、CaO、K_2O、Na_2O、MnO、H_2O、CO_2、TiO_2、P_2O_5 等。

变质岩的矿物成分复杂多样,其中一部分是变质岩所特有的矿物,而另一部分则是与岩浆岩、沉积岩所共有的矿物。

3.2.3.2 变质岩的结构及构造

变质岩一般均具有结晶结构,这是因为变质岩在变质过程中往往发生重结晶。这与岩浆岩结构相似。因此,为了与岩浆岩的结构相区别,在命名上特加“变晶”二字。肉眼常见变质岩结构有粒状变晶结构和斑状变晶结构等。

变质岩的构造是识别变质岩重要的标志。肉眼观察时,常见的变质岩构造及其特征如下。

(1)板状构造:板状构造又称劈理构造。岩石在地应力作用下,产生一组密集平行的破裂面。它伴有轻微的重结晶,但肉眼不能分辨出颗粒,因此劈理面常光整平滑。

(2)千枚状构造:具千枚状构造的变质岩中各组分基本已重结晶,并呈定向排列,岩石呈薄片状,矿物颗粒细,肉眼不易分辨,片理面上具丝绢光泽。

(3)片状构造:呈片状构造的变质岩主要由鳞片状、柱状变晶矿物组成,并作定向排列和分布,一般颗粒稍粗,肉眼能分辨颗粒(这是与千枚状构造的主要区别),具有沿片理面劈开,呈不平整薄片状的特征。

(4)片麻状构造:呈片麻状构造的变质岩中的粒状变晶矿物、鳞片状和柱状变晶矿物相间排列,形成了浅色与深色相间的条带。

(5)条带状构造:呈条带状构造的变质岩中的粒状变晶矿物、鳞片状和柱状变晶矿物相间排列,形成了浅色与深色相间的断续条带。

(6)块状构造:呈块状构造的变质岩中不同矿物成分定向排列,矿物成分和结构均匀分布。

从以上可知,重结晶和特定的结构和构造(特别是在定向压力下矿物重结晶形成的片理构造)是变质岩的两个最主要的特征:与岩浆岩相比,二者虽都具结晶结构,但变质岩往往具有典型的变质矿物,且有些具有片理构造,而岩浆岩则无;与沉积岩相比,区别更加明显,沉积岩具层理构造,常含有生物化石,而变质岩少有(在沉积岩变质程度较浅的情况下可有保留)。同时,在沉积岩中除去化学岩外,一般不具结晶粒状结构,而变质岩则大部分是重结晶的岩石,只是结晶程度有所不同。

本章总结

矿物是单个元素或若干元素在一定地质条件下形成的、具有特定理化性质的单质或化合物,是构成岩石的基本单元。矿物之间特征的差异主要是由矿物的化学组成和晶体形态决定的,然而矿物的鉴定主要依据矿物的物理性质。

岩石是经地质作用形成的由矿物或岩屑组成的集合体。根据矿物的成因,可以将岩石划分为三个大类:低温条件下的碎屑的聚集或溶解物的沉淀形成的沉积岩;火山岩浆形成的岩浆岩;受到温度和压力的影响而变质形成的变质岩。岩石的最基本的理化性质决定于岩石的矿物组成和矿物与碎屑的组合方式,这些性质可能会被温度、压力和岩石外力所改变。经过一定的地质时期,岩石可以被改造成新的一种不同的岩石。因此,从某种意义上来说,三大类岩石之间是相互关联和相互转换的,这就是岩石圈的本质。

复习思考

1. 简述一般通过哪些矿物性质来鉴定矿物。
2. 什么是摩氏硬度计？请列举出它的代表矿物以及这些矿物代表的硬度值。
3. 请列举几种主要造岩矿物，并陈述它们各自的物理性质。
4. 什么是沉积岩？沉积岩的基本的分类原则是什么？
5. 什么是岩浆岩？岩浆岩的主要产状有哪些？
6. 什么是变质岩？请列举几种变质作用及它们的形成因素。

思维拓展

矿物的镜下鉴定是地质学的重要的研究手段，是研究矿物的最常用的方法。请用显微镜观察几种常见的造岩矿物的特征并分析矿物的成因。

拓展阅读

[1] 方少木，等．矿物岩石学．北京：煤炭工业出版社，1984.
[2] 林培英．晶体光学与造岩矿物．北京：地质出版社，2005.
[3] 路凤香，桑隆康．岩石学．北京：地质出版社，2001.
[4] 王德滋．光性矿物学．上海：上海人民出版社，1977.

第2篇

地球环境的内部变化

4 板块构造

4.1 大陆漂移学说

几个世纪以前，观察世界地图的人们就开始注意到了位于大西洋两岸的南美大陆东部和非洲大陆西部的海岸线的吻合性（图4－1）。1855年，美国的Antonio Snider发表了一篇文章，认为这两个大陆可以像七巧板一样拼在一起。这样富有革命性的思想引发了一个大胆的猜想：地球上各个大洲可能原先都是相同一个大陆的部分，后来才彼此分裂开来。1908年，美国

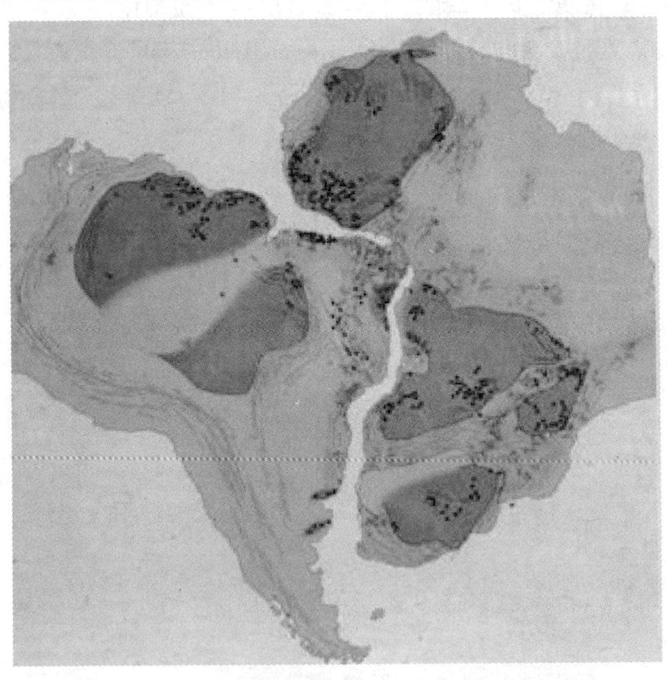

图4－1　南美大陆东部和非洲大陆西部的吻合性

的泰勒认为大陆块的相对移动，是使岩石挤压成现代山脉和岛链的原因。而系统全面地提出大陆漂移学说的是德国气象学家 Alfred Wegener。

1912 年，年轻的德国科学家 Alfred Wegener 首先提出了大陆漂移的理论，随后的 20 年中更是做了很多论证研究。当时有一些著名的科学家认为这个思想是似是而非的，包括科学家和普通人在内的大部分人们很难想象和理解广袤的大陆会在坚硬的地球上发生漂移。

Alfred Wegener 在他的名著《海洋与大陆的起源》一书中写到："大陆漂移的想法是著者于 1910 年最初得到的。有一次，我在阅读世界地图时，曾被大西洋两岸的相似性所吸引，但当时我也随即丢开，并不认为具有什么重大的意义。1911 年秋，在一个偶然的机会里我从一本论文集中看到了这样的话：根据古生物的证据，巴西与非洲间曾经有过陆地连接。这是我过去所不知道的，这段文字记载促使我对这个问题在大地测量学与古生物学的范围内，为着这个目标从事仓促的研究，并得出重要的肯定的论证，由此我就深信我的想法是基本正确的。"

Alfred Wegener 认为在距今 3 亿年前的古生代后期，地球上所有大陆和岛屿都是连接在一起的，构成一个庞大原始联合古陆，即泛大陆；泛大陆逐渐分裂和漂移，至距今 1.35 亿年前裂解为劳亚古大陆和冈瓦纳古陆；至距今 0.65 亿年前，劳亚古陆开始裂解为欧亚大陆和北美大陆，并各自漂移到现在的位置。大西洋、印度洋、北冰洋均是在大陆漂移过程中形成的，太平洋是泛大洋的残余（图 4－2）。

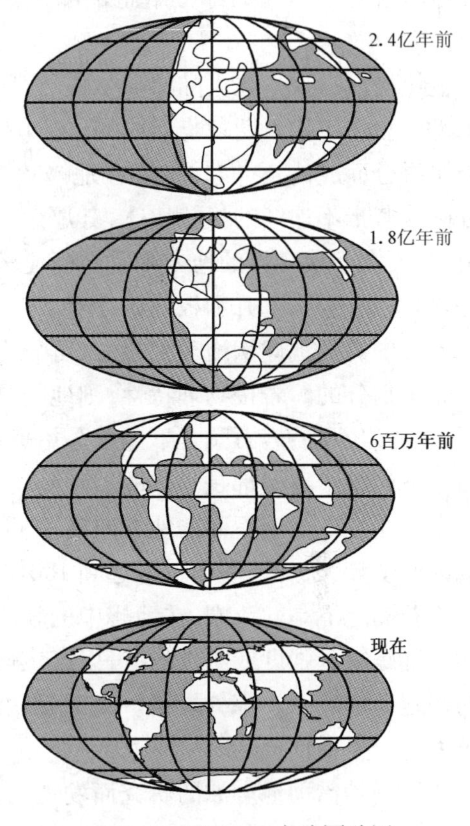

图 4－2　Wegener 大陆漂移图
（据 Wegener，1922）

Alfred Wegener 提出大陆漂移的主要依据有：

（1）如前所述，世界大陆轮廓具有明显的相似性。如果把现在的南北美洲大陆和非洲、欧洲大陆彼此相向移动，两者可毫不留空隙地拼合在一起。

（2）根据阿基米得定律，薄而轻（密度小）的花岗岩质大陆均衡地漂浮在较重的玄武岩质基底上，由于地球自转离心力、日月对地球引力产生的潮汐作用导致大陆向两个方向漂移，前者使大陆产生从两极向赤道的离极运动，这样大陆挤压形成了东西走向的山脉，如阿尔卑斯山脉、喜马拉雅山脉等；后者使大陆向西运动，由于美洲大陆漂移速度快，欧亚大陆和大洋洲大陆漂移速度较慢，这样在美洲大陆、欧亚大陆之间形成了大西洋；由于受太平洋玄武岩基底的阻挡，在美洲大陆西缘挤压褶皱而形成了科迪勒拉山和安第斯山脉等，山脉整体向西漂移时东部的残碎片粘滞在基底（硅镁层）之上形成与岸平行的岛弧。

（3）大西洋两岸大陆的地层、构造、岩相、古生物群系和地球物理等方面具有相似性和连续性。如非洲南部开普山和南美的布宜诺斯艾利斯山可以连接起来，视为同一个地质构造的延续。

(4)从古气候、古生物的分布来看，南美洲、非洲、印度半岛、澳大利亚等地在古生代和中生代初期都很相近，到中生代以后则有显著的不同，说明这些大陆原来曾经连在一起，后来逐渐分开。

(5)许多大地测量的数据证明同一地点的经纬度在发生变化，古地磁学研究的结果也证实大陆漂移确实存在。

4.2 板块构造学说

大陆漂移学说主要的障碍是固体的大陆如何能在固体的地球上移动。现在，通过地球物理研究（主要是地震波），了解到地球从表层到地核中心并非完全都是固体的，而在接近地表部分存在着一个塑性的部分熔融的圈层。因此，固体的地球的外壳漂浮在下伏的半固体层之上。

板块构造学说是在大陆漂移学说、海底扩张理论的基础上，综合各方面的科学研究成果，于20世纪60年代末期初步形成的。板块构造学说认为地球表层是由若干个大小不等的岩石圈板块拼合而成的，它们“漂浮”在地幔软流层之上不停地移动着。板块是岩石圈被一些活动带分割成若干不连续的板状块体，其厚度由70km至150km不等。板块的内部一般都是比较稳定的，而在板块交界的地方则是地壳比较活动的地带，这里常有火山、地震以及挤压褶皱、断裂、地热增温、岩浆上升和板块俯冲等。

前文中讲到地球从地表到核心，可分为地壳、地幔与地核三个最基本的圈层，这是按其组成成分来划分的。若按物理特性，则地壳是固体，地幔的最上部亦是固体，这二者构成一个固体层，称为岩石圈；岩石圈之下是部分熔融和塑性的，称软流圈，软流圈也存在于上地幔中；软流圈之下的整个地幔都是固体的。

岩石圈在地球上不同的地方厚度不同，在洋底其厚度较小，从地表向下约50km厚，在大陆地区厚度较大，从地表向下可达到100km厚。

岩石圈之下是软流圈，在地幔中的软流圈向下延伸，深度为500km，即其厚度有约400km。它的上部是缺乏强度或刚性的，可以产生熔融，但软流圈并非全部是熔融的，只是在固体岩石中局部地存在着一小部分岩浆。大部分软流圈的温度接近于岩石的熔点温度，使岩石在巨大的压力下产生塑性流动。

软流圈是借助地震波的研究而发现的，软流圈的研究使大陆漂移学说能被人们理解与接受。大陆不必在固体的岩层上拖拽运动，而是坚固的大陆、岩石圈板块之下有个柔软的粘性的圈层，岩石圈板块在这软层上滑动。

环绕地球外层的岩石圈并非完整连续的，而是由若干块球面的块体组合而成，就像一只足球，是由一些皮块缝合而成球体。岩石圈分裂为若干板块，其分界线即是地球表面火山地震的集中分布地带。地震与火山的分布大多呈带状或链状，它们反映了该处是岩石圈板块的分裂处，是板块的分界。目前已经确认的有6个巨型的岩石圈板块和一些小的板块（图4－3），即太平洋板块、亚欧板块、印度洋板块、非洲板块、美洲板块、南极洲板块和一些小的板块。除太平洋板块几乎全部是海洋外，其他5个板块则既有大块陆地又包括大片海洋。

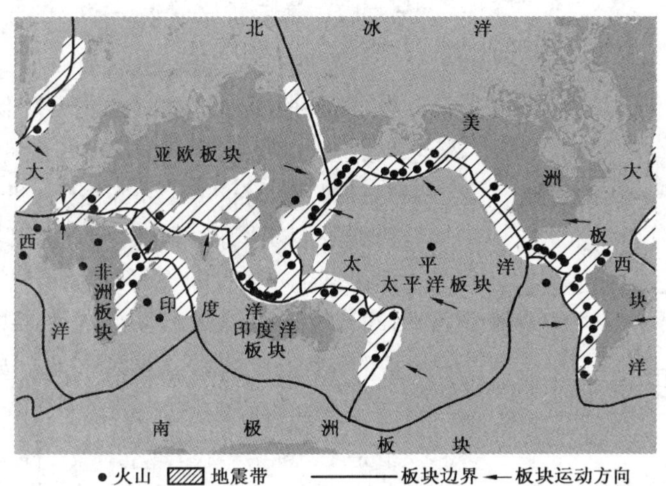

图 4-3　全球火山地震带分布图

4.3　板块构造运动的证据

软流圈的发现与研究，使得大陆漂移学说成为比较可信的观点，但其尚未说明板块是否曾经产生运动，又是如何发生运动的。20 世纪 50 年代以来的研究调查，为板块曾经发生过运动积累了可供佐证的资料。

4.3.1　岩石磁性与古地磁

许多含铁的矿物在地表常温下都至少具有微弱的磁性。每一块带磁性的岩石都对应一个居里温度（铁电体从铁电相转变为顺电相的温度），当熔融的岩石逐渐冷却，即使低于居里温度，岩石磁性仍可保留，但高于居里温度，岩石则失去它的具有磁性的特征。虽然矿物的居里温度各不相同，但它总是低于矿物的熔化温度，因此炽热的岩浆没有磁性，但是当它冷却和固结，并且从中结晶出铁镁硅酸盐和其他含铁的矿物时，这些带有磁性的矿物趋于按相同的方向排列。就像小的罗盘指针，它们使得自己平行于北—南延伸的地球磁场的磁力线方向，并指向磁北极，除非受到重新加热，它们将保持固有的磁性方向。这就是古地理的基础，岩石中的“化石磁力”。

然而，磁北极并不总是与它目前的位置相吻合。在 20 世纪初，科学家对法国一个火山岩序列磁化方向的调查发现，一些磁力线的磁化方向与另外一些恰好相反：它们的磁化矿物指向南而不是向北。这现象发现在世界上许多地方，证实地球磁场曾经发生磁极倒转。当这些令人惊奇的岩石产生结晶时，磁针将指向磁南极而不是磁北极。

现在，磁性倒转现象已被证实。当岩石结晶时磁场方向与现在磁场方向一致，则被称为正常磁化；当岩石结晶时磁场方向与现在磁场方向相反，则被称为倒转磁化。在地球的历史中，磁场曾经以不同的时间间隔发生过多次的倒转。通过对磁化岩石的磁性测量和年龄确定，地质学家已经能够详细地重建地球磁场的倒转历史。

对磁性倒转的解释必须与磁场的由来相联系。外地核主要是由铁组成的金属流体。导电流体内的运动可以产生磁场，而被认为是地球磁场的起因。仅因为地核中含有铁是不足以引起磁场的，因为地核的温度远高于铁的居里温度，流体运动的紊动或变化才能引起磁场的倒转。

4.3.2 海底扩张学说

海底扩张学说是关于海底地壳生长和运动扩张的一种科学解释。它是大陆漂移学说的进一步发展。从 1956 年起，随着海底探测技术的发展，人们对海底岩石的年龄、磁化强度进行了系统测量。其结果表明：海岭两侧海洋沉积物的地质年龄具有规律性的变化，即海岭上的时代最新，离海岭越远其时代越老，在海岭两侧海底岩石的年龄也是对称分布的；海底岩石最古老的为侏罗纪，年龄不超过 2 亿年；海岭两侧岩石的磁性异常带是对称排列的。于是 1956 年美国学者 H. H. Hess 设想大洋中海岭是新地壳不断产生的地带，海岭高峰被中间谷分为两排风脊，中间谷是地壳张裂的结果。1963 年英国的剑桥大学的 D. H. Matthews 和 F. J. Vine 的综合观测研究的基础即为海底扩张学说。随后的科学观测表明，在太平洋、大西洋、印度洋的地磁异常带都与其中脊平行对称分布，地磁带中的岩石年龄由中脊裂缝溢出，形成地壳并将先期形成的地壳从中脊轴依次向两侧推开（图 4－4）。由于这种过程不断地进行，新的洋壳便不断地产生和向外扩张。因此，就产生了地磁异常带在大洋中脊两侧有规律的排列，以及洋壳岩石的年龄离海岭越远越老的现象。海底扩张学说认为地壳不仅有垂直运动而且有更大的水平运动，水平运动的位移可达数千千米。有人推测大西洋和印度洋海底扩张速度为每年 1～2cm，太平洋为每年 3～6cm。大量的地质、地球物理观测资料都证实海底扩张学说的存在，也证明了海底一边从大洋中脊向外扩张，一边在板块边缘向下俯冲消失，使海洋地壳不断更新。

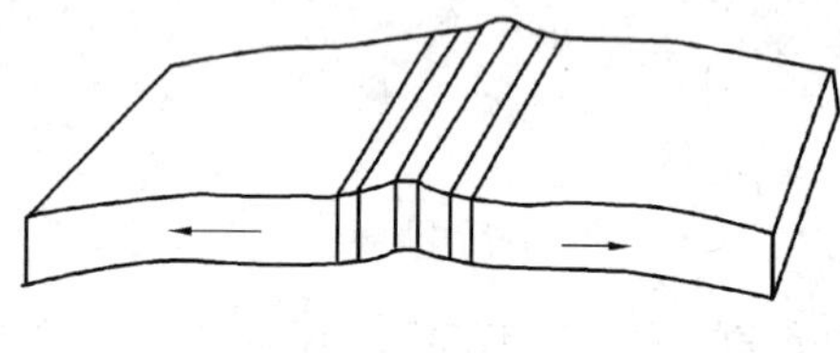

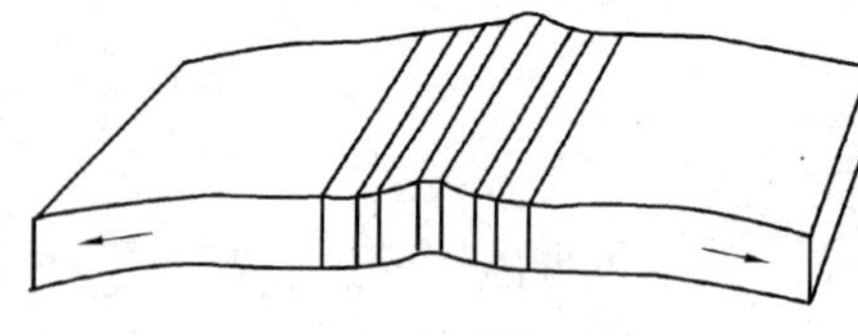

图 4－4　海底扩张在洋中脊的对称分布示意图

4.3.3 洋底地形与年龄

20 世纪 50 年代以来，随着大洋测深与定位技术的进步，按照大洋底部的地形已可制作出较详细的海底地形图。研究发现海底并非是平坦的，有系列巨型海底山脉、海底山及岛弧、深海沟。图 4－5 为阿拉伯海局部海底地形。这些巨型地貌均与海底构造演化密切相关，均是岩石圈板块运动的有力证据。

洋中脊是分布于大洋底的巨大山系，在大西洋位于洋底的中间，它将大西洋分为东西两部分。洋中脊高出洋底 2000～4000m，宽约 2000km，其轴部为一纵长的裂谷，自轴部向东西两侧，地形逐渐低下，进入海底平原。大西洋中脊为一系列横向（东西向）断裂分割，使整个洋中脊在平面上呈 S 形。太平洋洋中脊位于东部，靠近美洲大陆。印度洋洋中脊均相连，构成环绕

图 4－5　阿拉伯海局部海底地形

地球 64000km 的海底巨型山系。

洋中脊及洋底主要是玄武岩，可用同位素测年法，测得洋底各部分的年龄。其结果是接近洋中脊处最年轻，在洋中脊轴部岩石年龄为百万年以内，其裂谷中有现代喷发的熔岩，即正在形成中的洋壳；向两侧年龄逐渐增大，为上新世至古新世（500～6500 万年），至洋底盆地主要是白垩纪，而最外围是侏罗纪，即洋底岩石最老的年龄未超过 2 亿年。与磁化条带一样，岩石年龄的分布也呈条带状，在洋中脊轴部新生的岩石扩张推挤向两侧移动，使近轴部岩石年轻，远离洋中脊岩石古老。

海底山、洋底有一些水下火山锥，也有水下火山发育高出水面呈岛屿的，它们常呈线状排列，构成火山岛链。夏威夷群岛是一列西北—东南向的火山岛链：最南面的夏威夷岛有现代活火山，其岛的年龄小于 50 万年；至瓦胡岛已无活火山，其年龄为 230～330 万年，至考爱岛为 750 万年；至纳基尔岛为 1100 万年；至中途岛为 2500 万年；而后火山链转折成大体南北向的帝王海底山链，其年代更古老。这种火山链表明，热点中地幔物质熔融成岩浆，喷出为火山，热点在地幔中有固定的位置，岩石圈板块通过该热点向西北运动而形成一连串火山。火山年龄靠近热点较年轻，距离热点越远，年龄越老。

4.3.4　地极的移动

地球是个磁场，有磁北极和磁南极，好似一个巨型的磁棒穿过地球，通过球心，形成地球的大磁场。地球上一切磁性物体都受到磁场的影响。地磁极与地轴之间有一个交角，即磁偏角。通过古地磁的测量计算，可以找到地质时期的磁北极与地球北极，同样可找到磁南极与地球南极。

地球上最古老的岩石不在洋底，而是在大陆。在大陆已发现有 40 亿年前的岩石。对大陆岩石磁化方向的研究，可以得出若干亿年前的磁化状况，得出不同年龄岩石的磁极位置。磁极总是有规律地靠近地极的。由古地磁测定的古地极并不在今日北极、南极附近，而是远离今日南北极的地球其他部位，这反映了当时形成于磁北极（或磁南极）的岩层，已发生了位移，从古地极移到到今日地极的位置。

4.3.5 其他证据

大陆的岩石与海底的岩石相比,所处环境多种多样,因此可以提供各种信息。例如,沉积岩可以保存沉积物形成时该地区古气候的证据。这类证据表明,许多地方的气候随着时间的变化产生了巨大的变迁。目前在澳大利亚、南非和南美的热带地区发现了冰川作用的证据。在目前暖湿气候地区的岩石中发现有沙漠堆积,而在目前的寒冷地区保存有森林植物的化石。煤层形成于湿润气候下,是由地质时代的植物被埋藏后变成的,而南极洲竟然发现了煤层。因为在同一时间内大陆并未表现出相同的变暖或变冷的趋势,这些观察资料无法用全球气候变化来解释。气候与纬度相关,它强烈地影响着地表的温度:接近赤道的环境通常较热,而极地地区显然较冷。岩层所反映出的气候的状况如此剧烈地变化,其结果只能是大陆发生漂移,该大陆所处纬度发生了变化。

沉积岩还保存有古老生命的化石残骸。某些目前仍然存在的生物似乎曾经只在非常有限的一些地区生活,而现在却在地理上广泛地散布于各个大陆。例如,舌羊齿属植物的化石,其遗迹在印度、南非以及南极地区发现。中龙属,一种小型恐龙的化石,同样也散布于几个大陆上。很难想象,一个植物或动物的特定种类在远隔几千千米的两个或更多的小区域内同时发育,或是借助某种方式跨越浩瀚的大洋迁移(舌羊齿属是一种陆生植物,中龙属是一种淡水动物)。大陆漂移学说为这些现象提供了合理的解释。这类生物生活在一个单一的、地理分布上有限的区域,目前发现的同一种类化石分布,是大陆分离和移动的结果。

非洲和南美岸线的明显相似性曾是萌发大陆漂移学说的起因。假如不用海岸线,而是用大陆架的外缘等深线进行拼接,那非洲与南美洲将吻合得更好。目前用计算机制作板块间的最佳拼接,其结果反映出有零星缺失。这也许是因为大陆的解体,以及火山活动产生局部岩石的增加,无法使得大陆的每一小块在几千万年或几亿年的时间内都被完整地保存下来。大陆的重建可以利用大陆地质的细节(岩石类型、岩石年龄、化石、矿床、山脉等)加以改进。如果两个现在分离的大陆曾经是同一大陆的一部分的话,那么在一个大陆边缘发现的地质特征,应该在另一个大陆相应的边缘找到其对应部分。因此,当制作板块拼接时还需同时作综合性地质论证。

4.4 板块边界的类型

目前的科学水平使得人们对古大陆的位置、布局已比较清楚。在2亿年前全球是一块统一的大陆,称为泛大陆(Pangaea)。现代的海底扩张是泛大陆解体的痕迹,也就是岩石圈板块的一种边界相对运动。在大陆岩石圈或海洋岩石圈的边界,产生了以下三种边界类型。

4.4.1 离散型板块边界

在离散型板块边界(如大洋中脊)上,岩石圈板块相互分离,来自于软流圈的岩浆涌出,在此处形成新的岩石圈。因此,在扩张脊上产生了大量的火山活动。另外,沿着这些板块边界脊,岩石圈板块的拉张部分产生地震。

大陆也可以被裂谷分开,这种现象较少见,可能是大陆岩石圈比大洋岩石圈厚得多的缘故。在大陆裂谷发育的早期,沿断裂可以产生火山喷发,或者巨大的玄武熔岩流通过大陆裂隙涌出;如果断裂作用继续进行,在两个大陆板块之间将最终形成新的洋盆。目前的东非裂谷,即非洲大陆的最东部分正在被裂谷分裂、扩大,朝着产生新生洋盆的方向发展,最终是新的大洋将非洲大陆板块分隔为两块。

4.4.2 转换断层边界

洋中脊、扩张脊的构造并非单一直线状的裂谷，而是非常复杂的。扩张的洋中脊长几千千米，通常是不连续的，中脊是由许多相互微微错开的较短的部分组合而成的。断错区是一种特殊的岩石圈断层或断裂，所属区域中对应岩层互为转换断层，见图 4－6。

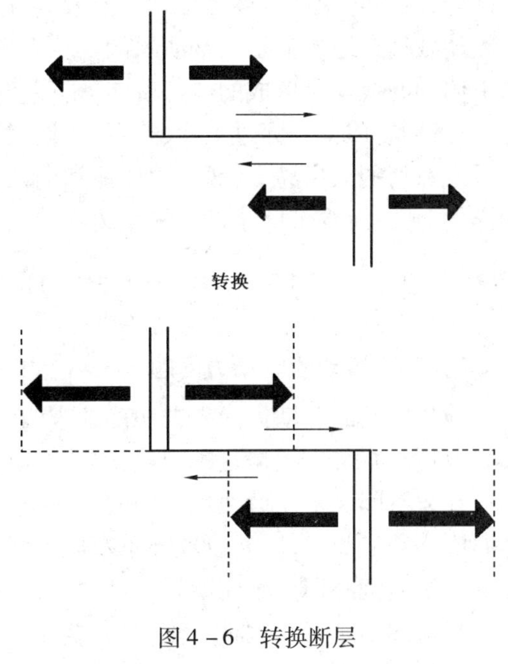

图 4－6　转换断层

转换断层相对的两侧分属两个不同的板块，并且它们是向相反方向运动的。由于板块相互刮擦而过，沿着转换断层产生了地震。

著名的加利福尼亚圣安德列斯断层就是一个沿扩张脊切开大陆底座的转换断层。东太平洋海隆及北美西北海岸之外的海底扩张脊，在北美大陆边缘之下消失，而在加利福尼亚湾的南端重新出现，圣安德列斯断层就是介于扩张脊这两个部分之间的转换断层。然而，圣安德列斯断层西侧细长条状的加利福尼亚部分正随着太平洋板块向北西方向运动。

4.4.3 敛合性板块边界

处于大陆块与洋盆交界的海沟，是消减作用的敛合性板块的边界，沿着此边界两个相邻的板块作相向运动。大陆岩石圈的密度较低，海洋岩石圈密度接近其下伏的软流圈，密度较大，相向运动使大陆板块上浮，而大洋板块易于俯冲到软流圈中，因此它是消减性的边界。沿此边界，相邻板块发生挤压，引起强烈地震和岩石的构造变形。俯冲板块熔融成岩浆，形成岛弧，产生火山作用、侵入作用以及岩浆活动等。

在大陆与大陆碰撞的情况下，两个陆块产生裂隙、褶皱和变形。其中一个陆块可以部分地爬升到另一个陆块之上，但是大陆岩石圈的浮力使得两者都不会深陷入地幔中去，而产生了巨厚的大陆。在碰撞活跃期间由于这一过程涉及巨大应力的结果，使得地震频繁发生。喜马拉雅山脉的极大高度正是这种大陆与大陆碰撞的结果。印度并非始终是亚洲大陆的一部分。古地磁的证据指出几亿年来它一直在从南向北漂移直到"撞及"到亚洲板块，并且在这次碰撞中形成了喜马拉雅山。早些时候，在泛大陆解体之前，非洲和北美板块的碰撞以同样的方式建造了原始的阿巴拉契亚山脉。实际上，世界上许多主要的山脉代表了过去板块碰撞的位置。

地球上的消减带维持着海底的平衡。如果大洋岩石圈在扩张脊不断地形成，相等数量的大洋岩石圈必须在某地被消亡，否则地球将不断地增大。额外的海底在消减带被消耗。向下俯冲的板块受到炽热软流圈的加温，并且随着时间的推移将变热到产生熔化。与此同时，在扩张脊上，其他的熔体上升，冷却并结晶形成新的海底。所以在某种程度上，大洋岩石圈是在不断地循环，这解释了为什么海底缺乏非常古老的岩石。在碰撞时，大洋板块进入大陆并被保存下来是十分罕见的。通常，大洋板块在碰撞带是向下俯冲并被消毁，漂浮的大陆板块无法以这种方式重建，因此，非常古老的岩石可被保存于大陆上。由于所有的大洋都是运动着的板块的一部分，迟早它们都将被运移到碰撞带上，作为大洋岩石圈前缘被消毁。

消减带在地质上是非常活跃的。从大陆上剥蚀而来的沉积物可以沉积海沟中，这海沟是向下俯冲的板块所形成的。随着向下沉陷的岩石圈，部分沉积物可以被带到软流圈，并逐渐熔化，在熔融物质上升穿过上覆岩石到达地表的地方形成火山。在大洋与大陆板块碰撞带，通常形成一系列的火山岛、岛弧。由碰撞和消减作用伴生的巨大的应力产生了大量的地震。环太平洋的岛弧、海沟带即是这类板块边界的典型。

4.5 板块运动的驱动力、速度、方向

4.5.1 板块运动的驱动力问题

板块运动的驱动力尚未被明确地查明，目前的解释是与塑性的软流圈在大对流圈中不断缓慢地搅动有关。根据这种观点，热的物质在扩张脊上升，部分溢出形成新的岩石圈，其余的物质在岩石圈之下向旁边扩张，并在这一过程中慢慢地冷却。当它向外流动时，拖拽着上覆的岩石圈随它一起向外，所以脊部不断地扩张；当它冷却的时候，流动的物质密度变得大到足以使其向深处沉降回到软流圈。这种现象也许正在消减带下发生。

软流圈中是否有这种对流现象，至今尚未明确地证实；流动的软流圈能否有足够的力量将其上覆的岩石圈产生侧向的推动，并构成对流，这些也有待证实。目前有另一种解释，即消减带上密度大、向下俯冲的板块可以拖拽其后缘板块的其他部分一起运动。最有可能的是上述这些机制的综合，引起板块产生运动，当然也可能有其他的机制尚未发现。

4.5.2 板块运动的速度和方向

板块运动的速度和方向可以通过多种方式来确定。如前所述，大陆岩石古地极可用于确定大陆是如何漂移的。而海底扩张是确定板块运动的主要方式。海底扩张的方向是从脊部向两侧运动。海底扩张的速度可以通过对海底岩石年龄的测定以及所测岩石距洋中脊轴部的距离获得。例如，在距脊部 100km 的地方采集到一块年龄为 1000 万年的海底样品，这表示在这一时段内海底扩张的平均速度为 100km/1000 万年，即其平均速度约是 1cm/年。

通过地幔热点也可研究板块运动速度和方向。如前所述，在地球上分布着与板块边界无关的独立火山活动区。这些火山反映了热点之下的不寻常的地幔。如果假设当岩石圈板块从其上部移过时，地幔热点在位置上保持固定，其结果应该是最年轻的火山最靠近热点。以夏威夷火山岛链为例，夏威夷岛有活火山，最靠近地幔热点，中途岛与夏威夷火山岛相距 2700km，其火山年龄为 2500 万年，该时期地幔热点（即板块）移动的速度是 2700km/2500 年，即约每年 11cm，而运动方向是自东南向西北。大约在 4000 万年前火山链方向转向北，即板块运动方向转变。大陆也会有地幔热点，只是大陆地壳较厚，不易被穿透，难以发现。

目前，发现的板块运动的平均速度为 2 ~ 3cm/年，也有测到大于 10cm/年的。这种看来数值不大的运动速度，积累起来将十分惊人。试想每年 2cm 的移动，100 万年将是 2000km 的漂移，而 100 万年仅是地球历史中非常短暂的瞬间。从洋底的岩石的测定，最老的板块构造已有 2 亿年的历史，而大陆岩石磁性的测定已可重建 10 亿年古地磁的位置。大陆上未受扰动的古老岩层较少，使了解板块运动究竟有多古老产生一定难度。但目前地质学界相信，大陆在地球表面漂移至少已有 20 亿年的历史。在塑造地球形态方面，板块构造起了主导作用，今后仍将继续下去。

本章总结

大约有 50～100km 厚外层坚硬的岩石圈破裂成一系列坚硬的板块，岩石圈在地幔的塑性软流圈之上可以进行滑动，这就是板块构造学说的基本原理。这种板块构造运动在板块边界附近产生了地震和火山活动。板块构造运动的证据有很多，包括古地磁、海底扩张、地极的移动，特别是地幔软流圈的发现使得板块构造运动得到验证。板块构造的驱动力尚未被明确地查明，目前提出了一系列的假说，地质学家们还在进行更深入的研究。

复习思考

1. 什么是大陆漂移学说？它的由来、证据是什么？
2. 列举几点关于板块构造学说的原理、证据。
3. 板块边界的类型有几种？它们各自的特点是什么？
4. 怎样确定板块运动的速度？

思维拓展

1. 月球的结构和地球的很不相同，其中很重要的一点就是月球有将近 1000km 厚的岩石圈。那么类似于地球板块构造的活动能不能发生在月球上？请说明理由。

2. 大西洋宽约 5000km，如果每个从大西洋的大洋中脊开始板块的移动的平均速度为每年 1.5cm，请问大西洋的形成经历了多长时间？

3. 板块构造运动就像设计师一样塑造了多姿多彩的地球地貌，但也带来了地震、火山等灾难。请根据板块构造原理，分析我国汶川大地震的成因。

拓展阅读

[1] 万天丰．中国大地构造学纲要．北京：地质出版社，2004.

[2] 汪新文，等．地球科学概论．北京：地质出版社，2004.

[3] 朱大奎，等．环境地质学．北京：高等教育出版社，2000.

[4] 竹内均，等．地壳运动假说——从大陆漂移到板块构造．北京：地质出版社，1978.

5 地震活动

据统计，全世界平均每年发生地震约500万次，其中绝大多数是不为人们感知的微弱地震，只有通过仪器才能检测到，其中大约有5万次是人们以感官器官就能直接发现的有感地震。有感地震使地面产生强烈震动，会直接或间接造成破坏，其中形成灾情的大地震平均每年约18次。尽管如此，地震依然是对人类生存威胁最大的一种灾害。在全世界所有的自然灾害造成的人员伤亡中，由地震灾害所致的伤亡占了一半以上。由于地震灾害给人类带来了巨大的人员伤亡和财产损失，所以自古以来人类就对地震产生了一种莫名的敬畏，再加上它的突然降临更增添了其神秘色彩，古人往往将地震视作神灵愤怒的显示，认为是一个国家命运的征兆。我国早在尧舜时代（公元前23世纪）就有了发生在山西省蒲州（现称）地震的最早的记录。而2000多年前司马迁就在《史记》中写到："夫国必依山川，山崩川竭，亡之症也"。地震虽然是神秘莫测、令人畏惧的大灾难，但仍挡不住勇敢的人们对它进行深入的探索与研究，人类始终在探索着它的成因。我国是世界上最早用文字记载地震的国家，也是最早对地震观察研究的国家。我国东汉科学家张衡于公元132年发明了世界上的第一台地震仪——候风地动仪，并成功测出地震的方位。下文将对地震的相关知识做出概括性的叙述。

5.1 地震的基本概念

地震一般是指地壳的天然震动，它同台风、暴风、洪水、雷电等一样，是一种自然现象。地震是地球内部缓慢积累的能量突然释放引起的地球表层的振动。当地球内部在运动中积累的能量对地壳产生的巨大压力超过岩层所能承受的限度时，岩层便会突然发生断裂或错位，使累积的能量急剧地释放出来，并以地震波的形式向四周传播，就形成了地震，一次强烈地震后往往伴随着一系列较小的余震。大地振动是地震最直观、最普遍的表现。在海底或滨海地区发生的强烈地震，能引起巨大的波浪，称为海啸。

地震发源于地下某一点，该点称为震源。振动从震源传出，在地球中传播。从震源垂直向上到地表的地方，即地面上离震源最近的一点称为震中，它是接受振动最早的部位，也是破坏性最严重的地区。从震中到震源的距离叫震源深度。通常根据震源的深浅，把地震分为浅源地震（震源深度小于70km）、中源地震（震源深度70～300km）和深源地震（震源深度大于300km）。全世界95%以上的地震都是浅源地震，震源深度集中在5～20km左右。在地面上，受地震影响的任何一点到震中的距离叫震中距，到震源的距离叫震源距。震中距小于100km的地震称为地方震，在100～1000km之间的地震称为近震，大于1000km的地震称为远震，震中距越远的地方受到的影响和破坏越小。

地震波的传播主要分为纵波和横波两种形式。纵波每秒钟传播速度5～6km，能引起地面上下跳动；横波传播速度较慢，每秒3～4km，能引起地面水平晃动。由于纵波衰减快，离震中较远的地方，只感到水平晃动。在一般情况下，地震时地面总是先上下跳动，后水平晃动，两种之间有一个时间间隔，可根据间隔的长短判断震中的远近，用每秒8km乘以间隔时间可以估算出震中距离。

地震的大小通常用震级表示，地震震级 M 是根据地震仪记录的地面地动位移，用地面面波质点运动最大值$(A/T)max$测定。计算公式为：

$$M = \lg(A/T)\max + \sigma(\Delta)$$

式中 A——地震面波最大地动移动，取两水平分向地动移动的矢量和，μm；

T——相应的周期，s；

Δ——震中距，km；

$\sigma(\Delta)$——量规函数，$\sigma(\Delta)=1.66\lg\Delta+3.5$。

震级M是地震强度大小的度量，它与地震释放的能量E有关，其相应的关系式为：$\lg\{E\}=11.8+1.5\{M\}$（E的单位为J）。

一次强烈地震所释放出的总能量是十分巨大的。一个6级地震释放的能量相当于第二次世界大战美国在日本广岛投下的原子弹的能量。震级每差1.0级，能量相差大约为30倍左右。小于2.5级的地震，人们一般不易感觉到，称为小地震或微震；2.5~5.0级的地震，震中附近的人会有不同程度的感觉，称为有感地震；大于5.0级的地震，会造成建筑物不同程度的损坏，称破坏性地震。迄今为止，世界上记录到的最大震级的地震是1960年5月22日在南美洲智利西海岸发生的9.5级地震。

地震发生后，地震波传播到地面，会给地面各种物体造成不同的破坏。通常把地震对地面所造成的破坏或影响的程度叫烈度，它由物体的反应、房屋建筑物的破坏和地形地貌改观等宏观现象来判定。许多国家采用地面运动加速度值来表示地震烈度，一般在设定的不同地点安装加速度仪，直接记录当地的地面运动参数。地震烈度的大小，受地震震级大小、震源深浅、离震中远近、当地工程地震地质条件等因素的影响。因此，一次地震，震级只有一个，但烈度却是根据各地遭受破坏的程度和人为感觉的不同而不同。我国目前使用的地震烈度共分为12度（表5-1），5度以上才会造成破坏。1976年唐山7.6级大地震，极震区烈度达11~12度，北京、天津的烈度则为6~7度。

表5-1 中国地震烈度表

烈度	人的感觉	一般房屋		其他现象	参考物理指标	
		大多数房屋震害程度	平均震害指数		水平向加速度 cm/s^2	水平向速度 cm/s
1	无感	—	—	—	—	—
2	室内个别静止中的人感觉	—	—	—	—	—
3	室内少数静止中的人感觉	门、窗轻微作响	—	悬挂物微动	—	—
4	室内多数人感觉，少数人梦中惊醒	门窗作响	—	悬挂物明显摆动，器皿作响	—	—
5	室内普遍感觉，室外多数人感觉，多数人梦中惊醒	门窗、屋顶、屋架颤动作响，灰土掉落，抹灰出现微细裂缝	—	不稳定器翻倒	31(22~44)	3(2~4)

续表

烈度	人的感觉	一般房屋		其他现象	参考物理指标	
		大多数房屋震害程度	平均震害指数		水平向加速度 cm/s^2	水平向速度 cm/s
6	惊慌失措，仓惶逃出	损坏——个别砖瓦掉落、墙体微细裂缝	0～0.10	河岸和松软土上出现裂缝，饱和砂层出现喷砂冒水，地面上有的砖烟囱轻度裂缝、掉头	63(45～89)	6(5～9)
7	大数多人仓惶逃出	轻度破坏——局部破坏、开裂，但不防碍使用	0.11～0.30	河岸出现塌方，饱和砂层常见喷砂冒水，松软土上地裂缝较多，大多数砖烟囱中等破坏	125(90～177)	13(10～18)
8	摇晃颠簸，行走困难	中等破坏——结构受损，需要修理	0.31～0.50	干硬土上有裂缝，大多数砖囱严重破坏	250(178～353)	25(19～35)
9	坐立不稳，行动的人可能摔跤	严重破坏——墙体龟裂，局部倒塌，修复困难	0.51～0.70	干硬土上有许多地方出现裂缝，基岩上可能出现裂缝，滑坡、坍方常见，砖烟囱出现倒塌	500(354～707)	50(36～70)
10	骑自行车的人会摔倒，处不稳状态的人会摔出几尺远，有抛起感	倒塌——大部倒塌，不堪修复	0.71～0.90	山崩和地震断裂出现，基岩上的拱桥破坏，大多数烟囱从根部破坏或倒毁	1000(708～1414)	100(72～141)
11	—	毁灭	0.91～1.00	地震断裂延续很长，山崩常见	—	—
12	—	—	—	地面剧烈变化，山河改观	—	—

注：表中参考物理指标一项中括号外数字为平均值，括号内数字为范围。

地震发生时产生的地震波引起对地面建筑物的破坏，导致人员伤亡，造成了地震灾害。地震对建筑物的破坏，主要是由地震力通过地震波起作用的，即纵波地震力使建筑物上下颠覆，引起横向结构破坏。当先颠后晃的地震力超过建筑物的承受力时，在几秒钟内的就能使建筑物遭受破坏。

5.2 地震的成因

人类对地震进行研究，至少可追溯到大约两千年前，但是人们一直无法具体回答“为什么发生地震”这个问题。如果回答说地震是由于地壳运动的结果，确实并没有什么不对，不过这种回答实在太笼统，没能揭示问题的实质。直到近代，对地震的具体成因才开始出现了一些较为具体的科学论断。

1880 年日本横滨大地震后。美国哥伦比亚大学的尤因教授根据在东京附近的地震观测结果，将地震传播的振动波区分为纵波和横波的不同的形式。它们的综合效应导致了地面上的破坏。

1906 年美国旧金山大地震后，美国科学家吕德对当地的圣安德列断层进行了详细研究，结果提出了地震成因学说——弹性回跳理论。该理论认为，地球内部物质的不断运动，在地壳内部产生了应力。这种应力将不断积累，当超过一定限度时，突然由地壳断层的断裂面释放出来，于是就形成了地震。弹性回跳理论较具体地回答了“为什么会发生地震”的问题。

20 世纪 70 年代科学家才提出了板块结构学说，将占世界地震总量 90% 以上的构造地震成因归结为地壳各板块之间相互碰撞挤压的结果。随着科学家们的不断研究。如今这种板块结构理论已经发展成相当完整、成熟的理论，更具体、准确地回答了“为什么会发生地震”的问题，并为世界上大多数有关科学家所认同。

地球板块结构理论认为，亿万年以来，地球的地壳岩石圈一直由漂浮在半熔化的地幔上的 14 块板块构成。这些板块始终在运动中，一般以每年 5cm 的速度在飘移，从而引起了相互的碰撞或挤压，其结果就引发了地震。大约距今 1.4 亿年前，有一块巨大的被称为“冈瓦纳”的大陆破裂了，形成了今天的南极洲、非洲、南美洲、澳洲以及印度次大陆板块。

这五块大陆板块在分裂后彼此漂移远离。当然它们的漂移速度很慢，一般都在每年 5cm 左右，唯有印度板块以每年 20cm 的速度“高速”漂移。因为当此板块还是冈瓦纳大陆一部分时，它正好位于岩石圈最灼热区域的上方，这里的高温使得印度板块的深层被熔化了，变成了岩浆。该板块上层岩石部分因此变薄了，大约只有 100km 厚，只相当于其他板块的 1/3，变薄了的岩石板块的质量大大减小，于是变得更容易在地幔上“高速”漂移。

大约在 5000 万年前，印度次大陆板块以每年 20cm 的“高速”撞到了欧亚大陆板块，并继续向北偏东方向挤压欧亚大陆板块，从而使得板块碰撞挤压地区高高隆起，形成了“世界屋脊”——喜马拉雅山脉以及青藏高原。印度板块与欧亚大陆板块的不断挤压过程促使青藏高原以及天山地区规模与运动幅度特别巨大的地壳活断层的发育，在那里形成了众多强烈活动的地壳断层。而地壳中的活断层恰似“地震之母”，它的不断滑移活动必然会孕育地震。

板块结构理论的分析成功地解释了为什么我国西部地区强烈地震会频繁发生这一问题：地震频发是印度次大陆板块不断与欧亚大陆板块相互碰撞挤压造成的。这两块碰撞并不断挤压的结果是，形成了仅次于太平洋地震带的世界上第二大地震带——地中海—喜马拉雅地震带。该地震带东西分布，横贯欧亚大陆，正好经过我国喜马拉雅山脉地区，所以我国西部地区成为了世界上大陆地震最活跃、最强烈、最集中的地区之一。

5.3 地震的主要类型

地震分为天然地震和人工地震两大类。此外，某些特殊情况下也会产生地震，如大陨石冲击地面（陨石冲击地震）等。引起地球表层振动的原因很多，根据地震的成因，可以把地震主要分为以下几种。

（1）构造地震：由于地下深处岩石破裂、错动把长期积累起来的能量急剧释放出来，以地震波的形式向四面八方传播出去，在地面引起的房摇地动现象称为构造地震。这类地震发生的次数最多，破坏力也最大，约占全世界地震的 90% 以上。

(2)火山地震:由于火山作用,如岩浆活动、气体爆炸等引起的地震称为火山地震。只有在火山活动区才可能发生火山地震,这类地震只占全世界地震的7%左右。

(3)塌陷地震:由于地下岩洞或矿井顶部塌陷而引起的地震称为塌陷地震。这类地震的规模比较小,次数也很少。即使有,也往往发生在溶洞密布的石灰岩地区或大规模地下开采的矿区。

(4)诱发地震:由于水库蓄水、油田注水等活动而引发的地面振动称为诱发地震。

(5)人工地震:地下核爆炸、炸药爆破等人为引起的地面振动称为人工地震。人工地震是由人为活动引起的地震。如工业爆破、地下核爆炸造成的振动;在深井中进行高压注水以及大水库蓄水后增加了地壳的压力,有时也会诱发地震。

5.4 地震的时空分布特征及地震灾害的特点

5.4.1 地震的时间分布特征

历史地震和现今地震的大量统计资料表明,地震活动在时间上具有一定的周期性,即在一个时间段内发生地震的频次高、强度大,称之为地震活跃期;而在另一个时间段内发生的地震相对频次低、强度小,称之为地震平静期。根据地震发生的特征,又可在活跃期中划分若干“活跃幕”。20世纪我国已经历了4次地震活动期,第四个活动期大体是1966—1976年。在这10年间,我国大陆共发生14次7级以上的大地震,造成27万人死亡和数百亿元的经济损失。根据多数专家的研究判定,20世纪90年代到21世纪初是我国大陆地区地震活动的第五个高潮期,其间可能发生多次7级、个别震级更大的地震,强震的主体活动区将在我国西部,东部地区中强度地震活动也将相对活跃。

5.4.2 地震的空间分布特征

地震地理分布受地质构造影响,因此它有一定的规律,最明显的规律是成带性。全球的地震主要集中在环太平洋和欧亚两大地震带。世界地震带分布见图5-1。全球主要有以下四大地震带:

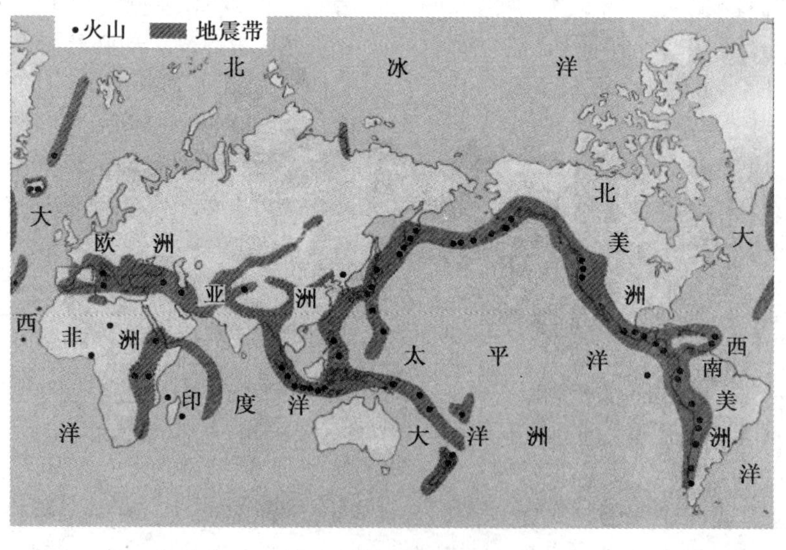

图5-1 世界地震带分布

（1）环太平洋地震带：全球规模最大的地震活动带。此带主要位于太平洋边缘地区，沿南北美洲西海岸，从阿拉斯加经阿留申至勘察加，转向西南沿千岛群岛至日本，然后分成两支，其中一支向南经琉球群岛、我国台湾省、菲律宾、印度尼西亚至伊里安岛，两支在此汇合，经所罗门、汤加至新西兰。全球约80%的浅源地震、90%的中深源地震以及差不多所有深源地震，都发生在这一带。环太平洋地震带所释放的地震能量占全球地震总能量的80%，是大多数灾难性地震和全球8级以上巨大地震的主要发生地震带。

（2）欧亚地震带：全球第二大地震活动带，横贯欧亚两洲并涉及非洲地区。其中一部分从勘察加开始，越过中亚，另一部分则从印度尼西亚开始，越过喜马拉雅山脉，它们在帕米尔会合，然后向西伸入伊朗、土耳其和地中海地区，再出亚速海。欧亚地震带所释放的地震能量占全球地震总能量的15%。我国大部分地区处于此地震带中，此带内也常发生破坏性地震及少数深源地震。

（3）大洋中脊地震活动带：大洋中脊地震活动带蜿蜒于各大洋中间，几乎彼此相连。总长约65000km，宽约1000～7000km，其轴部宽100km左右。大洋中脊地震活动带的地震活动性较之前两个带要弱得多，而且均为浅源地震，尚未发生过特大的破坏性地震。

（4）大陆裂谷地震活动带：大陆裂谷地震活动带与上述三个带相比其规模最小，不连续分布于大陆内部。在地貌上常表现为深水湖，如东非裂谷、红海裂谷、贝加尔裂谷、亚丁湾裂谷等。

5.4.3 地震灾害的特点

地震灾害有以下3个方面的特点：

（1）突发性：此类地震一般是在平静的情况下突然发生的自然现象。强烈地震可以在几秒或几十秒的短暂时间内造成巨大的破坏，严重的顷刻之间可使一座城市变成废墟。尤其发生在夜间的地震，后果更为严重。例如，唐山大地震发生在凌晨3点42分，当时人们正在酣睡，事先毫无警觉，结果伤亡惨重，造成经济损失上百亿元人民币。

（2）成纵性：在一个区域内或是一次强烈地震后地壳为调整区域应力场，或是岩石破裂的延续活动，往往在某个时间内地震活动呈成纵性出现，连续造成灾害。

（3）续发性：强烈地震不仅可以直接造成建筑物、工程设施的破坏和人员的伤亡，而且往往引发一系列次生灾害和衍生灾害，造成更大的破坏。如由地震诱发的火灾、水灾、毒气和化学药品的泄露污染，以及细菌污染、放射性污染等，还有滑坡、泥石流、海啸等次生灾害。上述灾害还会造成各种社会损失。1923年9月1日的日本关东大地震引起火灾，136处起火，45幢房屋被烧毁，有5.6万人死于火灾，其中大部分人因窒息死亡。

5.5 地震的前兆和监测

地震发生前是有预兆的，尤其是大地震发生之前，人们不仅可以借助于仪器的观测，发现地球内部和表面的物理、化学等微观的异常变化，而且还能直接观察到自然界的大量宏观异常现象，分析鉴别这些异常现象，从中提取发生地震的准确前兆信号，是地震预报工作的基础。目前，我国开展前兆监测的主要方法有地震学、地形变、地磁、地电、重力、地温、地应力、地下水、卫星照片分析以及动物异常活动等现象的收集与综合分析。

5.5.1 地震的微观前兆和监测

（1）地震学观测：记录一个区域内大小地震的时空分布和特征，从而预报大地震。人们常说的“小震闹,大震到”,就是以震报震的一种特例。当然,需要注意的是“小震闹”并不一定导致“大震到”。

(2)地形变观测:利用精密仪器观测地壳微小变化(包括倾斜、水平与垂直位移)来预报地震的具体方法。许多地震在临震前,震区的地壳形变增大,可以是平时的几倍到几十倍。如测量断层两侧的相对垂直升降或水平位移的参数,是地震预报重要的依据。

(3)地磁、地电、重力、地温观测:利用仪器监测大地电场、磁场、重力场和地温的异常变化来预报地震的方法。由于人类活动,大地电场、磁场、重力场、地温的干扰背景复杂,需要从中提取地震前兆信息,作为预报辨别指标。

(4)地下水观测:利用仪器观测地下水的水位和水质成分与气体含量、水温等异常变化,来分析地震前兆信息,进行地震预报的方法。由于地下水直接反映岩石圈中承压含水层的动态变化、携带大量地壳深部元素变化信息并提供地壳应力变化情况,因此是当前比较广泛应用的重要预报方法。

(5)地应力观测:地震孕育不论机制如何,其实质是一个力学过程,是在一定构造背景条件下地壳体中应力作用的结果。观测地壳应力的变化,可以捕捉地震前兆的信息。

5.5.2 地震的宏观前兆和监测

利用地震前动物、地声、地光、水位水质等客观存在的宏观前兆现象,观测其异常变化,为临震预报提供重要依据。关于震前动物的异常反应,震区群众曾经流传着这样的谚语:

震前动物有前兆,密切监视最重要。
骡马牛羊不进圈,老鼠成群往外逃。
鸡飞上树猪乱拱,鸭不下水狗狂叫。
冬眠老蛇早出洞,燕雀家鸽不回巢。
兔子竖耳蹦又撞,游鱼惊慌水面跳。
家家户户细观察,综合异常作预报。

这是震区人民群众在监视预报地震的实践中总结出来的重要经验。特别明显的是地震越大,越是临近地震发生,动物异常的反应就越明显。值得注意的是,动物异常往往与气象、环境等因素有关,必须注意分析鉴别。因此,观测动物异常,进行分析鉴别,排除干扰影响,还应及时向当地地震主管部门报告。

距离较近的大地震发生前,常常有来自地下的低沉的轰鸣声,它与平时城市噪声完全不同(或是天空中出现强烈闪光),要提防其后可能出现大地的颤抖和房屋的晃动。如有这些现象,应及早采取家庭应急防御措施。

5.6 地震预报的现状

地震预报,特别是短临地震预报,是当今世界科学的一大难题,是现代高科技领域的前沿课题。今天,人们对地震预报成功的期望远比实际的预报水平高得多。我国的地震预报自1966年邢台地震开始,已经走过了近30年的历程,经过地震科学工作者的努力探索和实践,取得了引人瞩目的成绩,同几个发达国家一样处在世界领先地位,这其中许多预报成果已在地震重点监视防御区的确定、国土的规划和经济建设中得到广泛的应用。但对地震的中短期预报,目前仍处于对某些类型的地震,能做出不同程度的预报,而对大多数复杂的地震尚无法做出准确的预报。这就是当今地震预报的现状。

地震发生在数千米乃至数十千米以下的地壳中，目前人类最大钻探深度也仅在12km以内，无法直接探测震源深处的情况，只能通过在地壳表层布设一些地球物理场、地球化学场、地球形变场等观测手段，间接推测或反演地壳内部变化。首先，由于地表观测难免混杂着气候、水文、人为等非地震因素引起的“噪声”，干扰了微弱的来自地球内部的宝贵信息；其次，7级以上的地震，全球每年平均仅发生十几次，且大多发生在没有前兆观测台网的海沟或人烟稀少的地区，使人们失去更多的实践机会；再者，强烈的地震在同一区域重复发生的周期在百年或数百年以上，使人们从事地震预报的实践机会变得很少，认识与总结规律性就变得很困难。需要特别指出的是，地震短临预报，会在短时间内引起民众和社会的强烈反响。因此，发布地震预报是十分敏感的社会问题，也是十分复杂的科学问题，有诸多因素将增加地震预报的难度。鉴于上述情况，我国目前对地震预报的研究仍处在经验性的探索阶段。

我国的地震工作虽然起步较晚，但在地震预报研究方面却已步入世界先进行列。长期预报有相当可信度；同时，对以10年左右为时间尺度的地震大形势的估计有一定准确性；对几个月至几年内将要发生破坏性地震的中期地震预报的准确性占30% ~40%；对几小时以至几个月内将要发生破坏性地震的时间、地点、震级三要素还难以做出准确的预报，仅对某些类型的地震，如大地震前小地震活动有规律地发生、临震前微观和宏观前兆异常大量出现，才能做出不同程度的短临预报；对震后趋势的预报我国具有比较高的可信度，并在一些多地震国家的地震现场实践，得到有关国家的称赞。总之，目前我国的长中期预报水平稍高些而短临预报水平较低。可以相信，随着地震科学和各有关科学领域研究的深入和现代技术的进步，地震预报的准确度将不断提高，人类最终会攻克地震短临预报的难关。

5.7 地震的避震方法

5.7.1 户外的避震方法

避开高大建筑物或构筑物，例如楼房（特别是有玻璃幕墙的建筑），过街桥、立交桥上下，高烟囱、水塔下。

避开危险物、高耸或悬挂物，例如变压器、电线杆、路灯、广告牌、吊车等。

就地选择开阔地避震：蹲下或趴，以免摔倒；不要乱跑，避开人多的地方；用书包等保护头部；不要随便返回室内。

5.7.2 公共场所避震方法

在任何公共场所都应听从现场工作人员的指挥，不要慌乱，不要拥向出口，要避开人流，避免被挤到墙壁或栅栏处。

在影剧院、体育馆等处：就地蹲下或趴在排椅下；注意避开吊灯、电扇等悬挂物；用书包等保护头部；等地震过去后，听从工作人员指挥，有组织地撤离。

在商场、书店、展览馆、地铁等处：选择结实的柜台、商品（如低矮家具等）或柱子边，以及内墙角等处就地蹲下，用手或其他东西护头；避开玻璃门窗、玻璃橱窗或柜台；避开高大不稳或摆放重物、易碎品的货架；避开广告牌、吊灯等高耸后悬挂物。

在行驶的电（汽）车内：抓牢扶手，以免摔倒或碰伤；降低重心，躲在座位附近；地震过去后再下车。

5.7.3 野外的避震方法

避开山边的危险环境；避开山脚、陡崖，以防山崩、滚石、泥石流等；避开陡峭的山坡、山崖，以防地裂、滑坡等。躲避山崩、滑坡、泥石流：遇到山崩、滑坡，要向垂直与滚石前进方向跑，切不可顺着滚石方向往山下跑；也可躲在结实的障碍物下，或蹲在地沟、坎下；特别要保护好头部。

5.7.4 室内避震方法

地震发生后，如来不及撤离建筑物，千万要沉着冷静，保持清醒的头脑，充分利用建筑物内的避震有利部位，如坚固的桌椅下，睡床下，逃往小跨度的厨房、厕所、小房间、墙角，万万不能在窗户、阳台、楼梯、电梯及附近停留。

5.8 我国地震带分布

我国地处欧亚板块的东南部，受环太平洋地震带和欧亚地震带的影响，是个多地震的国家，地震断裂带十分发育。20 世纪以来，我国共发生 6 级以上地震近 800 次，遍布除贵州、浙江两省和香港特别行政区以外的所有的省、自治区、直辖市。我国地震活动频度高、强度大、震源浅、分布广，是一个震灾严重的国家。1900 年至今，我国死于地震的人数达 55 万之多，占全球地震死亡人数的 53%；1949 年以来，100 多次破坏性地震袭击了 22 个省（自治区、直辖市），涉及东部地区 14 个省份，造成 27 万余人丧生，占全国各类灾害死亡人数的 54%，地震成灾面积达 $30\times10^4\text{km}^2$，房屋倒塌达 700 万间。地震及其他自然灾害的严重性构成中国的基本国情之一。

我国的地震活动带主要分布在 5 个地区里。这 5 个地区是：① 台湾省及其附近海域。② 西南地区，主要是西藏、四川西部和云南中西（尽管这些地区强烈地震较多，也较频繁，但多数地震发生在山区，造成的人员和财产损失与我国东部几条地震区相比要小许多）。③ 西北地区，主要在甘肃河西走廊、青海、宁夏、天山南北麓。④华北地区，主要在太行山两侧、汾渭河谷、阴山—燕山一带，山东中部和渤海湾。华北地震区包括河北、河南、山东、内蒙古、山西、陕西、宁夏、江苏、安徽等省的全部或部分地区，在 5 个地震区中，它的地震强度和频度仅次于西南地区青藏高原地震区，位居全国第二。据统计，该地区有据可查的 8 级地震曾发生过 5 次、7 ~7.9 级地震曾发生过 18 次。加之该地区位于我国人口稠密，大城市集中，政治和经济、文化、交通都很发达的地区，地震灾害的威胁极为严重。⑤ 东海沿海的广东、福建等地。华南地震区的东南沿海地区历史上曾发生过 1604 年福建泉州 8.0 级地震和 1605 年广东琼山 7.5 级地震。但从那时起到现在的 300 多年间，无显著破坏性地震发生。

5.9 唐山地震

5.9.1 唐山地震概况

1976 年 7 月 28 日，唐山市发生 7.8 级地震，地震的震中位置位于唐山市区，这是我国历史上一次罕见的城市地震灾害。顷刻之间，一个百万人口的城市化为一片瓦砾，人民生命财产及国家财产遭到惨重损失，北京市和天津市受到严重波及。地震破坏范围超过 $3\times10^4\text{km}^2$，有感范围广达 14 个省、市、自治区，相当于全国面积的 1/3。地震发生在深夜，市区 80% 的人来不及反应，被埋在瓦砾之下。极震区包括京山铁路南北两侧的 $47km^2$，区内所有的建筑物几乎都荡然无存。一条长 8km、宽 30m 的地裂缝带，横切围墙、房屋和道路、水渠。震区及其周围地区，出现大量的裂缝带、喷水冒沙、井喷、重力崩塌、滚石、边坡崩塌、地滑、地基沉陷、岩溶洞陷落以及采空区坍塌等。地震共造成 24.2 万人死亡，16.4 万人受重伤，仅唐山市区终身残废的就达 1700 多人；毁坏公产房屋 $1479 \times 10^4 m^2$，倒塌民房 530 万间；直接经济损失高达 54 亿元人民币。全市供水、供电、通讯、交通等生命线工程全部破坏，所有工矿全部停产，所有医院和医疗设施全部破坏。地震时行驶的 7 列客货车和油罐车脱轨。蓟运河、滦河上的两座大型公路桥梁塌落，切断了唐山与天津和关外的公路交通。市区供水管网和水厂建筑物、构造物、水源井破坏严重。开滦煤矿的地面建筑物和构筑物倒塌或严重破坏，井下生产中断，近万名工人被困在井下。唐山钢铁公司破坏严重，被迫停产，钢水、铁水凝铸在炉膛内。三座大型水库和两座中型水库的大坝滑塌开裂，防浪墙倒塌。410 座小型水库中的 240 座震坏。6 万眼机井淤沙，井管错断，占总数的 67%。沙压耕地 $3.3 \times 10^2 km^2$，咸水淹地 $4.7 \times 10^2 km^2$。毁坏农业机具 5.5 万余台。砸死大牲畜 3.6 万头，猪 44.2 万多头。唐山市及附近重灾县地质环境卫生急剧恶化，肠道传染病患病尤为突出。震后，党中央和国务院迅速建立抗震救灾指挥部。解放军和全国各地的救援队伍、物资源源不断地云集唐山，展开了规模空前的紧张的救灾工作，及时控制了灾情，减少了伤亡。市区被埋压的 60 万人中有 30 万人自救脱险。解放军各部队出动近 15 万人。唐山机场一天起降飞机达 390 架次。京津唐电网 3000 多人组成电力抢修队。全国 13 个省、市、自治区和解放军、铁路系统的 2 万多名医务人员，组成近 300 个医疗队、防疫队。空运重伤员到外省市治疗，共动用飞机 474 架次，直升机 90 架次，开出 159 个卫生专列。各级政府及时解决了群众喝水、吃饭、穿衣问题。重建家园工作 1976 年底着手准备，1978 年开始，10 年后一个欣欣向荣的新唐山出现在中国大地。

5.9.2 唐山地震的成因

唐山市位于燕山隆起区的南坡，与南部的断陷盆地相邻，两区之间正是一条活动性断裂。唐山市又恰好处在东西向阴山、燕山纬向地震带和北北东向华北平原扭动地震带的交汇部位。

从新生代早期开始，本区发生了强烈的断块分异运动，形成了以渤海为中心的垂直下降运动，下辽河、渤海、河北平原强烈下沉形成坳陷，在南部平原地表深处潜藏着许许多多古老山头，称为古潜山，而北部燕山地区则上升隆起，其升降幅度差可达 12km。而唐山则位于此山的斜坡上，濒临一条活动断裂带。因此，区域地壳活动的差异性与唐山地区局部断裂活动的阻滞性使得唐山大地震发生。

5.10 汶川地震

2008 年 5 月 12 日 14 时 28 分，在四川东部龙门山构造带汶川附近（30.99°N，103.33°E）发生了 8.0 级强烈地震，震源深度为 19km，最大烈度达 11°。此次地震不仅在震中区附近造成灾难性的破坏，而且在四川省和邻近省市造成大范围破坏，其影响范围包括震中 $2500km^2$ 范围内的县城和 $40000km^2$ 范围内的大中城市，波及到全国绝大部分地区乃至境外，是新中国建立以来我国大陆发生的破坏性最为严重的地震。

5.10.1 汶川地震成因

大约5000万年前,印度洋板块向北漂移,与欧亚板块发生碰撞后俯冲到后者的下面,由此形成了青藏高原。青藏高原现在仍在受两个板块的挤压,这使青藏高原及周边地区成为地震密集带。

2008年5月12日,汶川地震发生在青藏高原东南边缘的四川龙门山逆冲构造带上,该构造带是青藏高原内部推覆体向东南方向推挤,并伴随顺时针剪切作用的共同结果。印度洋板块向北运动挤压欧亚板块,造成青藏高原的隆升。青藏高原在隆升的同时,也向东运动挤压四川盆地。四川盆地是一个相对稳定的地块,虽然龙门山从主体看上去构造活动性不强,但是可能是处在应力的蓄积过程中,蓄积到了一定程度,地壳就会破裂,从而发生地震,其成因示意图见图5-2。

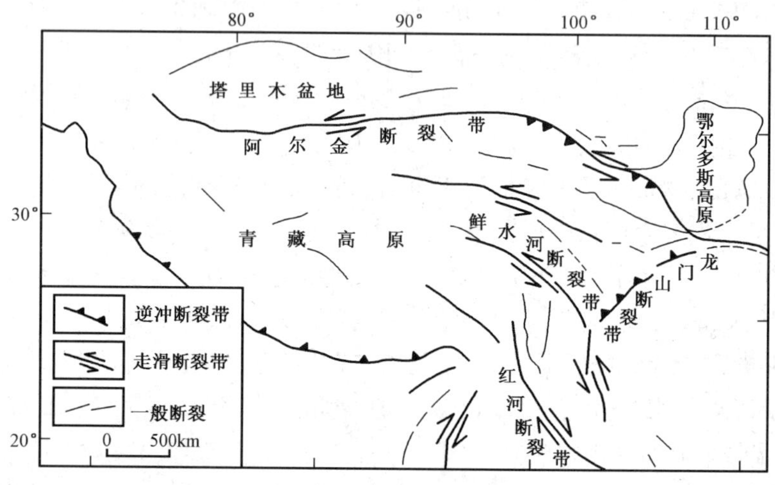

图5-2 汶川地震成因示意图

地震破裂可能是多条断裂活动的结果,包括北东向的北川断裂和汶川断裂。地震破裂发生在沿着北北东走向、西倾于陡断层的约270km范围内。该陡断层位于龙门山逆冲断裂带之下,且平行于北东向的龙门山断裂带。同震滑动量估计达到近10m,包含有逆冲和右旋走滑分量,其最初的破裂深度为10~20km。破裂面和余震序列向龙门山的北东向扩展,并且出现了复杂的沿断层破裂的几何结构。在破裂带的南西段逆冲分量和右旋走滑分量相当,而北东段以右旋走滑为主。

龙门山在汶川地震区的邻近地区,位于青藏高原东缘,地势向西从海拔500m陡然上升至大于4000m,龙门山山脉中的最高峰海拔超过6000m。由龙门山形成的青藏高原东缘与地壳厚度和地震波速的急剧梯度变化一致。

龙门山晚新生代变形和地壳加厚与青藏高原向东挤出有关。GPS资料和地震震源机制解显示上地壳以大约每年15~20mm的速率从青藏高原中部向东运动而进入高原东部地区。向东,位于左旋滑动的鲜水河断裂南部的地壳相对四川盆地向南东方向运动,而北部的地壳则向北东方向运动。

龙门山断裂带属地震多发区内的活动断层,来自青藏高原深部的物质向东流动到四川盆地受阻,向上运动,两者边界即为断层面。如果断裂每年运动数厘米,每隔50m至70m,积聚的应力和能量就能产生一次里氏7级以上的大地震。由于震源较浅,而且震源机制为向东的逆冲运动，加上震区土质松软，地震波向东能传播很长距离，使得远至上海和北京等城市的人都普遍有震感。图5－3为跨龙门山和岷山的地形剖面及龙门山艾里补偿的布格重力异常的观测值和计算值。

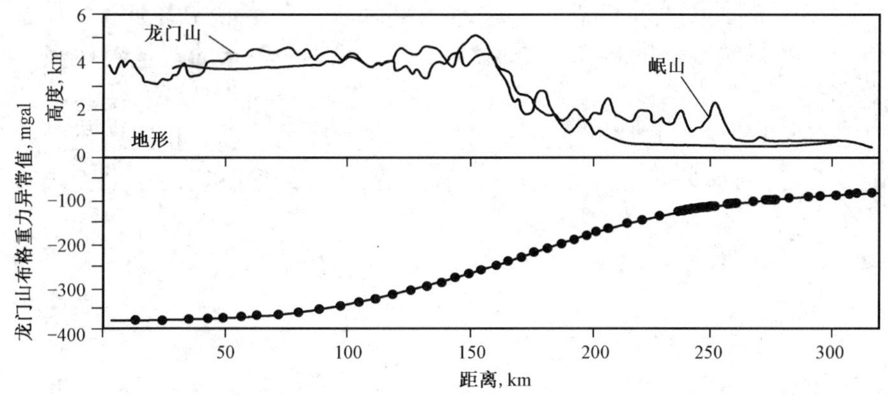

图5－3　跨龙门山和岷山的地形剖面及龙门山艾里补偿的布格重力异常的观测值和计算值（据B. C. Burchfiel）

5.10.2　汶川地震灾情及援救情况

汶川地震是新中国自建国以来有历史记录的最大地震，地震影响包括震中2500km^{2}范围内的县城和40000km^{2}范围内的大中城市，中国除黑龙江、吉林、新疆外均有不同程度的震感，其中尤以陕甘川三省灾情最为严重，甚至泰国首都曼谷、越南首都河内、菲律宾、日本等地均有震感。

到2008年10月8日12时，汶川地震已造成全国各地共69226人遇难、374643人受伤、17923人失踪，累积受灾人数45710965人。汶川地震造成的直接经济损失达8451亿元人民币，四川最为严重，占总损失的91.3%；甘肃占到总损失的5.8%；陕西占总损失的2.9%。在财产损失中，灾区房屋倒塌情况严重，仅四川省倒塌房屋和损坏的房屋就有400万间，其中汶川灾区的80%～90%房屋倒塌；甘肃省倒塌和损坏的房屋有40万间；陕西省也有倒塌和损坏房屋30万间。

据中国地震局报告，2008年8月31日，汶川地区共发生里氏4.0级以上余震261次，其中4.0～4.9级地震222次，5.0～5.9级地震31次，6.0级以上地震（不包括主震）8次，最大余震震级为6.4级，而且还引发了崩塌、滑坡、泥石流、堰塞湖等严重次生灾害，给灾区重建带来困难。

汶川大地震的发生，引起了社会各界包括海外友人的关注，中国企业、各界知名人士和热心公众纷纷慷慨解囊，捐助灾区。据民政部报告，截至2008年9月4日12时，全国共接受国内外社会各界捐款物总计593.18亿元，实际到账款物592.59亿元，已向灾区拨付捐赠款物合计255.13亿元。

汶川大地震发生后，我国党和政府对汶川灾区的优抚安置极为关注。灾情发生后，党中央国务院在第一时间迅速做出反应，胡锦涛总书记当即做出重要批示，中央政治局常常委会多次召开紧急会议全面部署抗震救灾的工作，国务院及时成立以温家宝总理为组长的抗震救灾指挥部。在抗震救灾的危急时刻，中央领导同志亲临灾区，现场指导抗震救灾工作，给全国人民以极大的鼓舞，使灾区人民有了战胜灾难的信心和勇气。

本章总结

地震一般是指地壳的天然震动，是一种自然现象。它是地球内部缓慢积累的能量突然释放引起的地球表层的振动。当地球内部在运动中积累的能量对地壳产生的巨大压力超过岩层所能承受的限度时，岩层便会突然发生断裂或错位，使累积的能量急剧地释放出来，并以地震波的形式向四周传播，就形成了地震。我国地处欧亚板块的东南部，受环太平洋地震带和欧亚地震带的影响，是个多地震的国家，地震断裂带十分发育。

复习思考

1. 理解与解释地震成因。
2. 试述地震的主要类型与时空分布特征。
3. 了解地震的基本概念，如震源、震级等。
4. 简述中国地震带分布。

思维拓展

唐山地震和汶川地震给中国人民巨大的灾难，查阅一些文献，研究并试述唐山地震与汶川地震的地震成因与后期重建。

拓展阅读

[1] 陈余道，蒋亚萍．环境地质学．北京：冶金工业出版社，2004.

[2] 刘雪松，王晓琼．汶川地震的启示——灾害伦理学．北京：科学出版社，2009.

[3] 马宗晋，杜品仁，高祥林．地震知识问答．北京：科学出版社，2008.

[4] 宋波，黄世敏．图说地震灾害与减灾对策．北京：中国建筑工业出版社，2008.

[5] 朱大奎，等．环境地质学．北京：高等教育出版社，2000.

[6] Carla W Montgomery. Environmental Geology. IA：Wm C Brown Publishers，1995.

6 火山活动

6.1 火山活动概述

火山是地球内部岩浆喷出地表堆积形成的山体。典型的火山外形呈圆锥形,称火山锥,锥顶有火山口,火山口下有火山通道与地壳深处岩浆相连。火山出现的历史悠久,根据火山活动情况,可以分成死火山、休眠火山、活火山三种。死火山是指有史以来相当长的时间内没有活动的火山。不过,也有死火山随着地壳的变动突然喷发,人们称之为“休眠火山”。活火山是指人类有文字历史时期以来有过活动或现今尚有活动的火山。在地球上已知的死火山约有2000座,已发现的活火山共有523座(陆地上有455座,海底火山有68座)。火山在地球上的分布是不均匀的,它们都出现在地壳中的断裂带。就世界范围而言,火山主要集中在环太平洋一带和印度尼西亚向北经缅甸、喜马拉雅山脉、中亚细亚到地中海一带,现今地球上的活火山80%分布都在这两个带上。火山是地下岩浆及地壳运动在地表的直接反应。火山活动能喷出多种物质(火山的喷发见图6-1),在喷出的固体物质中,一般有被爆破碎了的岩块、碎屑和火山灰等;在喷出的液体物质中,一般有熔岩流、水、各种水溶液以及水、碎屑物和火山灰混合的泥流等;在喷出的气体物质中,一般有水蒸气和碳、氢、氮、氟、硫等的氧化物。除此之外,在火山活动中,还常喷射出可见或不可见的光、电、磁、声和放射性物质等。这些物质有时能致人于死地,或使电、仪表等失灵,或使飞机、轮船等失事。研究火山有助于了解地球内部结构,还有助于发现某些稀有矿床。

图6-1　火山的喷发

6.2 火山活动的成因

火山的形成涉及一系列物理化学过程。地壳上地幔岩石在一定温度压力条件下产生部分熔融并与母岩分离,熔融体通过孔隙或裂隙向上运移,并在一定部位逐渐富集而形成岩浆囊。随着岩浆的不断补给,岩浆囊的岩浆过剩压力逐渐增大。当表壳覆盖层的强度不足以阻止岩浆继续向上运动时,岩浆通过薄弱带向地表上升。在上升过程中溶解在岩浆中的挥发份逐渐溶出,形成气泡,当气泡占有的体积分数超过75%时,禁锢在液体中的气泡会迅速释放出来,导致爆炸性喷发,气体释放后岩浆粘度降到很低,流动性质转变为湍流。如果岩浆粘滞性系数较低或挥发份较少,便仅有宁静式溢流。从部分熔融到喷发,这一系列的物理化学过程的差别形成了形形色色的火山活动。火山剖面见图6-2。

6.2.1 火山喷发条件

一个地方能否形成火山主要在于是否具备以下的条件:

(1)部分熔融体的形成。形成部分熔融体,必须有较高的地热(自身积累的或外边界条件产生的),或有隆起减压过程,或有脱水而减低固相线的过程。

(2)岩浆在地壳中的富集。岩浆囊形成的位置与中性浮力面的深度有关,而中性浮力面的深度又与地壳流变学间断面有关。

(3)岩浆囊中特殊的物理化学过程。主要是结晶体、挥发物与流体的分隔与相互作用,岩浆喷发起着促使或抑制作用。地壳岩浆囊的存在起着拦截、改造地幔升上的岩浆的作用,它也是形成爆炸式火山喷发(图6-3)的重要条件。

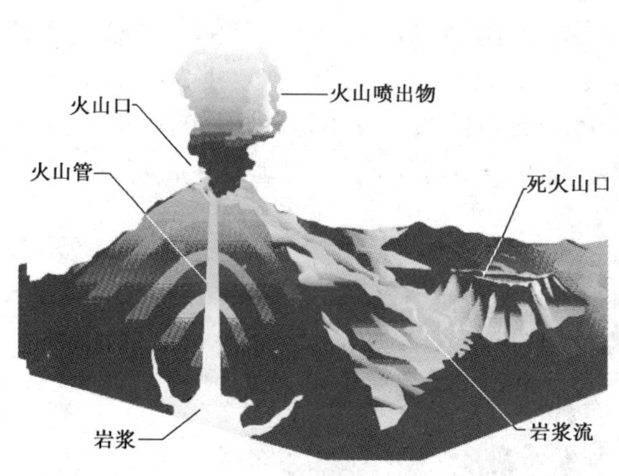

图6-2 火山剖面

图6-3 火山喷发

(4)岩浆通道的形成。岩浆囊的存在对岩浆通道的形成有促进作用,而构造活动产生的引张应力场是形成岩浆通道的主要原因。

(5)岩浆离开岩浆囊后的上升。这一过程受到压力梯度与浮力的双重驱动。

6.2.2 火山喷发过程

火山喷出地表前的过程归纳为三个阶段:岩浆形成与初始上升阶段、岩浆囊阶段和离开岩浆囊到地表阶段。

6.2.2.1 *岩浆形成与初始上升阶段*

岩浆的产生必须有两个过程:部分熔融和熔融体与母岩分离。实际上这两种过程不大可能互相独立,熔融体与母岩的分离可能在熔融体开始产生时就有了。部分熔融体是液体(即岩浆)和固体(结晶)的共存态,温度升高、压力降低和固相线降低均可产生部分熔融。当部分熔融物质随地幔流上升时,在流动中也会产生液体和固体的分离现象,从而产生液体的移动乃至聚集,称为熔离。

6.2.2.2 岩浆囊阶段

岩浆囊是火山底下充填着岩浆的区域，是地壳或上地幔岩石介质中岩浆相对富集的地方。一般视为与油藏类似的岩石孔隙中的高温流体，通常认为在地幔柱内，岩浆只占总体积的5%～30%。从局部看，岩浆囊可以视为内部相对流通的液态集合。岩浆是由岩浆熔融体、挥发物以及结晶体组成的混合物。

6.2.2.3 从岩浆囊到地表阶段

岩浆从岩浆源区一直到近地表的通路的上升，与岩浆囊的过剩压力、通道的形成与贯通以及岩浆上升中的结晶、脱气过程有关。当地震中引张应力或引张—剪切应力大于当地岩石破裂强度时，便可能形成张性或张—剪性破裂，如果这些裂隙互相连通，就可以作为岩浆喷发的通道。图6－4为岩浆流出地表后的情形。

图6－4　火山岩浆

6.2.3 火山喷发类型

火山作用受到岩浆性质、地下岩浆库内压力、火山通道形状、火山喷发环境（陆上或水上）等因素的影响，使得火山喷发具有下列类型。

（1）裂隙式喷发：岩浆沿着地壳上巨大裂缝溢出地表，称为裂隙式喷发。这类喷发没有强烈的爆炸现象，喷出物多为碱性熔浆，冷凝后往往形成覆盖面积广的熔岩台地。分布于我国西南川滇黔三省交界地区的二叠纪峨眉山玄武岩和河北张家口以北的第三纪汉诺坝玄武岩都属裂隙式喷发。现代裂隙式喷发主要分布于大洋底的洋中脊，在大陆只有冰岛可见到此类火山喷发活动，故又称为冰岛型火山。

（2）中心式喷发：地下岩浆通过管状火山通道喷出地表，称为中心式喷发。这是现代火山活动的主要形式，又可细分为三种：

① 宁静式：火山喷发时，只有大量炽热的熔岩从火山口宁静溢出，顺着山坡缓缓流动，好像煮沸了的米汤从饭锅里沸泻出来一样。溢出的以碱性熔浆为主，熔浆温度较高，粘度小，易流动，含气体较少，无爆炸现象。夏威夷诸火山为其代表，因此又称夏威夷型。

② 爆烈式：火山爆发时，产生猛烈的爆炸，同时喷出大量的气体和火山碎屑物质，喷出的熔浆以中酸性熔浆为主。1568年6月25日西印度群岛的培雷火山爆发就属此类，因此又称培雷型。

③ 中间式:中间式喷发属于宁静式和爆烈式喷发之间的过渡型。此种类型以中碱性熔岩喷发为主,若有爆炸时,爆炸力也不大。中间式爆发可以连续几个月,甚至几年,长期平稳地喷发,并以伴有歇间性的爆发为特征。中间式爆发以靠近意大利西海岸利帕里群岛上的斯特朗博得火山为代表,该火山大约每隔 2 ~ 3min 喷发一次,夜间在 669km 以外仍可见火山喷发的光焰,因此又称斯特朗博利式。

(3)熔透式喷发:岩浆熔透地壳大面积地溢出地表,称为熔透式喷发。这是一种古老的火山活动方式,现代已不存在。一些学者认为,在太古代时,地壳较薄,地下岩浆热力较大,常造成熔透式岩浆喷出活动。

6.3 火山的影响

火山爆发对环境的影响是多方面的。最具威力、最壮观的火山爆发常常发生在俯冲带。这里的火山可能在沉寂达数百年之后再度爆发,而一旦爆发,威力就特别猛烈。火山爆发常常会给人类带来灭顶之灾,但也会产生积极影响。

6.3.1 影响全球气候

火山爆发时喷出的大量火山灰和火山气体会对气候造成极大的影响。因此在这种情况下,昏暗的白昼和狂风暴雨,甚至泥浆雨都会困扰当地居民长达数月之久。火山灰和火山气体被喷到高空中去,它们就会随风散布到很远的地方。这些火山物质会遮住阳光,导致气温下降。此外,它们还会滤掉某些波长的光线,使得太阳和月亮看起来就像蒙上一层光晕,或是泛着奇异的色彩,尤其在日出和日落时能形成奇特的自然景观。

6.3.2 破坏环境

火山爆发喷出的大量火山灰和暴雨结合形成泥石流,能冲毁道路、桥梁,淹没附近的乡村和城市,使得无数人无家可归。泥土、岩石碎屑形成的泥浆可像洪水一般淹没整座城市。

6.3.3 重现生机

火山爆发对自然景观的影响十分深远。土地是世界上最宝贵的资源,因为它能孕育出各种植物来供养万物。如果火山爆发能给农田盖上不到 20cm 厚的火山灰,对农民来说可真是喜从天降,因为这些火山灰富含养分,能使土地更肥沃。

6.4 火山分布

全世界有 524 座活火山,其中陆地上有 455 座,海底有 69 座,以太平洋地区最多。活火山主要分布在环太平洋火山带、地中海—喜马拉雅—印度尼西亚火山带、大洋中脊火山带和红海—东非大陆裂谷带。中国境内的新生代火山锥约有 900 座,以东北和内蒙古的数量最多,约有 600 ~ 700 座。最近一次喷出的火山是位于新疆于田县的卡尔达的火山。火山的分布受控于全球板块构造。

6.4.1 环太平洋火山带

环太平洋火山带南起南美洲的科迪勒拉山脉,转向西北的阿留申群岛、堪察加半岛,向西南延续的是千岛群岛、日本列岛、琉球群岛、台湾岛、菲律宾群岛以及印度尼西亚群岛,全长 4×10^4km,呈一向南开口的环形构造系。环太平洋火山带也称环太平洋火环,有活火山 512

座,其中包括南美洲笠迪勒拉山系安第斯山南段的30余座活火山、北段16座活火山,而中段尤耶亚科火山海拔6723m,是世界上最高的活火山。再向北为加勒比海地区,沿太平洋沿岸分布着著名的火山有奇里基火山、伊拉苏火山、圣阿纳火山和塔胡木耳科火山。北美洲有活火山90余座,著名的有圣海伦斯火山、拉森火山、雷尼尔火山、沙斯塔火山、胡德火山和散福德火山。在阿留申群岛上最著名的是卡特迈火山和伊利亚姆纳火山。在堪察加半岛上有经常活动的克留契夫火山。千岛群岛和日本列岛山岛弧包括分布在日本列岛的著名火山,如浅间山、岩手山、十胜岳、阿苏山和三原山都是多次喷发的活火山。琉球群岛至台湾岛有众多的火山岛屿,如赤尾屿、钓鱼岛、彭佳屿、澎湖岛、七星岩、兰屿和火烧岛等,都是新生代以来形成的火山岛。火山活动最活跃的可算菲律宾至印度尼西亚群岛的火山,如喀拉喀托火山、皮纳图博火山、塔匀火山、坦博拉火山和小安的列斯群岛的培雷火山等,近代曾发生过多次喷发。

环太平洋带火山活动频繁,据历史资料记载,全球现代喷发的火山这里占80%,主要发生在北美、堪察加半岛、日本、菲律宾和印度尼西亚。印度尼西亚被称为"火山之国",南部包括苏门答腊、爪哇诸岛构成的弧—海沟系,火山近400座,其中129座是活火山。这里仅1966年至1970年5年间,就有22座火山喷发,此外海底火山喷发也经常发生,致使一些新的火山岛屿出露海面。

环太平洋火山带的火山岩主要是中性岩浆喷发的产物,形成了钙碱性系列的岩石,最常见的火山岩类型是安山岩。距海沟轴150~300km的陆地内,安山岩平行于海沟呈弧形分布,即成所谓的"安山岩线"。另一特点是,自海沟向陆地方向岩石有明显的水平分带性,一般随着海沟距离的增大,依次分布为拉斑系列岩石、钙碱性系列岩石和碱性系列的岩石。这里的火山多为中心式喷发,火山爆发强度较大,如果发生在人口稠密区,则往往造成严重的火山灾害。

6.4.2 大洋中脊火山带

大洋中脊也称大洋裂谷,它在全球呈"W"形展布:从北极盆穿过冰岛,到南大西洋,这一段是等分了大西洋壳,并和两岸海岸线平行;向南绕非洲的南端转向NE与印度洋中脊相接;印度洋中脊向北延伸到非洲大陆北端与东非裂谷相接;向南绕澳大利亚东去,与太平洋中脊南端相接,太平洋中脊偏向太平洋东部,向北延伸又进入北极区海域。整个大洋中脊构成了"W"形图案,成为全球性的大洋裂谷,总长8×10^4km。大洋裂谷中部多为隆起的海岭,比两侧海原高出2~3km,故称其为大洋中脊。在海岭中央又多有宽20~30km,深1~2km的地堑,所以又称其为大洋裂谷。大洋内的火山就集中分布在大洋裂谷带上,人们称其为大洋中脊火山带。根据洋底岩石年龄测定,大洋裂谷形成较早,但张裂扩大和激烈活动是在中生代到新生代,尤其第四纪以来更为活跃,突出表现在火山活动上。

大洋中脊火山带中火山的分布也是不均匀的,多集中于大西洋裂谷,北起格陵兰岛,经冰岛、亚速尔群岛至佛得角群岛,该段长达万余千米,海岭由玄武岩组成,是沿大洋裂谷火山喷发的产物。由于火山多为海底喷发,不易被人们发现,据有关资料记载,大西洋中脊仅有60余座活火山。冰岛位于大西洋中脊,可以直接观察到冰岛上的火山。冰岛上有200多座火山,其中活火山30余座,人们称其为火山岛。据地质学家S. Thorarinsson(1960)统计,在近1000年内,冰岛大约发生了200多次火山喷发,平均5年喷发一次。冰岛著名的活火山有海克拉火山,从1104年以来有过20多次大的喷发。拉基火山于1783年的一次喷发为人们所目睹,从25km长的裂缝里溢出的熔岩流宽可达12km以上,熔岩流覆盖面积约565km^2,熔岩流长达70km,造成了重大灾害。1963 年在冰岛南部海域火山喷发，这次喷发一直延续到 1967 年，产生了一个新的岛屿——苏特塞火山岛，高出海面约 150m，面积 2.8km^2。6 年之后，在该岛东北 32km 处的维斯特曼群岛的海迈岛火山又有一次较大的喷发。这些火山的喷发，反映了在大西洋裂谷火山喷发的特点。

6.4.3 东非裂谷火山带

东非裂谷是大陆最大裂谷带，分为两支：东支南起希雷河河口，经马拉维肖，向北纵贯东非高原中部和埃塞俄比亚中部至红海北端，长约 5800km，再往北与西亚的约旦河谷相接；西支南起马拉维湖西北端，经坦喀噶尼喀湖、基伍湖、爱德华湖、阿尔伯特湖至阿伯特尼罗河谷，长约 1700km。裂谷带一般深 1000 ~ 2000m，宽 30 ~ 300km，形成一系列狭长而深陷的谷地和湖泊。如埃塞俄比亚高原东侧大裂谷带中的阿萨尔湖，湖面在海平面以下 150m，是非洲陆地上的最低点。

自中生代裂谷形成以来，火山活动频繁，尤其晚新生代以来更为盛行，据统计，非洲有活火山 30 余座，多分布在裂谷的断裂附近，有的也分布在裂谷边缘 100km 以外，如肯尼亚山、乞力马扎罗山和埃尔贡山，它们的喷发同裂谷活动也密切相关。东非裂谷火山带火山喷发类型有两种。一种是裂隙式喷发，主要发生在埃塞俄比亚裂谷系两侧，形成了玄武岩熔岩高原，占埃塞俄比亚全国面积的 2/3，熔岩厚达 4000m，它是 30 ~ 50 万年以前上百次玄武岩浆沿裂隙溢流形成的。在肯尼亚西北部，也形成了厚达 1000m 的熔岩台地，其形成时间晚于埃塞俄比亚的熔岩台地，大约形成于 14 ~ 23 万年前，在更晚些时候形成的是响岩，在 11 ~ 13 万年前形成了长达 300km 的响岩熔岩台地。第二种是中心式喷发，多分布在裂谷带的边缘，主要的活火山有扎伊尔的尼拉贡戈山和尼亚马拉基拉山、肯尼亚的特列基火山、莫桑比克的兰埃山、埃塞俄比亚的埃特尔火山等。有的火山喷发只生成了爆裂火口，或生成火口洼地，或生成火口湖，如恩戈罗恩戈罗火口洼地直径达 19km，面积 304km^2。

6.4.4 阿尔卑斯—喜马拉雅火山带

该火山带分布于横贯欧亚的纬向构造带内，西起比利牛斯岛，经阿尔卑斯山脉至喜马拉雅山，全长 10×10^4km。这一纬向构造带是南北挤压形成的纬向褶皱隆起带，主要形成于新生代第四纪。在该带火山分布不均匀，纬向构造带的西段，由于南北挤压力的作用，在形成纬向构造隆起带的同时，形成了经向张裂和裂谷带，如其南侧的纵贯南北的东非裂谷系，顺两构造带过渡段，因断陷而形成了内陆海—地中海、红海和亚丁湾等，这里的火山活动也别具特色，出现了众多世界著名的火山，如意大利的威苏维火山、埃特纳火山、乌尔卡诺火山和斯特朗博利火山等等。爱琴海内的一些岛屿也是火山岛，活动性强，据意大利历史记载的火山喷发就有 130 多次，爆发强度大，特征典型，世界火山喷发类型就是以上述火山来命名的。此带岩性属于钙碱性系列，以安山岩和玄武岩为主。中段火山活动表现微弱，在东段喜马拉雅山北麓火山活动又加强，在隆起和地块的边缘分布着若干火山群，如麻克哈错火山群、卡尔达西火山群、涌波错火山群、乌兰拉湖火山群、可可西里火山群和腾冲火山群等，共有火山 100 多座，其中中国的卡尔达西火山和可可西里火山在 20 世纪 50 年代和 20 世纪 70 年代曾有过喷发，岩性为安山岩和碱性玄武岩类。

本章总结

火山是地下岩浆及地壳运动在地表的直接反应,它是地球板块运动的结果。火山活动能喷出多种物质。在喷出的固体物质中,一般有被爆破碎了的岩块、碎屑和火山灰等;在喷出的液体物质中,一般有熔岩流、水、各种水溶液以及水、碎屑物和火山灰混合的泥流等。火山主要是在火山喷发形式和火山对人类危害程度两个方面而相互差异。

复习思考

1. 试述火山的喷发类型、条件及其过程。
2. 试述火山的分布及其对各个地区的影响。
3. 试解释火山对全球气候的影响。

思维拓展

夏威夷群岛上火山众多,并拥有全球最大的活火山——莫纳罗亚火山,可是没有报导出对人类生命的重大危害。请解释夏威夷火山为什么大多是安全性火山。

拓展阅读

[1] 李玉锁,等. 火山喷发机制与预报. 北京:地震出版社,1998.
[2] 刘嘉麒. 中国火山. 北京:科学出版社,1999.
[3] R Scarpa,R I Tilling. 火山检测与减灾. 北京:地震出版社,2001.
[4] 许钟民,邓育杰. 火山爆发. 北京:人民教育出版社,2002.

第3篇 地球环境的外部变化

7 滑坡与泥石流

滑坡是指斜坡上大量土体和岩体在重力的作用下，沿着一定的滑动面整体向下滑动的现象；泥石流是一种突然爆发的，含有大量泥沙、石块的特殊洪流。它们都主要发生在地质不良、地形陡峻的山区，有着许多相同的触发因素。滑坡的物质经常是泥石流的重要固体物质来源，或者在运动过程中可直接转化成泥石流。鉴于两者的紧密的联系，将它们二者放在本章里一起介绍。

7.1 滑坡

滑坡（图7－1）是指斜坡上的土体或岩体，受河流冲刷、地下水活动、地震及人工切坡等因素影响，在重力作用下，沿着一定的软弱面或软弱带，整体地或者分散地顺坡向下滑动的自然现象。滑坡俗称“走山”、“垮山”、“地滑”等，是一种危害较大的自然灾害。

图7－1 滑坡

7.1.1 滑坡的种类

根据滑坡体积可将滑坡分为4个等级:小型滑坡,滑坡体积小于$10 \times 10^4 m^3$;中型滑坡,滑坡体积为$(10 \sim 100) \times 10^4 m^3$;大型滑坡,滑坡体积为$(100 \sim 1000) \times 10^4 m^3$;特大型滑坡,滑坡体体积大于$1000 \times 10^4 m^3$。

根据滑坡的滑动速度,将滑坡分为4类:蠕动型滑坡,人们凭肉眼难以看见其运动,只能通过仪器观测才能发现的滑坡;慢速滑动,每天滑动数厘米至数十厘米,人们凭肉眼难以看见其运动,只能通过仪器观测才能发现的滑坡;中速滑坡,每小时滑动数十厘米至数米的滑坡;高速滑坡,每秒滑动数米至数十米的滑坡。

7.1.2 滑坡的形成条件

产生滑坡的基本条件是斜坡前有滑动的空间,两侧有切割面。例如,我国西南地区,特别是西南丘陵山区,最基本的地形地貌特征就是山体众多,山势陡峻,沟谷河流遍布于山体之中,与之相互切割,因而形成众多的具有足够滑动空间的斜坡体和切割面。西南丘陵山区广泛存在滑坡发生的基本条件,滑坡灾害相当频繁。

从斜坡的物质组成来看,具有松散土层、碎石土、风化壳和半成岩土层的斜坡抗剪强度低,容易产生变形面下滑;坚硬岩石中由于岩石的抗剪强度较大,能够经受较大的剪切力而不变形滑动。但是如果岩体中存在着滑动面,特别是在暴雨之后,由于水在滑动面上的浸泡,使其抗剪强度大幅度下降而易滑动。

地震对滑坡的影响很大,究其原因,首先是地震的强烈作用使斜坡土石的内部结构发生破坏和变化,原有的结构面张裂、松弛,加上地下水也有较大的变化,特别是地下水位的突然升高或降低对斜坡稳定是很不利的。另外,一次强烈地震的发生往往伴随着许多的余震,在地震力的反复振动冲击下,斜坡土石体更容易发生变形,最后就会发展成滑坡。

综合上述,产生滑坡的主要条件有两个,一是地质条件与地貌条件,二是内外营力和人为作用的影响。

7.1.3 滑坡的时空分布规律

7.1.3.1 滑坡的活动时间

滑坡的活动时间主要与诱发滑坡的各种外界因素有关,如地震、降温、冻融、海啸及人类活动等,大致有如下两方面规律。

(1)同时性:有些滑坡受诱发因素的作用后,立即活动。如强烈地震、暴雨、海啸及人类不合理活动(如开挖、爆破等)都会有大量的滑坡出现。

(2)滞后性:有些滑坡发生时间稍晚于诱发作用因素的时间,如降雨、融雪、海啸、风暴潮及人类活动之后。这种滞后性规律在降雨诱发型滑坡中表现最为明显,该类滑坡多发生在暴雨、大雨和长时间的连续降雨之后,滞后时间的长短与滑坡体的岩性、结构及降雨量的大小有关。一般讲,滑坡体越松散、裂隙越发育、降雨量越大,则滞后时间越短。此外,人工开挖坡脚之后,堆载及水库蓄、泄水之后发生的滑坡也属于此类。由人为活动因素诱发的滑坡的滞后时间的长短与人类活动强度的大小及滑坡的原先稳定程度有关。人类活动强度越大、滑坡体的稳定程度越低,则滞后时间的长短与人类活动强度的大小及滑坡的原先稳定程度有关。人类活动强度越大、滑坡体的稳定越低,则滞后时间越短。

7.1.3.2 滑坡的空间分布规律

滑坡的空间分布规律主要与地质因素和气候等因素有关,通常下列地带是滑坡的易发和多发地区。

(1)江、河、湖、海、沟的岸坡地震,地形高差大的峡谷地区,山区、铁路、公路、工程建筑物的边坡地段等。这些地带为滑坡形成提供了有利的地形地貌条件。

(2)地质构造带之中,如断裂带、地震带等。通常,在地震烈度大于7度的地区,坡度大于25°的坡体在地震中极易发生滑坡;断裂中的岩体破碎、裂隙发育,非常有利于滑坡的形成。

(3)易滑的岩土分布区。如松散覆盖层、黄土、泥岩、页岩、煤系地层等岩土存在,为滑坡的形成提供了良好的物质基础。

(4)暴雨多发区或异常的强降雨地区。在这些地区,异常的降雨为滑坡发生提供了有利的诱发因素。

7.1.4 滑坡的防治措施

人类不合理的活动与不利的自然作用互相结合,很容易促进滑坡的发生。随着经济的发展,人类越来越多的工程活动破坏了自然坡体,使得近年来滑坡的发生越来越频繁,并有愈演愈烈的趋势。世界上大多数国家都有滑坡的产生,其中以中国、美国和日本等国家较为严重。

多数滑坡,特别是大规模的滑坡会掩埋村镇,摧毁厂矿,破坏铁路和公路交通,堵塞江河,损害农田和森林,给人类生命和经济建设带来危害。因此,滑坡的防治显得很重要。滑坡的防治要贯彻"及早发现,预防为主;查明情况,综合治理;力求根治,不留后患"的原则。结合边坡失稳的因素和滑坡形成的内外部条件,治理滑坡可以从以下两大的方面着手:

(1)消除和减轻地表水和地下水的危害。

滑坡的发生常和水的作用有密切的关系,水的作用,往往是引起滑坡的主要因素。因此,消除和减轻水对边坡的危害尤其重要,其目的是降低孔隙水压力和动力压力,防止岩土体的软化及溶蚀分解,消除或减小水的冲刷和浪击作用。具体做法有:防止外围地表水进入滑坡区,可在滑坡边界修截水沟;在滑坡区内,可在坡面修筑排水沟;在覆盖层上,可用浆砌片石或人造植被覆盖,防止地表水下渗;对于岩质边坡还可用喷混凝土护面或挂钢筋网喷混凝土。排除地下水的方法有很多,应根据边坡的地质结构特征和水文地质条件加以选择。常用的方法有水平钻孔疏干、垂直孔排水、竖井抽水、隧洞疏干、支撑盲沟。

(2)改善边坡岩土体的力学强度。

通过一定的工程措施,改善边坡岩土体的力学强度,提高其抗滑力,减小滑动力。常用的措施有以下几方面:

① 消减减载。

用降低坡高或放缓坡脚来改善边坡的稳定性。削坡设计应尽量消减不稳定岩土体的高度,而阻滑部分岩土体不应消减。

② 边坡人工加固。

边坡人工加固常用的办法有:修筑挡土墙、护墙等支挡不稳定岩体;钢筋混凝土抗滑桩或阻滑支撑工程;预设应力锚杆或锚索,适用于加固有裂隙或软弱结构面的岩质边坡;固结灌浆或电化学加固法加强边坡岩体或土体的强度;采用SNS边坡柔性防护技术。

7.2 泥石流

泥石流是山区沟谷中,由暴雨、水雪融水等水源激发的,含有大量的泥沙、石块的特殊洪流。泥石流的特征是往往突然爆发,浑浊的流体沿着陡峻的山沟前推后拥,奔腾咆哮而下,地面为之震动，山谷犹如雷鸣。在很短时间内，大量泥沙、石块冲出沟外，在宽阔的堆积区横冲直撞、漫流堆积，常常给人类生命财产造成重大危害。

7.2.1 泥石流的分类

泥石流的分类方法有很多，我国最常见的两种分类方法如下。

泥石流按其物质成分可分为3类：由大量粘性和粒径不等的砂粒、石块组成的叫泥石流；以粘性土为主，含少量砂粒、石块，粘度大、呈粘泥状的叫泥流；由水和大小不等的砂粒、石块组成的叫做水石流。

泥石流按其物质状态可分为2类：一是粘性泥石流，含有大量粘性土的泥石流或泥流。其特征是粘性大，固体物质平均占40%～60%，最高达80%。其中的水不是搬运介质，而是组成物质，稠度大，石块呈悬浮状态，爆发突然，持续时间也短，破坏力大。二是稀性泥石流，以水为主要成分，粘性土含量少，固体物质占10%～40%，有很多分散性。水为搬运介质，石块以滚动或跃移方式前进，具有强烈的下切作用。其堆积物在堆积区呈扇状散流，停积后似“石海”。

7.2.2 泥石流形成的条件

泥石流的形成必须同时具备以下3个条件：陡峭的便于集水、集物的地形、地貌；有丰富的松散物质；短时间内有大量的水源。

(1)地形地貌条件：在地形上具备山高沟深，地形陡峻，沟床坡降大，流域形状便于水流汇集。在地貌上，泥石流的地貌一般可分为形成区、流通区和堆积区三部分。上游形成区的地形多为三面环山，一面出口的瓢状或漏斗状，地形比较开阔、周围山高坡陡、山体破碎、植被生长不良，这样的地形有利于水和碎屑物质的集中；中游流通区的地形多为狭窄很深的峡谷，谷床坡降大，使泥石流能迅猛直泻；下游堆积区的地形为开阔平坦的山前平原或河谷阶地，使堆积物有堆积场所。

(2)松散物质来源条件：泥石流常发生于地质构造复杂、断裂褶皱发育、新构造活动强烈、地震烈度较高的地区。地表岩石破碎、崩塌、错落、滑坡等不良地质现象发育，为泥石流的形成提供了丰富的固体物质来源；另外，岩层结构松散、软弱、易于风化、节理发育或软硬相间成层的地区，因易受破坏，也能为泥石流提供丰富的碎屑物质来源；一些人类工程活动，如滥伐森林造成水土流失，开山采矿、采石弃渣等，往往也为泥石流提供了大量的物质来源。

2008年9月8时，山西省临汾市襄汾县陶氏乡的新塔矿业有限公司塔山矿区尾矿因暴雨发生泥石流，致使该矿废弃尾矿库库坝被冲垮。该特大溃坝事故的泄容量有$26.8\times10^4m^3$，过泥面积$30.2\times10^4m^2$，波及下游500m左右的矿区办公楼、集贸市场和部分民宅，造成建筑毁坏，人员伤亡严重。该事故的根本原因是相关部门的执法不利所致，主要是尾矿坝建设前期对地质条件了解不够，勘察不明、设计不当或施工质量不符合规范要求；生产运行期间对尾矿库的安全管理不到位，缺乏必要的监测、检查、维修措施以及应急预案，导致危险状态恶化并最终酿成灾难。

(3)水源条件：水既是泥石流的重要组成部分，又是泥石流的激发条件和搬运介质。泥石流的水源有暴雨、水雪融水和水库溃决水体等形式。我国泥石流的水源主要是暴雨、时间的连续降雨等。

除了上述3个基本条件以外，由于近年来工农业生产的发展，人类对自然资源的开发程度和规模也在不断发展，人为因素诱发的泥石流数量正在不断增加。由此可见，当人类经济活动违反自然规律时，必然会引起大自然的报复。

7.2.3 泥石流发生的时空分布规律

7.2.3.1 泥石流发生的时间规律

(1)季节性:我国泥石流的暴发主要是受连续降雨、暴雨,尤其是特大暴雨集中降雨的激发。因此,泥石流发生的时间规律是与集中降雨时间规律相一致,具有明显的季节性。一般发生在多雨的夏秋季节。因集中降雨的时间差异而有所不同。如四川、云南等西南地区的降雨多集中在6~9月。因此,西南地区的泥石流多发生在6~9月。

(2)周期性:泥石流的发生受暴雨、洪水、地震的影响,而暴雨、洪水、地震总是周期性地出现。因此,泥石流的发生和发展也具有一定的周期性,且其活动周期大体相一致。当暴雨、洪水两者的活动周期相叠加时,常常形成泥石流活动的一个高潮。

7.2.3.2 我国的泥石流分布

我国的泥石流分布明显受地形、地质和降水条件的控制,特别是在地形条件上表现得更为明显:

(1)泥石流在我国集中分布在两个带上,一个是青藏高原与次一级的高原与盆地之间的接触带;另一个是上述的高原、盆地与东部的低山丘陵或平原的过渡带。

(2)在各大型构造带中,具有高频率的泥石流,又往往集中在板岩、片岩、片麻岩、混合花岗岩、千枚岩等变质岩系及泥岩、页岩、泥灰岩等软岩系和第四系堆积物分布区。

(3)泥石流的分布还与大气降水、水雪融化的显著特征密切相关,即高频率的泥石流主要分布在气候干湿季较明显、局部降雨强度大、冰雪融化的地区。

7.2.4 泥石流灾害的预报方法

泥石流的预测预报工作很重要,这是防灾和减灾的重要步骤和措施。目前我国常采取以下方法对泥石流的预测预报研究:

(1)对典型的泥石流进行定点观测研究,力求解决泥石流的形成与运动参数问题。如对云南省东川市小江流域蒋家沟等泥石流的观测试验研究。

(2)调查潜在泥石流沟的有关参数和特征。

(3)加强水文、气象的预报工作,特别是对小范围的局部暴雨的预报。因为暴雨是形成泥石流的激发的主要因素。

(4)建立泥石流技术档案,特别是大型泥石流沟的流域要素、形成条件、灾害情况及整治措施等资料应逐个详细记录,并解决信息接收和传递等问题。

(5)划分泥石流的危险区、潜在危险区或进行泥石流灾害敏感度分区。

本章总结

滑坡是指斜坡上的土体或岩体,受河流冲刷、地下水活动、地震及人工切坡等因素影响,在重力作用下,沿着一定的软弱面或软弱带,整体地或者分散地顺坡向下滑动的自然现象。泥石流是山区沟谷中,由暴雨、水雪融水等水源激发的,含有大量的泥沙、石块的特殊洪流。

复习思考

1. 什么是滑坡？滑坡的种类有哪些？
2. 简述滑坡的形成条件与时空分布。
3. 什么是泥石流？泥石流可以分为哪几类？
4. 简述滑坡与泥石流的主要防治措施。

思维拓展

2008 年 8 月 1 日 0 时 45 分左右,位于太原娄烦县境内马家庄乡寺沟村的太钢尖山铁矿排土场发生山体滑坡。2008 年 9 月 8 时,山西省临汾市襄汾县陶氏乡的新塔矿业有限公司塔山矿区尾矿因暴雨发生泥石流。这是两场主要由于人类不合理的活动所引起的重大灾难。请收集这两次事故的主要信息并得出自己有关事故具体原因的结论。

拓展阅读

[1] 陈余道．环境地质学．北京:冶金工业出版社,2004.

[2] M A 维利康诺夫．泥石流及其防止法．北京:科学出版社,1963.

[3] 王恭先,等．滑坡学与滑坡防治技术．北京:中国铁道出版社,2007.

[4] 赵烨．环境地学．北京:高等教育出版社,2007.

8 河流与洪灾

河流是由一定区域内地表的水和地下水补给，经常或间歇地沿着狭长凹地流动的水流。河流是地球上水文循环的重要的路径，是泥沙、盐类和化学元素等进入湖泊、海洋的通道。早在4000多年前，黄河就开始孕育中华民族传承至今的灿烂文化，而埃及的尼罗河、巴比伦的底格里斯河和幼发拉底河、印度的印度河和恒河也都在各自的流域萌发着人类最古老的文明。现今，河流仍然是最重要的水资源之一。全世界河流总蓄水量虽然只有2120km^3，仅占全球总淡水量的0.006%，但由于河水在全球水循环过程中十分活跃，全球河水平均每16天便全部更新一次，因此可供利用的河流总水量每年约达48000km^3。河流提供了巨大的水能资源，全世界河流水能蓄藏量达50×10^8kW。河流在灌溉、航运、水产养殖和旅游等国民经济各方面有重要意义，但是河流洪水泛滥带来的巨大破坏至今仍然是人类的严重威胁。努力认识河流的水文规律，最大限度地实现对河流的控制，充分开发河流资源是一项改造自然的艰巨任务。

8.1 河流

8.1.1 河流的发育

河流是在一定地质和气候条件下形成的，由地壳运动形成的线形槽状凹地为河流提供了行水的场所，大气降水则为河流提供了水源。河流是在河床与水流相互作用下逐渐发展的，一般有侵蚀、搬运和堆积过程。

河流侵蚀有下切侵蚀、侧向侵蚀、向源侵蚀三种方式。

下切侵蚀：这种作用加深了河谷，下切穿透的含水层越多，能得到的地下水补给越丰富。

侧向侵蚀：这种作用使河岸后退、沟谷展宽，主要发生在河床弯曲的地方。

向源侵蚀：这种侵蚀通常是在下切侵蚀过程中体现的，向源侵蚀使河流源头向分水岭推进，当源头达到并切穿分水岭时，可与分水岭另一坡的河流连通，而将它“抢夺”过来，称为河流的袭夺。

侵蚀产生的物质（包括流域坡面上侵蚀的物质）被水流沿河搬运，主要在中下游堆积，形成深厚的冲积层。当河流发展到一定阶段，河床的侵蚀与堆积达到了平衡状态，即水流的能量正好消耗于搬运水中泥沙和克服水流所受阻力。此时河床既不腐蚀，也不堆积，在地质和气候条件比较均一的情况下，河床的纵坡面表现为一条平滑均匀的曲线，称为平衡剖面。一旦条件发生变化，这种平衡被破坏，河流又向着新的平衡剖面发展。

每条河流从河源到河口可以分为上、中、下游。河源是河流的发源地，河源以上可能是冰川、湖泊、泉水。河口可以是入海河口、入湖河口、入主流河口。流水是地球表面陆地上最经常、最普遍活跃的地貌营力。河流的侵蚀、搬运和堆积作用贯穿于上、中、下游，使地表形成各种地貌类型。一般大河流的上游位于山地或高原，以侵蚀作用为主；中游大多位于山地、平原交界的山前丘陵平原区，堆积与侵蚀作用多兼而有之；下游多位于平原区，河谷宽阔平坦，以堆积作用为主。河口地区是受海、湖影响的交互作用地带。

8.1.2 我国河流特征

我国境内的河流，仅流域面积在1000km^3以上的就有1500多条。全国径流总量达2.7×

$10^{12}m^3$，相当于全球径流总量的5.8%。由于我国主要河流多发源于青藏高原，落差很大，因此我国的水力资源非常丰富，蕴藏量达6.8×10^8kW，居世界第一位。

我国河流分为外流河和内流河。注入海洋的外流河，流域面积约占全国陆地总面积的64%。长江、黄河、黑龙江、珠江、辽河、海河、淮河等向东流入太平洋；西藏的雅鲁藏布江向东流出国境再向南注入印度洋，这条河流有长504.6km、深6009m的世界第一大峡谷——雅鲁藏布大峡谷；新疆的额尔齐斯河则向北流出国境注入北冰洋。流入内陆湖泊或消失于沙漠、盐滩之中的内流河，流域面积约占全国陆地总面积的36%。新疆南部的塔里木河，是我国最长的内流河，全长2179km。

长江是我国第一大河，仅次于非洲的尼罗河和南美洲的亚马孙河，为世界第三长河。它全长6300km，流域面积$180.9\times10^4km^2$。长江中下游地区气候温暖湿润、雨量充沛、土地肥沃，是我国重要的农业区。长江还是我国东西水上运输的大动脉，有"黄金水道"之称。黄河是我国第二大河，全长5464km，流域面积$75.2\times10^4km^2$。黄河流域牧场丰美、矿藏富饶，历史上曾是中国古代文明的发祥地之一。黑龙江是我国北部的一条大河，全长4350km，其中有3101km流经中国境内。珠江为我国南部的一条大河，全长2214km。除天然河流外，我国还有一条著名的人工河，那就是贯穿南北的大运河。它始凿于公元前5世纪，北起北京，南到浙江杭州，沟通海河、黄河、淮河、长江、钱塘江五大水系，全长1801km，是世界上开凿最早、最长的人工河。在南水北调工程中，该运河还将作为长江水北上到达京津的输水通道。

根据我国河流的控制因素，大致可以得出我国河流的以下几点特征。

(1)气候因素影响河流流量变化特征：我国多数河流，特别是东部季风区的河流，补给水源主要靠雨水。降水地区分布由东南向西北递减的规律，使得我国的河网密度也具有由东南向西北减少的规律。由于降水有季节分配不均衡、年际变化大的特点，使得河流年内及年际的径流量变化大。我国的大河多为东西流向，而锋面雨带的推移也具有纬向延伸的特点，使河流易形成全流域同时进入汛期。西部干旱地区内流河的补给水源主要是永久冰雪融水，气温高低直接影响到径流量的大小。北方河流的补给水源中有季节性冰雪融水，河流一般有春汛。河流冰封时间的长短也由气温决定，在由低纬向高纬流向的河段，由于气温的变化，还会出现凌汛。

(2)地形因素影响河流的流向：青藏高原是我国地势最高的地区，由这里向东、南、北方向降低，因此河流分属于太平洋、印度洋及北冰洋三大水系，其中太平洋水系的面积最大。我国地势西高东低，分为三个阶梯，当河流流经阶梯分界线时形成落差，水力资源丰富。我国水力资源丰富，水力蕴藏量为6.8×10^8kW，居世界首位。但我国水力资源分布不均衡，长江的水力资源占全国水力资源蕴藏量的40%。

(3)土质、植被影响河流的含沙量：例如黄土土质疏松，颗粒很细，耐冲性很差，黄土高原上的植被覆盖又少，因此凡是发源或流经黄土高原的河流，含沙量都大。南方及东北山区的河流，由于植被覆盖率高，河流含沙量小。

8.2 洪灾

洪灾是指一个流域内因集中大暴雨或长时间降雨，汇入河道的径流量超过其泄洪能力而漫溢两岸或造成堤岸决口导致泛滥的灾害。描述洪水的要素包括洪峰流量(水位)、洪峰流量(水位)出现时间、洪水总量及洪水过程线。当流域内发生暴雨或融雪，产生径流时，都依其远近先后汇集于河道的出口断面口。当近处的径流到达时，河水流量开始增加，水位相应上涨，称为洪水起涨。等到大部分高强度的地表径流汇集到出口断面时，河水流量增至最大值，称为洪峰流量，相应的最高水位称为洪峰水位。到暴雨停止以后的一定时间，流域地表径流及存蓄在地面、表土及河网中的水量均已流出出口断面时，河水流量及水位回落至原来状态。洪水从起涨至峰顶到回落的整个过程连接的曲线称为洪水过程线，其流出的总水量称为洪水总量。洪水等级的划分一般以洪水达到或接近警戒水位（流量）、水库入库洪峰流量的重现期作为洪水等级划分标准，水力部门将10年一遇的洪水为常遇洪水，10～15年一遇的洪水为大洪水，大于50年一遇的洪水为特大洪水。

洪水一词出自先秦《尚书·尧典》，该书记载了4000多年前黄河的洪水。自古以来洪水就给人类带来很多灾难，公元前206年—公元1949年间，有1092年有较大水灾的记录。我国大约2/3的国土面积存在不同类型和不同程度危害的洪水灾害。以云南腾冲至黑龙江呼玛划一条东北—西南走向的斜线，大体与年平均400mm雨量等值线和年平均最大24小时降雨50mm等值线相一致。在这条线以东的地区，洪水主要分布由暴雨和沿海风暴潮形成的，洪水分布广，灾情重。在这条线以西的地区，主要是融冰融雪或局部地区混合型洪水，分布比较分散，范围比较小。

例如，1998年我国气候异常，长江、松花江、珠江、闽江等主要江河发生了特大洪水。其中长江流域降水频繁、强度大、覆盖范围广、持续时间长，仅次于1954年的洪灾，为我国20世纪第二大全流域型大洪水。全国共有29个省（自治区、直辖市）遭受了不同程度的洪涝灾害。据统计，农田受灾面积$2229\times10^2km^2$，成灾面积$1378\times10^2km^2$，死亡4150人，倒塌房屋685万间，直接经济损失2551亿元。其中江西、湖南、湖北、黑龙江、内蒙古、吉林等省（区）受灾最重。

正是由于洪水带给人们的无数灾难，人类治水的历史也是非常的悠久，流传出了许多千古佳话。例如，家喻户晓的治水英雄大禹“三过家门而不入”，他的“从实际出发，从大局出发，从治本出发，因地制宜，以疏为主，疏阻并用”的治水思想在科技先进的今天仍然值得借鉴。还有经历了两千多年的沧桑后依然发挥着防洪灌溉作用的都江堰，这座李冰父子的杰作以不破坏自然资源，充分利用自然资源为人类服务为前提，变害为利，使人、地、水三者高度协调统一，成为世界最佳水资源利用的典范，也给了现代重大工程的建设很多启示。

本章总结

河流是由一定区域内地表的水和地下水补给，经常或间歇地沿着狭长凹地流动的水流。河流是地球上水文循环的重要的路径，是泥沙、盐类和化学元素等进入湖泊、海洋的通道。洪灾是指一个流域内因集中大暴雨或长时间降雨，汇入河道的径流量超过其泄洪能力而漫溢两岸或造成堤岸决口导致泛滥的灾害。

复习思考

1. 什么是河流？河流是怎样发育的？

2. 我国境内主要河流的特征是什么？
3. 什么是洪水？洪水给我们带来什么样的影响？

思维拓展

黄河和长江这两大河流养育了华夏民族，可是也同时给我们带来了深重的灾难。特别是南方潮湿多雨的地区，洪水几乎成为一个定期出现的灾难性事实。请查阅有关 1998 年特大洪水资料，研究有关防洪救灾的知识。

拓展阅读

[1] 王昌杰．河流动力学．北京：人民交通出版社，2004.
[2] 宋国君，等．中国淮河流域水环境保护政策评估．北京：中国人民大学出版社，2007.
[3] 邵学军，等．河流动力学概论．北京：清华大学出版社，2005.
[4] 徐祖信．河流污染治理技术与实践．北京：中国水利水电出版社，2003.

第4篇 我国自然资源与环境

9 我国水资源状况与水体污染

水是生命之源,是人类生存与发展的生命线,没有水就没有人类的一切(图9-1)。水是可再生的,也是有限的,是不可代替的自然资源。联合国教科文组织认为:水资源指可利用或有可能被利用的水源,这个水源应具有足够的数量和可用的质量,并能够在某个地点为了满足某种用途而被利用。

图9-1 水

地球上水的总体积大约为$1.4\times10^9km^3$,其中绝大部分是海水(图9-2),只有2.5%是淡水。大部分的淡水以永久性冰或雪的形式封存于南极洲和格陵兰岛,有一部分成为埋藏很深的地下水。能被人类利用的水资源主要是湖泊水、河流水、土壤湿气和埋藏相对较浅的地下水。这些水资源中可用的部分仅有$2\times10^5km^3$——不足淡水总量的1%,仅为地球上水资源总量的0.01%。1977年在阿根廷召开的"联合国世界水会议"上,有人打了一个比方:"如果用1.5gal的瓶子上装上地球上所有的水,那么可利用的淡水只有半茶匙。在这半茶匙淡水中,河水只相当于一滴,其余都是地下水"。

图 9－2　海水

全世界约有 1/3 的人生活在中度和高度缺水地区，这些地区的淡水消费量超过可更新水资源总量的 10%。大约有 80 个国家，40% 的世界人口在 20 世纪 90 年代中期严重缺水，估计在 25 年之内，2/3 的世界人口将要居住在用水紧张的国家里。到 2020 年，水的使用量将会比 1990 年提高 40%，其中 17% 以上的水将用于满足人口增长所需要的食品增长。目前，缺水或水资源紧张的地区正在不断扩大，特别是北非和西亚尤为严重。

9.1　我国水资源状况

根据 1956—1979 年水文气象资料分析，我国 24 年平均年降水量为 $6.1889\times10^{12}m^3$，形成河川径流总量为 $2.7115\times10^{4}m^3$，占年平均降水总量的 44%。河川径流量中，由地下水排泄的基流量为 $6.78\times10^{11}m^3$，占河川径流总量的 25%；冰雪融水补给量为 $5.6\times10^{10}m^3$，占河川径流总量的 2%。土壤水通量为 $4.1554\times10^{12}m^3$，占降水总量的 67%。土壤水通量中陆面蒸发量与散发量之和为 $3.4774\times10^{12}m^3$，占 84%；通过重力作用补给地下水的排泄量为 $6.78\times10^{11}m^3$，占 16%。

我国地下水资源量约为 $8.288\times10^{11}m^3$，由降水和地表水补给。其中，山丘区为 $6.762\times10^{11}m^3$，平原区为 $1.874\times10^{11}m^3$（包括重复计算量 $348\times10^{8}m^3$）。

全国水资源总量为 $2.8124\times10^{12}m^3$（已扣除地表水和地下水相互转换的重复量）。

9.1.1　我国水资源特点

我国的水资源有以下 3 个方面的特点。

（1）人均水资源占有量偏少：我国水资源总量居世界第 4 位，但按 2002 年人口统计，人均水资源为 $2220m^3$，仅为世界人均水资源的 1/4，相当于美国的 1/4，日本的 1/2，加拿大的 1/44，居世界第 110 位。到 21 世纪中叶，按 16 亿人口计，我国人均水资源仅为 $1760m^3$。按照联合国评价标准（用水紧张国家人均水资源小于 $1700m^3$/人；缺水国家人均水资源小于 $1000m^3$/人；极端严重缺水国家人均水资源小于 $500m^3$/人）来评价，我国就会进入联合国评价的用水紧张国家行列。

（2）水资源在空间分布上极不均匀：我国水资源在空间分布上极不均，与人口、土地、生产力布局不相匹配。表 9－1 为我国水资源地域分布情况。从表中可以看出，我国水资源主要集中在南方。长江以南地区水资源约占全国总数的80.4%，而南方人口刚超过全国的一半，耕地只有全国的1/3。从经济上来讲，南方也只占全国经济总量的一半多。也就是说，有近1/2的人口、近2/3的土地和1/2的经济都在北方。从水资源情况看，水资源最短缺的就是华北地区，这里的人口、耕地和经济都占全国的1/3左右，但水资源却只占全国的7.7%。所以，华北地区是我国水资源最短缺的地区。不均匀的水土与人口分布，给我国在水资源开发利用上带来很多不利影响。

表9-1 我国水资源地域分布情况

分区	占全国比例，%				人均水量，m^3/人		单位面积均水量，m^3/m^2
	水资源	人口	耕地	GDP	1997年	2050年（预计）	
东北（松辽）	7.0	9.6	20.2	10.4	1646	1287	0.99
华北（黄淮海）	7.7	34.7	39.4	32.4	500	389	0.56
西北（内陆河）	4.8	2.1	5.7	1.7	4876	3331	2.38
南方（长江以南）	80.4	53.6	34.7	55.5	3481	2634	6.48
全国	100	100	100	100	2220	1760	2.83

（3）水资源补给量在时间分布上变化极大：水资源补给量在年内和年际之间变化极大，水旱灾害出现频繁，农业生产不稳定，水资源供需矛盾突出。例如，1998年属于丰水年，全国河川径流量比正常年份多$6.247\times10^{11}m^3$，其中长江偏多$3.491\times10^{11}m^3$（多了36.7%），松花江偏多$6.93\times10^{10}m^3$（多90.9%），长江、嫩江出现了特大洪涝灾害。2001年干旱严重，全国大部分地区河川径流量偏少，松花江、辽河、海河、黄河、淮河比正常年来水偏少23%~67%，长江也偏少6.9%，仅东南、华南沿海、西南和西北内陆来水偏丰。

9.1.2 当前我国水资源利用现状

根据国家水利部2003年公布的《中国水资源公报2002》，我国2002年各流域片水资源量见表9-2。由表9-2可知，我国水资源量在空间的分布上很不均匀，其中北方五片水资源总量$4.164\times10^{11}m^3$，占全国的14.7%；南方四片水资源总量$2.416\times10^{12}m^3$，占全国的85.3%。

表9-2 2002年各流域片水资源量

流域片	降水量 10^8m^3	地表水资源量 10^8m^3	地下水资源量 10^8m^3	地表与地下水资源量 10^8m^3	水资源总量 10^8m^3	人均水资源量 m^3/人
全国	62610.29	27243.29	8697.18	1018.03	28261.32	2200
松辽江	5709.86	1076.03	576.42	296.95	1372.98	1157
海河	1273.81	64.08	146.09	94.91	158.99	121
黄河	3224.81	357.66	334.01	115.74	473.40	428
淮河	2375.91	445.36	343.66	256.47	701.83	343
长江	21023.93	10788.31	2704.93	102.48	10890.79	2521
珠江	9876.92	5227.21	1244.35	23.92	5251.13	3328

续表

流域片	降水量 10^8m^3	地表水资源量 10^8m^3	地下水资源量 10^8m^3	地表与地下水资源量 10^8m^3	水资源总量 10^8m^3	人均水资源量 m^3/人
东南诸河	3871.88	2300.62	628.73	13.74	2314.36	3233
西南诸河	8887.02	5639.83	1725.06	0.68	5640.51	26844
内陆河	6366.09	1344.19	993.93	113.12	1457.31	5263

注:1. 人均水资源量按2002年水资源总量除以2002年人口计算。

2. 地表水资源量指来自河流、湖泊和冰川等地表水体的动态水量,即天然河川径流量。

3. 地下水资源量指降水、地表水体(含河道、湖库、渠系等)入渗补给地下含水层的动态水量。

4. 水资源总量指评价区内当地降水形成的地表、地下产水量(不包括区外来水量),由地表水资源量与地下水资源量相加、扣除两者之间相互转换的重复计算量而得。

按照联合国对人均水资源量的评价标准,我国有10个省、市(天津、山东、北京、河北、宁夏、山西、上海、河南、辽宁和江苏)处于极端严重缺水状态,2个省(甘肃和陕西)处于缺水状态,4个省(安徽、内蒙古、吉林和黑龙江)处于用水紧张状态。

我国2002年各流域各种水资源拥有量及利用程度见表9-3。由表9-3可知,2002年黄河、淮河、海河流域水资源总量为$1.334\times10^{11}m^3$,取水量为$1.395\times10^{11}m^3$,总量开发程度已经超过该地区水资源的开发极限程度。其中海河流域的水资源开发已经大大超过了该流域的开发极限程度,地表水取水量是其地表水资源量的200%,地下水取水量是其地下水资源量的185%。

表9-3 2002年各流域各种水资源拥有量及利用程度

流域片	地表水资源量(Q_1),10^8m^3	地下水资源量(Q_2),10^8m^3	水资源总量(Q_3),10^8m^3	地表水取水量(Q_4),10^8m^3	地下水取水量(Q_5),10^8m^3	总取水量(Q_6),10^8m^3	Q_4/Q_5 %	Q_5/Q_2 %	Q_6/Q_3 %
全国	27243.29	8697.18	28261.32	4404.36	1072.42	5476.78	16	12	19
松辽江	1076.03	576.42	1372.98	307.51	258.53	566.04	29	45	41
海河	64.08	146.09	158.99	127.95	270.17	398.12	200	185	250
黄河	357.66	334.01	473.40	251.30	135.44	386.74	70	41	82
淮河	445.36	343.66	701.83	420.84	189.47	610.31	94	55	87
长江	10788.31	2704.93	10890.79	1593.68	81.74	1675.42	15	3	15
珠江	5227.21	1244.35	5251.13	805.02	41.69	846.71	15	3	16
东南诸河	2300.62	628.73	2314.36	308.86	8.95	317.81	13	1	14
西南诸河	5639.83	1725.06	5640.51	99.33	2.78	102.11	2	0	2
内陆河	1344.19	993.93	1457.31	489.88	83.65	573.53	36	8	39

注:1. 水资源总量=地下水资源量+地表水资源量-重复计算量。

2. 由于统计路径不同,有些数据会有出入。

9.2 水体的污染和水体的自净

根据1996年5月15日第八届全国人民代表大会常务委员会第十九次会议修正的《中华人民共和国水污染防治条例》对水污染的说明,水污染是指水体中因某种物质的介入,而导致其化学、物理、生物或者放射性等方面特性的改变,从而影响水的有效利用,危害人体健康或者破坏生态环境，造成水质恶化的现象。我国未受污染的水体很少，阿尔山地区水体为其中一处（图9－3）。

图9－3 远离污染的阿尔山地区

9.2.1 水体主要污染物

水体污染物是指能导致水污染的物质。由于水体污染物的种类繁多，因此可以用不同方法、标准或根据不同的角度将其分成不同的类型。根据污染物的物理、化学、生物学性质及其污染特性，可将水体污染物分为以下几种类型。

9.2.1.1 物理污染物

1）热污染

高温废水，如温度超过60℃的工业废水（直接冷却水），排放入水体后，使水体水温升高，物理性质发生变化，危害水生动物、植物的繁殖与生长，称为水体的热污染。热污染一方面会降低水资源的利用价值，另一方面还会破坏水体生态系统，对水生生物的生存构成威胁。如水温升高，可使藻类的繁殖速度加快，固氮藻的固氮速率增大，水体中各类无机氮含量增加，水体富营养化，改变正常的水生生态系统。此外，水温升高将使水中溶解氧降低，进而影响原有水生生物的繁殖与生长。

2）放射性物质

放射性物质主要是指正常运行的核单位排放的放射性废物和核事件（包括大气层内核试验落下的灰和核事故等）的放射性残余物，主要污染物是^{131}I、^{90}Sr、^{137}Cs、^{60}Co和^{235}U等。天然水体中原本的放射性物质一般不会对生物造成危害，但是当过量的放射性物质人为排放到水体中后，它们可通过饮水和食物链进入人体，蓄积在组织内。放射性物质释放的α射线、β射线和γ射线会杀伤组织细胞，导致贫血、白血球增生等，严重时可造成遗传变异和癌症。

3）悬浮固体

水体受悬浮固体污染后，浊度增加、透光性减弱，从而影响水生生物的光合作用，抑制其生长繁殖，进而妨碍水体的自净能力。同时，悬浮固体可能堵塞鱼鳃，导致鱼类的窒息死亡。有机悬浮固体在被微生物代谢时会消耗掉水体中的溶解氧。悬浮固体中的可沉固体沉积于河底，造成底泥积累与腐化，使水体水质恶化。悬浮固体可作为载体，吸附其他污染物质，使污染随水流迁移。

9.2.1.2　化学污染物

1)无机无毒污染物

无机无毒污染物主要指排入水体中的酸、碱及一般的无机盐类。

工业废水排放的酸、碱,以及降水淋洗受污染空气中的二氧化硫和氮氧化物所产生的酸雨,多会使水体受到酸、碱污染。酸、碱进入水体后,互相中和产生无机盐类,同时又会与水体存在的地表矿物质(如石灰石、白云石、硅石)以及游离二氧化碳发生反应,产生无机盐类,故水体的酸、碱污染往往伴随着无机盐污染。酸、碱污染有时会使水体的 pH 值发生变化。当水体 pH 值小于 6.5 或大于 8.5 时,微生物生长即受到抑制,水体的自净能力受到影响。同时,酸、碱污染还会影响渔业生产,严重时还会腐蚀船只、桥梁及其他水上建筑。

在化学污染物中还有一类植物性营养物。植物性营养物主要指含有氮磷等植物所需营养物的无机、有机化合物,如氨氮、硝酸盐、亚硝酸盐、磷酸盐及含氮和磷的有机物。当这些物质大量排入湖泊、水库、河口和海湾等处的缓流水体时,常造成水中营养物质过剩,使藻类大量繁殖、水中溶解氧含量迅速下降,导致鱼类等水生生物大量死亡,从而产生水体富营养化现象。当水体出现富营养化时,大量繁殖的浮游生物往往使水面呈现红色、棕色、蓝色等颜色,这种现象发生在海域称为“赤潮”,发生在江河湖泊则叫做“水华”。水体富营养化不仅会使水质恶化,影响景观,同时藻类还会堵塞鱼鳃,造成鱼类窒息死亡。更为严重的是,死亡的藻类和其他生物的残体在腐烂过程中,又会把氮、磷等营养物质释放入水体,使富营养化加剧。因此,即使切断外界营养物质的来源,富营养化的水体也很难自净恢复到正常状态。死亡的藻类和其他生物不断沉积于水体底部,逐渐淤积,最终将导致水体演变成沼泽甚至旱地。此外,无机盐污染还可使水体硬度增加,降低水资源的利用价值。

2)无机有毒污染物

根据《中华人民共和国水污染防治法》对有毒污染物的说明,有毒污染物指那些直接或者间接被生物摄入体内后,导致该生物或者其后代发病、行为反常、遗传异变、生理机能失常、机体变形或者死亡的污染物。这类污染物都具有明显的累积性,可使污染影响持久和扩大。最典型的无机有毒污染是重金属,但也包括砷(As)等非金属元素。表 9-4 列出了水生生物对常见无机有毒污染物的平均富集倍数(以水中的含量为 1 个单位计)。这些毒性物质被水生生物富集后,经食物链进入人体。

表 9-4　水生生物对常见无机有毒污染物的平均富集倍数

重金属	淡水生物			海水生物		
	淡水藻	无脊椎动物	鱼类	海水藻	无脊椎动物	鱼类
汞	1000	100000	1000	1000	100000	1700
镉	1000	4000	300	1000	250000	3000
铬	4000	2000	200	2000	2000	400
砷	330	330	330	330	330	230
钴	1000	1500	5000	1000	1000	500
铜	1000	1000	200	1000	1700	670
锌	4000	40000	1000	1000	100000	2000
镍	1000	100	40	250	250	100

3）有机无毒污染物

有机无毒污染物主要指耗氧有机物，耗氧有机物导致的水污染是我国最普遍的一种水污染。天然水中的本底有机物一般是水中生物生命活动的产物。人类排放的生活污水和大部分工业废水中都含有大量有机物质，其中主要是耗氧有机物（如碳水化合物、蛋白质、脂肪等）。这些物质的共同特点是：没有毒性；进入水体后在微生物的作用下，最终可以分解为简单的有机物质。在微生物氧化分解有机物质的过程中，需要消耗水中的溶解氧。因此，这些物质过多地进入水体，会造成水体中溶解氧严重不足直至耗尽，从而使水质恶化，并对水中的生物生存产生影响与危害。除了耗氧有机物外，有机无毒污染物中的油类污染物也是对水体质量影响较大的一类污染物。

4）有机有毒污染物

有机有毒污染物多为人工合成物质，它们种类多，化学性质稳定，难于自行分解，其中危害最大的是有机氮化合物和多环芳烃化合物。

到目前为止，已被使用的有机氮化合物达几千种，其中污染广泛、引起普遍关注的是多氮联苯和有机氮农药。多氮联苯是一氮联苯、二氮联苯、三氮联苯等的混合物，它在鱼、贝等水产品体内积累浓度可为水中该物质浓度的几万甚至几十万倍。多氮联苯进入人体后，不易排泄，易蓄积在脂肪组织和器官内，并且含氮原子越多的多氮联苯毒性越大，蓄积量越多。其危害表现为影响皮肤、神经、肝脏，破坏钙的代谢，导致骨骼、牙齿的损害，并有亚急性、慢性致癌和致遗传变异等可能性。有机氮农药（如六六六）是疏水亲油物质，很难分解，水生生物对其有很强的富集能力。它们通过食物链进入人体后，蓄积在脂肪含量高的组织内，损害神经系统和肝、肾的功能，并有致癌、致突变作用。

9.2.1.3 病毒微生物污染物

病毒微生物污染物主要是指水中含有的各种细菌、病毒和寄生虫等各类病原菌。各类水体是微生物广泛分布的天然环境，大多数的微生物对人体无害，但不少病原微生物可通过粪便、污水和垃圾等进入水体，从而有可能导致传染病的暴发流行，对人类健康造成极大的威胁。这种经水传播的疾病，称为水致传染疾病，主要是肠道传染病，如伤寒、霍乱、痢疾等。

9.2.2 水体自净与水环境容量

水体自净是指水体受到污染后，由于物理、化学、生物等因素的作用，污染物的浓度和毒性逐渐降低，经过一段时间，恢复到受污染以前状态的自然过程。图 9－4 所示湿地为典型水体自净环境。水体自净过程复杂，受多种因素的影响，按其净化机理，可分为三种情况：

（1）物理净化：物理净化是指通过污染物在水中的混合、稀释、扩散、挥发、沉淀等作用，使水体得到一定程度净化的过程。物理自净能力的强弱取决于污染物自身的物理性质（如密度、形态、粒度等）以及水体的水文条件（如温度、流速、流量等）。物理容量大的河段起着重要作用。

（2）化学自净：化学自净是指水体中的污染物质通过氧化、还原、中和、吸附、凝聚等反应，浓度降低的过程。影响这种自净能力的因素有污染物的形态和化学性质、水体的温度、氧化还原电位、酸碱度等。

（3）生物化学自净：生物化学自净是指进入水体的污染物，经过水生生物的吸附、降解作用，浓度降低或转变为无害物质的过程。生物化学自净过程进行的快慢和程度与污染物的性质和数量、微生物种类及水体温度、供氧状况等条件有关。

图9－4　湿地

水体自净能力是有限度的，当超过自净能力时就会造成或加剧水体污染。所以，研究和掌握水体的自净规律，对充分利用水体的自净能力，确定排入水体的污水的处理程度，经济、有效地防止水体污染具有十分重要的意义。

水环境容量是指在满足水环境质量标准的条件下，水体所能接纳的最大允许污染物负荷量，又称水体纳污能力。水环境容量一般包括两部分，即差值容量与同化容量。水体稀释作用属差值容量，生物化学作用称同化容量。

地表水体对某种污染物的水环境容量可用下式表示：

$$W = W_1 + W_2 = V(C_s - C_b) + W_2$$

式中　W——某地表水对某污染物的水环境容量，kg；

W_1——某地表水体对某污染物的差值容量，kg；

W_2——某地表水对其污染物的同化容量，kg；

V——该地表水体的体积，m^3；

C_s——某污染物地面水的环境标准值，mg/L；

C_b——该地表水中某污染物的环境背景值，mg/L。

可见，水环境容量既反映了满足特定功能条件下水体对污染物的承载能力，也反映了污染物在水环境中的迁移、转化、降解、消亡规律。当水质目标确定之后，水环境容量的大小就取决于水体对污染物的自净能力。

9.3　水体污染防治途径

9.3.1　提高水资源利用率

提高水资源利用率不但可以增加水资源，而且可以减少污水排放量、减轻水体污染。为了提高水资源的利用率，可以从以下三方面来进行。

9.3.1.1　提高农业灌溉用水率

目前我国农业灌溉年用水量约为 $4.0\times10^{11}m^3$，占全国总水量的 75%（若考虑农业生活用水则占 80%～85%）。农业灌溉用水率从整体上决定着全国水资源的使用效率。应当说，近年来我国农业节水工作有相当大的进展。这主要表现在两个方面：一是投入增加；二是研究、推广新的节水灌溉设备及技术的力度大大增强。

但是，节水灌溉仍处于起步阶段，农业生产中对水资源的使用仍相当粗放，浪费水资源的现象仍相当严重。我国目前灌溉用水有效利用率仅为 30%～40%，发达国家为 70%～80%；我国农作物水分生产率平均为 $0.87kg/m^3$，发达国家一般为 $2kg/m^3$，而以色列为 $2.32kg/m^3$。据调查，当前我国 98% 的灌溉面积仍以传统的地面自流灌溉为主，渠道只有 1/5 进行了防渗衬砌，渠系渗漏年损失量达 $1.3\times10^{11}m^3$，占总损失水量的 70% 以上。目前全国自流灌区灌溉水的利用系数一般为 0.3～0.4，而发达国家为 0.7～0.9。我国平均毛灌溉为 $945\sim975m^3/km^2$，东北及内陆地区高达 $1050\sim1500m^3/km^2$。在宁夏省的一些地区水稻田的水需求量甚至达 $3000m^3/km^2$。

为了提高农业灌溉用水利用率，在有条件的地区可以应用以色列已经广泛使用的喷灌和滴灌技术。不管是喷灌还是滴灌，都采用密封的输水管道系统，这样就使得水在输送过程中，蒸发或渗漏的损失极小。喷灌和滴灌都使用电脑控制，事先编好程序，由计算中心调控，按照确定的给水量、给水时间、养料配比，实行最佳自动灌溉。据估算，如果科学地发展节水农业，到 2030 年我国灌溉水的利用系数可达到 0.6～0.7，水分生产率可达到 $1.5kg/m^3$，农业灌溉用水利用率可提高 0.3。按现状我国农业灌溉年用水量约 $4.0\times10^{11}m^3$ 计算，则可节水 $1.2\times10^{11}m^3$，可增产 1.2×10^8t 粮食。

9.3.1.2　提高工业用水利用率

我国工业用水利用率效率不高、用水严重浪费的现象也普遍存在。我国主要工业行业用水水平明显低于发达国家（我国工业万元产值用水量为 $103m^3$，美国为 $9m^3$，日本为 $6m^3$）。我国炼钢等生产过程的单位耗水量，比国外先进水平高几倍甚至几十倍。此外，目前我国城市工业用水重复利用率在 30%～40% 之间，与日本等发达国家仍相差较远，其他工业化国家用水量重复利用率基本上在 70%～90% 之间（不含电力）。

当然，提高工业用水利用率不是无限的。一般来讲，工业用水利用率越高，节水投资越大（节水投资几乎呈指数递增）。提高工业用水率最终要受到经济财力的制约而无潜力可挖。

9.3.1.3　提高城市生活用水利用率

我国多数城市自来水管网的跑、冒、滴、漏损失，至少达总城市生活用水量的 20%，家庭生活用水浪费现象十分普遍。因此，城市生活用水的节水潜力也很大，据调查大约有 1/3～1/2 的潜力可挖。对于全国城市供水管道而言，如果管道的漏失率下降 1%，则全国少漏失的水量足够一个大城市的居民生活用水，相当于建成一个日供水几十万吨的大型给水工程。此外，尽管随着社会经济发展，人均生活用水量是逐步上升的，但其主要在于厕所冲洗、洗浴用水等。对于现代城市家庭，厕所冲洗水和洗浴用水一般占家庭生活用水总量的 2/3。厕所冲洗节水方式主要有两种，一种是中水道系统，利用再生水系统；另一种是选用节水型抽水马桶，这样可比使用传统型抽水马桶节省用水 2/3 左右。采用节水型淋浴头，可以节约大量洗浴用水。此外，新型控水阀门有自动延时关闭功能，可杜绝长流水，在阀门上装设节流塞等节水效果也很明显。

9.3.2　发展城市污水资源化

水是不可替代的自然资源，但可以再生。城市污水资源化既可缓解水供需矛盾，又可减轻水污染。所以,污水资源化是实现水可持续利用的重要途径之一。

目前,在我国至少有三种再生利用方式,即住宅和公共建筑实行中水道系统,工厂使用再生冷却和绿地用水使用再生水。但难点在于:现行自来水价较低,再生水无价格优势;建设中水道系统无政策优惠,增加房地产经营单位投资;城市建设污水处理厂资金来源难,运行资金来源更难。为促进污水资源化和再生利用,缺水城市要统筹规划供水、排水和处理系统,制定相应的政策法规,实行"半强制性"分质供水。

9.3.3 开展流域性水污染防治

所谓水污染的流域性防治,是指公共和私人部门相协调,按水文地理划分区域,综合考虑地表和地下水流,针对优先要解决的水污染问题,对水污染所做的各种努力。

流域水污染给工业、农业、渔业和人体健康造成重大的损失,严重危害了人类的生命和生活,不少地方水污染已成为制约国民经济、社会发展的重要因素之一。此外,由于流域的河流、湖泊都是以跨诸多行政区为地理特征的,一旦发生污染,跨地区污染破坏和污染纠纷便成为一个普通存在的突出问题。这一问题会造成地区之间、群众之间的矛盾,影响社会的稳定。

"三河三湖"(即淮河、海河、辽河和太湖、巢湖、滇池)流经我国人口稠密的聚集地,这些重点流域的水污染治理事关我国接近半数的省市社会经济发展以及人民群众的生活质量。为此,在1996年全国人大通过的《国民经济和社会发展"九五"计划和2010年远景目标纲要》中,"三河三湖"的水污染防治被列为"九五"期间我国环保工作的重点。在《国家环境保护"十五"计划》中又决定继续推进"九五"期间确定的"三河三湖"水体污染防治工作。自"三河三湖"流域水污染防治计划实行以来,流域内各级地方人民政府和国务院有关部门进一步加大了工作力度。通过产业结构调整、工业污染治理、推行清洁生产、建设环保城市等综合措施,各流域水质基本保持稳定,水质恶化趋势基本得到遏制。

9.3.4 因地制宜发展污水处理技术

据《2002年中国环境状况公报》统计分析,2002年全国工业和城镇生活废水排放总量为$4.395\times10^{10}m^3$,其中工业废水排放量为$2.072\times10^{10}m^3$,城镇生活污水排放量$2.323\times10^{10}m^3$,工业和城镇生活废水是造成地表水水体污染的主要来源。因此,城市污水处理厂建设成为我国水污染防治大的重要途径。

到2000年底,我国已建成城市污水处理厂427座,污水处理率只有25%。大量未经处理的工业、生活污水直接排入了流经城市或城市下游的河流,使全国1/3以上的河段受到污染,全国64%的城市河段为4类或5类水质。污水处理厂建设缓慢的首要原因是资金短缺,为此应根据我国国情,因地制宜发展符合我国国情的污水处理技术。

对应我国水资源紧缺、水资源在时空分布上不均衡、各地经济发展上存在差异的现状,在污水处理技术的选择上应采取不同的对策。

在南方地区,根据水环境容量相对充沛的特点,应科学地利用大江、大海的自然净化能力。通过论证,在初级处理的基础上,应发展城市污水排海、排江工程。还可利用南方小河、小湖纵横交错的优势,合理规划、科学布局,适当发展一些氧化塘、氧化沟、氧化湖和脱氧除磷技术。

在北方和中部地区,水资源短缺是突出的矛盾,应以污水资源化为重点,发展污水资源的二次利用、多次利用、重复利用。位于北方和中部地区的城市应以污水回用为目标,对城市排水管网和污水处理厂的设置做相应的调整,并发展以二级生物处理为主的处理工艺。

在西部高原干旱、半干旱地区,主要应发展改善生态的措施和发展一些污水资源化技术及土地处理技术。

此外,大、中、小城市的对策也应不同,不能脱离当地经济条件和环境条件。

本章总结

水是生命之源,是人类生存与发展的生命线,没有水就没有人类的一切。能被人类利用的水资源主要是湖泊水、河流水、土壤湿气和埋藏相对较浅的地下水。人类的不合理的利用会导致水污染。水污染是指水体中因某种物质的介入,而导致其化学、物理、生物或者放射性等方面特性的改变,从而影响水的有效利用,危害人体健康或者破坏生态环境,造成水质恶化的现象。

复习思考

1. 简述中国水资源的主要特点及现状。
2. 简述我国水体的污染及主要污染物。
3. 简述水体自净能力与水环境容量。
4. 简述水体污染防治的途径。

思维拓展

根据我国水资源特点,有近一半的人口、近2/3 的土地和1/2 的经济的北方处于缺水的状态中。我国最缺水的是华北地区,请查阅南水北调工程的相关资料,分析南水北调工程的必要性与技术手段。

拓展阅读

[1] 鞠美庭,等. 环境学基础. 北京:化学工业出版社,2004.

[2] 马永胜,等. 水资源保护理论与实践. 北京:中国水利水电出版社,2009.

[3] 秦大河. 全球水循环和水资源. 北京:气象出版社,2005.

[4] 朱铁铮. 20 世纪中国河流水电规划. 北京:中国电力出版社,2002.

10　我国土壤资源与土地污染

土壤资源是指承担农业、林业、畜牧业生产和再生产的各类土壤的总称,属固定性自然资源,为国土的主要组成部分,也是不可代替的生产资料。陆地表面的土壤资源数量是有限的。因此,对土壤资源的统计、分类和评价分级等历来受到人们的重视。早在春秋战国时期,《尚书·禹贡》中就对土壤生产力的评价和土地利用方法进行了论述。17 世纪后,在西欧出现了土宜分类法。19 世纪中叶,俄国沙皇为了征收土地税,曾委托土壤学家 B. B. 多库恰耶夫对其境内的黑钙土进行了分类和分级,以此作为制定税收等级的依据。20 世纪 30 年代末,美国政府颁布 8 级制地力分类系统,它根据土壤适宜范围的宽窄、适宜程度的高低和限制因素的类型划分出土地潜力级、潜力亚级和潜力单位,现今仍为世界各国广泛采用。20 世纪 70 年代以来,联合国粮农组织提出了标准化的土地评价体制,其特点是:在美国制的基础上,扩大地力分类系统,增加一级单元,成为 4 级系统;此外还在土壤资源的基本概念和评价程序方面,提出了许多新的建议。我国全国范围的土壤资源调查和编制全国 1:1000000 土地资源图的工作也已进行。

10.1　世界土壤资源概况

据联合国粮农组织估计,全世界现有耕地约占地球陆地总面积的 10%,其中以俄罗斯、美国、加拿大、印度和中国等国的耕地面积较大。但由于社会和自然原因,世界土壤资源的数量和质量正在不断下降,主要表现在以下几方面:

(1)土壤肥力下降。就全世界而言,投资少、产量高的耕地面积小于投资高、产量低的耕地面积,其比例为 4:6。

(2)土壤严重退化。是土壤盐碱化、沙化、沼泽化和受化学污染的情况日益严重。至 2009 年底,良田仅占世界土地总面积的 11%,干旱土壤占 28%,薄层粗骨土壤占 22%,沙化、盐化土壤占 23%,渍水冷冻土壤占 6%,其他占 10%。

(3)土壤遭受侵蚀。世界每年因森林砍伐而引起侵蚀的土地面积达数亿亩。

(4)农田被侵占。每年约有数千万亩农田被工业、交通运输业等侵占。

10.2　我国土壤资源概况

我国的陆地面积约为世界陆地面积的 6.4%,亚洲大陆面积的 22.1%。全部国土从北到南横跨不同的热量带,其土壤资源具有三大特点。

(1)土壤类型多且资源丰富。我国的土壤可分 46 个土类,130 多个亚类,各自具有不同的生产力和发展农、林、牧的适宜性。

(2)山地土壤资源多。我国各种高山和山地丘陵的土壤资源占国土面积的 65% 以上,多宜于发展多种经济林木。

(3)耕地面积小。我国现有耕地约 $1\times10^{12}\,m^2$,占总土地面积的 10% 左右,尚不及世界耕地面积的 7%。我国人均耕地面积仅 $1000m^2$,低于世界人均水平。概括而言,全国可供农、林、牧生产的用地约占整个国土面积的 60% 左右。

10.2.1 农业土地资源

农业土壤资源指耕地和宜垦地，主要分布于我国东半部的大平原和三角洲。这些地区地形平坦、雨量充沛、冷热适宜，土壤养分储量和土层厚度均能满足作物或经济林木生长的需要。东部平原地区的土壤类型多属由草甸土或沼泽土起源的耕种土壤。东部丘陵和山地的土壤类型，自北而南为黑土、棕壤、褐土、黄棕壤、黄褐土、红壤、砖红壤等，此类土壤大多经开垦熟化而成各种耕种土壤，肥力较高，也是中国土壤开发利用历史悠久的地区。但由于中国疆土从北到南的水热条件差异大，因而有可能出现不同的利用类型。如在秦岭—淮河一线以北地区农业土壤资源的利用类型以旱地为主，该线以南地区则水田居多。我国西半部因丘陵和山地面积大，并受寒冷、干旱、侵蚀以及盐害等因素的影响，农业土壤资源较少，除四川盆地和陕西渭河谷地、汉中盆地耕地比较集中外，一般分布极为分散。但在云贵高原地区，某些山间小盆地却常是农业土壤资源高度集中的地方。西部地区的耕种土壤以秦岭为界，其北主要起源于黑垆土、褐土、灰钙土和漠境土壤，其南主要起源于黄褐土、紫色土、黄壤、红壤、砖红壤以及在各种沉积物上发育的草甸土。农业土壤资源不仅在很大程度上决定着所能获得的生物产品的种类、质量和数量，而且在一定程度上影响整个国民经济的发展。

我国目前的宜垦荒地多集中于高纬度寒冷的东北地区和干旱缺水的西北地区，土壤生产力较低，进行疏干沼泽、排除盐碱、防止水土流失或防风固沙等措施要付出较大的投资。因此，农业土壤资源的利用目前仍以提高现有耕地的单位面积产量为主，措施包括重视养地，不使土壤肥力下降，并加强水土保持、防止土壤侵蚀等。

10.2.2 林业土壤资源

林业土壤资源是指林地及宜林地。我国的林业土壤资源主要分布于暗棕壤为主的东北地区的大、小兴安岭和长白山地，以红壤、砖红壤为主的江南丘陵地、云南高原以及以棕壤、黄棕壤为主的川西、藏东高原的边缘山地。全国森林面积为 $1\times10^6 km^2$（1986），森林覆盖率仅占国土面积的12%，远远低于世界平均森林覆盖率的水平，且分布极不平衡。许多地方由于森林植被破坏，气候干燥，土壤缺水，侵蚀严重，抗旱、涝灾害的能力也大为降低。因此，加强对现有森林的经营管理，合理采伐，做好林木的抚育更新工作，并在宜林的荒地大力造林，是保护和发展林业土壤资源的主要途径。

10.2.3 牧业土壤资源

牧业土壤资源是指牧场和草地，占国土总面积的近40%，主要分布在以黑钙土、栗钙土、灰钙土为主的内蒙古、宁夏、甘肃、青海等地以及以高山、亚高山草甸土、草原土为主的青藏高原东部、川西高原和新疆地区山地。在新疆地区的低平区域，黑钙土、栗钙土、棕钙土、灰钙土、灰漠土、风沙土以及草甸土、沼泽土等也是重要的牧业土壤资源。上述几大牧区中的绝大部分具有优良的草原，适宜放牧多种畜群。在条件较好的地区，已采取草场灌溉、施肥、培育人工牧草和改善天然牧草组成等改良措施，以提高牧业土壤资源的生产力。

10.3 土壤污染的状况及原因

土地污染是指各种有机物、污染物通过不同方式进入土地，并在土壤中积淀，从而破坏土壤生物群体组成、破坏土壤结构，当其数量日渐增多，超过土地自我调节阀值，便使土地生态平衡被破坏,土地生产力下降。土地污染大致可分为重金属污染、农药和有机物污染、放射性污染、病原菌污染等多种类型。我国的土地污染较为严重,特别是耕地污染严重。目前,全国有1/5耕地受到重金属的污染,耕地的重金属污染、有机污染、农用化学品污染等已导致农业产品的品质和产量下降,每年至少造成数百亿的直接经济损失。我国土地污染的状况及具体原因主要有以下几方面:

(1)来自工矿业废水的灌溉。目前我国工矿业日排放污水超过 1×10^8t,每年工矿业废水总量约有 600×10^8t 之多,相当于我国第二大河流黄河一年的流量。更严重的是,80%以上的污水未经任何处理便流入江河湖海。此外,城市生活每年产生大量废水,农村小造纸、小化工、小制革厂、小染料厂等"十五小"企业每年也产生大量废水。由于水资源严重污染,引用受污染的水资源或污水灌溉,必然造成严重的耕地污染。据报道,目前我国受镉、砷、铬、铅等重金属污染的耕地面积近 2000km^2,其中工业"三废"污染耕地 100000km^2,污水灌溉的农田面积已达 $3.3\times10^8\text{km}^2$。

(2)来自酸雨的危害。大多数植物适合在中性的土壤环境中生长,酸雨使土壤呈酸性,致使土壤肥力严重下降,日渐贫瘠。此外,酸雨还能阻碍土壤微生物繁殖,降低酶活性,进一步影响植物生长。我国是世界上受酸雨危害严重的地区之一,仅次于欧洲和北美,每年因酸雨造成经济损失达140亿元。现在酸雨区已由20世纪80年代的西南局部地区发展到西南、华中、华南、华北地区,超过了国土面积的40%。

(3)化肥和农药的过量滥用。现代农业过分依赖化肥、农药以获得高产,其带来的恶果是土壤有机物质降低、肥力下降、板结变硬,农产品品质也随之降低。我国单位耕地面积化肥施用量超过世界平均用量的3倍,单位耕地面积农药施用量也高出美国1倍,而化肥和农药的施用量每年还在无节制地增加。据统计,我国遭受化肥和农药污染的耕地有 130km^2。

(4)来自工矿业固体废物和城市生活垃圾。多年来,由于环境保护意识薄弱,加上工业技术落后、资金不足,致使我国的工矿业废渣和生活垃圾堆积如山,造成大量土地污染和破坏。其中,一是矿山建筑设施及废石、废渣、尾矿占用和污染了大量土地;二是城市生活垃圾堆放占用了大量土地,造成土地污染。很大一部分固体废物含有有毒物质,在雨水的作用下,渗入土地,滞留于土壤或与土壤发生一系列生化反应,严重破坏土壤的理化性质,甚至杀死土壤中的微生物,破坏土壤内部的生态系统。所以,在垃圾厂周围,地力普遍下降,农作物减产绝收。据统计,全国受固体垃圾污染的农田有 200km^2。

10.4 土地污染的危害

首先,土地污染造成严重的直接经济损失。农地污染直接破坏农业生产所依靠的土地的生产力,导致许多农田减产甚至绝产。有关专家说,我国每年因土地污染造成的直接损失相当于同期国民生产总值的1%。如果算上间接损失,这一比例还将大大提高。

其次,土地污染危害人体健康。土地污染会使污染物在植(作)物体中积累,并通过食物链富集到人体和动物体中,危害人畜健康,引发癌症和其他疾病等。

最后,土地污染导致其他环境问题。土地受到污染后,含重金属浓度较高的污染表土容易在风力和水力的作用下分别进入到大气和水体中,导致大气污染、地表水污染、地下水污染和生态系统退化等其他次生生态环境问题。

10.5 土地污染的防治

尽管我国的土地污染问题很突出，但是目前对土地污染问题并没有像对大气污染和水污染那样重视。因此，国家和有关管理部门对土地污染问题应采取法律、经济、行政和技术等各项措施，积极进行防治，主要体现在以下几个方面：

(1)加强宣传，增强公众土地环保意识。人们对土地污染防治重视较差的主要原因之一是对土地污染的危害意识不足。土地污染影响和破坏土地可持续利用、污染生物产品、危害人体健康、恶化生活环境等，对此必须进行广泛的宣传教育，提高各部门、各阶层人士对土地污染的危害的认识。通过增强公众土地环保意识和观念，高度重视土地污染的防治工作，使防治土地污染成为一种自觉行为。

(2)健全土地污染防治法制，加大执法力度。目前我国与土地污染防治有关的法律法规有《宪法》、《环境保护法》、《水污染防治法》、《固体废物污染环境防治法》、《土地管理法》、《基本农田保护条例》等。为了有效防治土地污染，应制定《土地污染防治法》，以加强对土地污染防治的监督管理，要对污水灌溉、工矿废弃物、城市生活垃圾、化肥农药、酸雨以及土地等的污染防治做出法律规定，通过法律手段有效防治土地污染。

(3)实行污染者付费和污染经济补偿制度。首先，加快排污费改革步伐。要将排污费收费标准逐步提高到高于污染治理成本的水平，改变收费结构，对排污费的征收、使用、监督进行规范化管理等；其次，对危害健康和污染环境的产品开征生态税；第三，对有利于水环境保护的领域实现减免税收政策；最后，研究探讨水环境保护的区际利益补偿机制（如我国江河上游大多位于经济欠发达地区，有时为了保护下游水环境可能要放弃某些产业的发展，为此，中、下游地区可通过财政转移支付方式对上游地区进行利益补偿，促进流域上、中、下游间积极预防和治理水污染）。

(4)采取各项技术措施，积极预防土地污染。治理土地污染目前还是一个世界性的难题。专家认为，目前防治土地污染的最有效办法是不污染土地。因此，应采取各项技术措施，预防土地污染发生。第一，加快城镇污水处理厂及其配套工程的建设，提高城镇污水处理率；第二，采取有效措施，防止固体废弃物污染土地；第三，推广科学的施肥方法和栽培技术，开发和引进高效低残留的新型农药，并推广以虫治虫的农作物病虫害防治技术，大幅度减少农药使用量。

(5)利用行政手段，加强政府治污。首先，要制定土地污染防治的定量考核目标，落实各级政府治理土地污染的责任；其次，各级地方政府要组织制定本行政区土地污染规划，合理保护和治理辖区内的土地环境；最后，各级政府要以产业结构调整促进土地污染防治工作的开展，将区域产业结构和产业布局调整纳入经济发展与土地污染防治的综合决策。其中我国土地污染防治特别要以关、停“十五小”企业为重点，对无法做到达标排放的重点污染“十五小”企业强制实行关、停、并、转，减少污染物排放总量。

(6)加强土地污染的调查和监测工作。在通过调查摸清我国土地污染总体状况的基础上，研究适合我国国情的土地环境质量评价标准，建立土地污染监测制度，制定我国土地污染防止和治理的战略和措施，实现我国土地资源可持续利用。

本章总结

土壤资源是指承担农业、林业、畜牧业生产和再生产的各类土壤的总称,属固定性自然资源,是国土的主要组成部分,也是不可代替的生产资料。土地污染是指各种有机物、污染物通过不同方式进入土地并在土壤中积淀,从而破坏土壤生物群体组成、破坏土壤结构,当其数量日渐增多,超过土地自我调节阀值,便使土地生态平衡被破坏,土地生产力下降。

复习思考

1. 什么是土壤资源? 试述中国土壤资源概况。
2. 试述土壤污染的状况与原因。
3. 土地污染的危害与防治。

思维拓展

随着人口的增长,我国农村人均占有耕地面积持续减小。请查阅文献资料,分析研究当地农村地区人均占有情况与土地污染。

拓展阅读

[1] 黄成敏. 环境地学导论. 成都:四川大学出版社,2005.

[2] 毛昆明,张乃明,郑毅. 土壤地质环境与农业资源利用. 北京:中国农业科学技术出版社,2007.

[3] 潘剑君. 土壤资源的调查与评价. 北京:中国农业出版社,2004.

[4] 赵烨. 环境地学. 北京:高等教育出版社,2007.

11 矿产资源开发与地质环境

11.1 矿产资源的基本概念及特征

11.1.1 矿产资源的基本概念

矿产资源指经过地质成矿作用，使埋藏地下或出露地表、具有开发利用价值的矿物或有用元素的含量达到具有工业利用价值的集合体。矿产资源是重要的自然资源，是社会生产发展的重要物质基础，现代社会人们的生产和生活都离不开矿产资源。矿产资源属于非可再生资源，其储量是有限的，通常可分为金属矿产、非金属矿产和能源矿产，本章主要说明前两类。目前，世界上已知的矿产有1600多种，其中80多种应用较广泛。截至2006年初，我国已发现了173种矿产资源，查明有资源储量的矿产159种，其中能源矿产10种、金属矿产54种、非金属矿产92种、水气矿产3种。矿产资源的勘查开发利用，有利地支撑和促进了国民经济的持续增长。统计数字显示，我国约有95%的一次能源，80%的工业原料，70%以上的农业生产资料和30%以上的农田灌溉用水及1/3人口的饮用水都来自于矿产资源。但不可否认的是，矿产资源的勘查开发利用对人类环境会产生巨大的负面影响。

11.1.2 矿产资源的特征

矿产资源主要来自大陆地壳，其次来自于海水和湖水，极少数来自于大洋地壳。矿产资源是在漫长的地质过程中形成的，其形态有固态（多数矿产）、液态（石油、汞矿）和气态（天然气），这就决定了矿产资源的社会经济属性。矿产资源一般具有以下四方面的特性：

（1）矿产资源的不可再生性：有用元素或有用矿物的富集是在地壳中经过几千万年甚至几亿年的地质过程生成的。可是现代人类利用和开采矿产资源的速度却是相当惊人的，往往在几年、十几年、几十年的时间内就可以把一个大矿采挖一空。所以矿产资源相对于人类社会的发展而言是不可再生，不可更新的。在科学技术不断发展的条件下，人类以惊人的速度对矿产资源的综合利用率，扩大矿产的种类和范围，寻找到更多的矿产替代品，可以适当地延长某些矿产资源的枯竭期限。

（2）矿产资源分布的不均衡性：矿产资源在地球上的分布是极不均匀的，世界各地矿产资源盈缺不一、贫富不均，金属矿产资源常常分布在人烟稀少的山区，而在人口稠密的平原和城市地区一般是没有金属矿床的。据统计，全世界（除中国外）29种矿产中有19种，其3/4的产量都集中分布在5个以下的国家或地区。由于矿产资源空间分布的不均衡，造成了一些国家某些矿产资源很丰富而缺乏另一些矿产资源，另一些国家或地区富有的矿产资源又可能是别国短缺的资源，这就必然产生国家或地区之间矿产资源的交流贸易问题，这也正是造成历史上和当今时代某些发达的大国对弱小国家和第三世界国家进行资源掠夺的客观原因。

（3）矿产资源的数量与产量的不确定性：矿产资源绝大多数隐伏在地面以下，这些不同形态的矿体矿脉的储量只能根据地质条件间接地加以推测，其数量误差往往较大，就是钻探、物探等勘探方法，也很难把不规则的复杂矿体搞清楚。这种复杂性给矿产资源的寻找和勘探造成了很大的困难，需要投入大量的资金和时间；矿产资源的不确定性又使矿产资源的开发、投资具有一定的风险性。

（4）矿产资源的共生与伴生性：矿产资源通常具有多种组分共生或伴生的特点。有的矿产是由若干种平均含量相当的元素或矿种组成的，称为共生。多数情况下是以某一元素或矿种为主，另有若干种相对含量较少的矿种或元素组合在一起，称为伴生。

11.2 矿产资源的种类与成因

11.2.1 矿产资源的种类

按矿产的性质和工业用途，可将矿产分为金属矿产、非金属矿产和可燃有机矿产。本书把可燃有机矿产划归能源类型，将在下一章详细论述。

11.2.1.1 金属矿产

可从中提取某种金属元素的矿产资源称为金属矿产，示例见图11－1、图11－2、图11－3。按工业用途金属矿产可分为以下几种：

图11－1 辉锑矿

图11－2 硫砷铜矿

（1）黑色金属矿产：如铁、锰、铬、钒、钛等；

（2）有色金属矿产：如铜、铅、锌、铝、镁、镍、钴、钨、锡、钼、铋、锑、汞等；

（3）贵金属矿产：如金、银、铂等；

（4）放射性金属矿产：如铀、钍、镭等；

（5）稀有、稀土和分散金属矿产：如钽、铌、锂、铍、镓等。

图11－3 方铅矿

金属矿产是现代工业的重要支柱。黑色金属矿产中的铁矿是钢铁工业最基本的原料；有色金属矿产中的铜、铅、锌广泛用于电气工业、机械制造、化学工业及国防工业的各个方面；贵金属矿产中的金是货币的代表，在工业上也有很广泛的用途。

金属矿产可供工业使用的主要是金属元素。这些元素的克拉克值通常比较低，它们必须通过成矿作用才能富集成具有工业开采价值的矿石。许多矿物都含有金属元素，但只有其中的某些矿物才具有工业价值。如开采铁的矿物只有磁铁矿、赤铁矿、褐铁矿、菱铁矿4种，适合开采金的矿物主要是自然金、银金矿、碲金矿3种。

目前世界上已探明的金属矿产有59种，工业上应用最广泛的有铁、铜、铅、锌、金、钨等。

金属矿产资源在地理上的分布是不均衡的。如铁矿主要分布在原苏联地区、巴西、加拿大、澳大利亚和美国，铜矿主要分布在智利、美国、原苏联地区、赞比亚和加拿大，金矿主要分布在南非、原苏联地区、美国和澳大利亚。

我国已探明的金属矿产有50多种，其中钨矿、锡矿的储量分别列世界的第一、二位。我国金属矿产在分布上也不均衡。如铁矿主要分布在辽宁、冀东、川西等地，铜矿主要分布在川滇、西藏昌都、山西中条和长江中下游等地区，铅锌矿主要分布在南岭、川滇和秦岭一带，金矿主要分布在山东、青海等地，钨矿主要分布在南岭地区。

11.2.1.2　非金属矿产

可以提取非金属元素及其化合物或可以直接利用的非金属矿物及其集合体的矿产资源，称为非金属矿产，其中几种如图11－4所示。工业上除少数非金属矿产是用来提取某些非金属元素（如硫和磷等）之外，大多数非金属矿产是直接利用矿物或矿物集合体的某些物理、化学性质和工艺特性。如金刚石大多数是利用它的硬度和光泽，云母是利用其透明度和绝缘性，水晶是利用它的光学和压电性能等。非金属矿产按工业用途可分为以下几种。

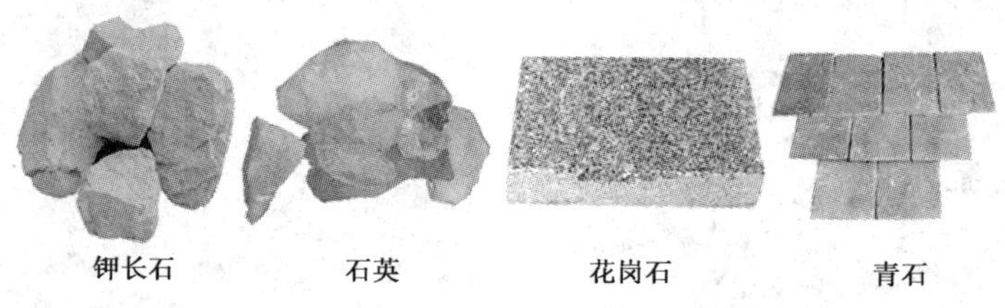

图11－4　几种常见非金属矿产

（1）冶金辅助原料：如萤石、菱镁矿、耐火粘土、白云岩和石灰岩等；

（2）化学工业及化肥工业原料：如磷灰石、磷块岩、黄铁矿、钾盐、岩盐、明矾石、石灰岩等；

（3）工业制造业原料：如石墨、金刚石、云母、石棉、重晶石、刚玉等；

（4）压电及光学原料：如长石、石英砂、石英岩、高岭土和粘土等；

（5）陶瓷及玻璃工业原料：如长石、石英砂、高岭土和粘土等；

（6）建筑材料及水泥原料：如砂石，浮石、白垩、石灰岩、大理岩、石膏、花岗岩、珍珠岩等；

（7）宝石及工艺美术材料：如硬玉、软玉、刚玉（图11－5所示红宝石为刚玉的一种）、玛瑙、水晶、石榴子石、绿松石、琥珀、叶蜡石、孔雀石、电气石、橄榄石等。

图11－5　红宝石

非金属矿产是人类最早利用的一种矿产，石器时代的石刀、石斧，新石器时代仰韶文化的彩陶，都充分说明了这一点。按照分类，可以看出非金属矿产用途很广。实际上，现在人类对非金属矿产的需要量已远远超过同一时期对金属矿产的需要量。

非金属矿产具有与金属矿产不同的特点，表现为：

(1)组成非金属矿产的主要元素 O、Si、Al、Fe、Ca、Na、K、Mg 等的克拉克值高，因而矿产多、分布广、储量大。

(2)利用方式多，除少量矿种用来提取非金属元素或化合物外，大多数矿种可以直接利用某些矿物、矿物集合体和岩石的某些物理、化学性质和工艺特性。

(3)可一矿多用，如膨润土、高岭土等粘土矿物，既可作为耐火材料和陶瓷原料，又可作填充料、涂料等；石灰岩可根据其不同性能，用作电石、水泥、化工、溶剂、建材等原料。

尽管非金属矿产的矿产多、分布广，但是某些开采和生产技术要求较高、工艺性质特殊的矿产在世界上的分布也是有局限性的，如硫、磷、钾盐、宝石等。再如金刚石主要分布在扎伊尔、博茨瓦纳、澳大利亚，重晶石主要分布在美国、印度和加拿大。

我国是世界上非金属矿产种类比较齐全的少数国家之一。目前，已探明储量的非金属矿产约 80 种，产地 4500 处，其中硫铁矿、石墨、重晶石、高岭土、叶蜡石、石膏、硅藻土、玻璃原料、大理岩和花岗岩等 20 多种在国际上占优势。沸石、珍珠岩、硅灰岩、粘土等几十种非金属矿产可望成为国际优秀矿产。金刚石、蓝宝石、天然碱和钾盐也有较好的发展前景。

11.2.2 矿产资源的成因

矿产的成因与整个地质循环密切相关，并受构造作用、地球化学循环以及水循环等作用的影响。矿产的形成作用一般包括岩浆作用、变质作用、沉积作用、生物作用和风化作用等。

(1)岩浆作用：岩浆作用形成的矿床是元素富集过程的结果，它可以形成具有经济价值的多种金属矿产。有些矿床是早期晶体分离作用形成的，有些矿床是由晚期岩浆作用形成的。

(2)变质作用：矿床经常在岩浆岩及其侵入岩围岩的接触带处被发现，该区以接触变质作用为特征。区域变质作用和热液变质作用也可形成某些有用矿床。

(3)沉积作用：沉积作用对聚集有价值的可开采的矿床具有重大意义。在搬运过程中，风和水流使沉积物按大小、形状和密度分选。用于建筑方面的最好的砂和砾石都是由风或流水的搬运、沉积而形成的。沉积作用还可以形成金和金刚石砂矿，许多蒸发矿床的形成也与沉积作用密切相关。

(4)生物作用：生物作用也可形成矿床。许多矿床是在被生物强烈改造的生物圈环境中形成的。有机物如贝壳和骨骼可形成含钙矿物，人们已鉴定出几十种生物生成的矿物。生物成因矿物对沉积矿床的形成意义甚大。

(5)风化作用：风化作用也可以使一些物质达到一定浓度，并具有开采价值。如富铝火成岩风化后产生的残留土壤，可使难溶的含水氧化铝和氧化铁相对富集，形成铝土矿。镍矿和钴矿也可在富铁镁火成岩风化后残留的土壤中找到。此外，风化作用还涉及低品位矿床变成高品位矿床的次生富集作用。

11.3 矿产资源的供给与需求

从绝对意义上说，地球的矿物是无穷无尽的。只要有足够的手段，人们可以从任何一块岩石、任何一把泥土中分析和提炼出元素周期表上几乎所有的元素。然而，由于技术水平与经济效益的限制，还不能从任何岩石中提取所需的物质。只有当某种元素富集到一定程度时，才具有可开采价值。例如，铁矿的可开采的最低品位为 30% ~40%，现已查明的世界储量为 1.5×10^{11}t，仅为地壳中铁元素含量的 1/210000。

11.3.1 世界矿产的储量与生产状况

第二次世界大战以后，矿产的品种有了显著增加。至20世纪80年代初期，元素周期表中可提取利用的元素已由40年代的30多个增加到70多个，工业上利用的矿物占已知2500种矿产的15%。1976年世界开采的矿石量已超过120×10^8t，连废石在内，总开采量达1000×10^8t以上。近30年来，世界矿产开采量的增长速度显著加快，如1961年至1980年间，铁矿石开采量占20世纪前80年总产量的近55%，钾盐占67%，铝土矿占近80%。

由于成矿时期和地质作用的复杂多变，矿产的分布很不规律。从全球范围来看，大部分矿产的已知储量只在很少的几个国家出现，而且，每个国家都缺少某些有用矿物的储量。截至2000年底，全球已探明的主要金属与非金属矿产储量为1450×10^8t，其中美国、加拿大、澳大利亚、南非主要矿产储量占世界80%以上。

地球的矿产资源储量虽是巨大的，但总是有限的。而且大多数资源可能将在21世纪内完全枯竭。尽管还有其他的计算方法或数据有些出入，但这个总趋势是基本相同的。即从现在起再过100年左右，绝大多数重要的不可再生资源如果不是消耗殆尽也将变得极端昂贵。

11.3.2 我国矿产的储量状况

我国是世界上矿产资源比较丰富、矿种比较齐全的少数几个国家之一。截至2000年底，世界上已发现的近200种矿产中，在我国已发现171种，探明有一定数量的矿产有153种，其中能源矿产8种、金属矿产54种、非金属矿产88种、水气矿产3种。按45种主要矿产储量的价值计算，矿产储量总值占全世界的9.86%，探明储量潜在价值仅次于美国和俄罗斯，居世界第三位。按单位国土面积拥有的主要矿产储量价值计，每平方千米国土面积内拥有矿产资源价值为世界陆地平均水平的1.54倍，居世界第六位。但是，由于我国人口众多，人均拥有矿产资源量只相当于世界人均拥有量的27%，相当于美国人均的1/10，前苏联的1/7。

11.3.3 矿产资源的需求

随着世界人口的不断增加和人们生活水平的提高，人类对矿产资源的需求量越来越大。当前，一个不平等的实例是，美国仅占世界人口的5%，每年却消耗掉全世界一年所消耗的资源的30%左右；在发达国家与不发达国家之间，存在着矿物资源消费量的差异，世界人口的20%享受着整个世界收入的80%，见表11－1。

表11－1 世界各大洲对某些金属矿物的消费比率 单位：%

地　区	铝	铜	锌	铅	镍	锡
欧洲	32	36	36	40	41	34
美洲（其中美国占百分数）	40(70)	36(75)	32(65)	37(77)	27(81)	31(66)
亚洲（其中日本占百分数）	24(62)	25(63)	27(54)	19(49)	31(78)	31(58)
非洲	2	1	3	3	1	2
澳大利亚和新西兰	2	2	2	1	0	2

若已知某一资源的分布和储量，人们就可以根据其用量或消耗速度来预测它的枯竭时间。以研究发展理论闻名于世的罗马俱乐部曾对矿产资源的枯竭问题进行过研究。20世纪70年代，迈德维斯等人在《极限的增长》一书中对15种矿产资源进行了分析后悲观地认为，按1970年的消耗速度推算，有13种矿藏将在100年内耗尽。

但是，某些矿产品的实际开采年限比罗马俱乐部的预测值有所增大。在计算矿产资源的耗尽时间时，不能仅依靠消费量的多少来衡量。因为当矿产资源的储量日益减少时，可能会发生下列情况：价格上涨，这将导致人们对矿产资源的节约使用，也可使品位较低的矿床重新具有使用价值，从而使其潜在储量大大增加；在开发中的地区，新的探矿热潮可能还会使人们发现不少资源，其数量很难预测；人们对废弃的矿山物质将会作更慎重的处理；人们会转向使用其他原料，等等，从而延长了矿藏资源的开采年限。

尽管如此，矿产资源的短缺问题仍不容忽视。全球经济的发展使得最近几十年内许多矿产资源的消费量不断增加，多数矿物的世界需求增长率在20世纪四五十年代为每年20%，到70年代变为10%。80年代以来增长率有所下降，但在经历了1997年至1998年的亚洲金融危机和由此引发的全球性经济不景气后，世界矿产品的需求量明显增长，未来普遍性矿产资源短缺的威胁依旧存在。

11.4 矿产资源开发对地质环境的影响

采矿过程形成的能量和交换物质转移是影响矿山地质环境的主要因素，矿产资源开发利用对环境具有长期而复杂的影响，其后果非常严重。影响方式可以是物理的或化学的、直接的或间接的、长期的或短期的。矿产资源的开发利用，不仅污染空气、土壤和水体，而且还会引起土地退化、沙质荒漠化和水环境变化等。同时，矿产资源的开发利用还直接影响着社会经济的发展。不同类型的矿山企业的开采工艺和影响环境的技术强度不同，它们对环境的影响方式也有所差别。矿山的开采大致分为两种类型，即露天开采和地下开采。

11.4.1 露天采矿对地质环境的影响

11.4.1.1 土地资源的占用和破坏

建设矿山要大兴土木，开山整地，构筑交通网、工业民用厂房和市镇等。采矿，特别是露天采矿，要剥离地表覆盖层，同时要排放大量的废矿石，所有这些都需要占用大量的土地。据统计，一座大型矿山平均占地达$(18\sim20)\times10^4m^2$，小矿山也达几万平方米。这是采矿业普遍存在的一个严重问题。

目前，世界上年产15×10^4t以上矿石的矿山大约有一半是露天开采，矿石产量的75%左右来自于露天开采。许多大矿山，如美国明尼苏达州西宾铁矿、中国的山西平朔煤矿等，都是露天开采的。露天采矿对环境的影响主要表现为占用大量的土地，彻底地改变矿区地表的景观。

我国重点矿山中约有90%是露天开采，每年剥离岩土约为$(2.2\sim2.6)\times10^8t$，露天矿坑及推土场侵占了大片农田。到1995年，全国1173家国有大中型矿山企业中，占用土地面积$7299.716km^2$，其中仅露天开采矿场、排土场、尾矿场和塌陷区占地面积就有$2128.174km^2$，占矿山用地面积的29.15%。其他工业用地、行政生活用地等为$51.7154km^2$，占70.85%。

土地破坏在一定程度上也影响了矿区的生态平衡。土地破坏了，植物、土壤及其中的微生物也跟着一起被消灭，地表丧失了稳定性，会导致严重的水土流失，乃至造成泥石流和滑坡事故。被破坏的地表、废石堆、尾矿池更是大气、水体、土壤的污染源。

11.4.1.2 露天矿边坡失稳破坏

露天矿边坡稳定性问题是露天开采的主要环境问题之一。在露天矿设计中，首要问题是确定合理的边坡角。边坡角是在垂直边坡走向的坡面上从最上一个台阶的坡顶线到最下一个台阶的坡底线的连线与水平线的夹角。边坡角越小，剥采比越大。大型露天矿边坡角每增加

1°可减少剥岩量几千万吨，节省投资2000～3000万元人民币。但是，露天矿边坡角如果设计过陡，将产生边坡破坏。加强露天矿边坡稳定性问题研究，合理地确定边坡角是露天矿工程中的一项重要任务。

露天开采人为地塑造了边坡，随着开挖深度的加大，边坡的规模也不断扩大，既严重地破坏了地应力的自然平衡，又导致了人工边坡的变形、破坏和滑移。露天矿边坡的破坏主要有两大类：具有明显滑动面的边坡失稳破坏和蠕变—坍塌变形破坏。前者包括平面滑动模式、楔形体滑动模式和曲面滑动模式，后者有倾倒破坏模式、溃屈破坏模式。此外，还有上述不同模式之间的相互组合形成的复合式破坏模式。边坡岩土体中软弱的发育程度及其组合关系是控制露天矿边坡稳定性的主要地质因素。

中国辽宁抚顺西露天矿是一座大型矿山，东西长6600m，南北宽2200m，设计最终采深400m。1914年投产，1927年首次出现滑坡，之后边坡变形、滑坡、倾倒相继发生，几乎遍布采坑四周，采场揭露的不同的埋深的各类岩石均发生过变形破坏。其中北帮西区1960年至1984年先后发生过13次滑坡，多次破坏采掘平台、运输路线和车辆、排水系统及输电设备，甚至发生机车脱轨事故。位于河北省的首钢迁安水厂露天矿，自投产以来边坡发生109处滑塌和变形失稳，其中35处受断层、节理等软弱结构面控制。

露天矿边坡失稳破坏的影响因素主要有岩石性质、岩体结构、地质构造、水文地质条件、风化条件、边坡形状、爆破振动等。边坡失稳防治的原则是以防为主，综合整治。在边坡开挖和采矿过程中，应及时排除地表水、深降强排地下水，减少爆破次数、降低爆破强度，合理确定不同深度岩体的边坡角，适时修整边坡轮廓，提高边坡稳定性。对大型采矿边坡，还需构筑抗滑挡土墙、抗滑桩、灌注水泥砂浆及减载、排水等工程措施。

11.4.1.3　水土流失

废石堆、尾矿坝如果设置不当或管理不严，会造成严重的滑坡、泥石流事故，导致更大范围的土地破坏以及生命财产的损失。特别是一些小型采矿场，多在河床、公路、铁路两侧采石开矿，乱采乱挖，乱堆乱放，经常把矸石甚至矿石堆放在河床、河口、公（铁）路边等处，一遇暴雨就造成水土流失，产生滑坡、泥石流，将尾矿、矸石等冲入江河湖泊，造成水库荷塘淤塞，洪水排泄不通，甚至冲毁公路、铁路，交通中断，给国民经济造成严重损失。

2008年8月1日0时45分左右，位于太原娄烦县境内马家庄乡寺沟村的太钢尖山铁矿排土场发生山体滑坡，这场主要由于人类不合理的活动引起的重大灾难造成了该村庄部分房屋被埋，死亡失踪45人，受伤1人。2008年9月8日，山西省临汾市襄汾县陶氏乡的新塔矿业有限公司塔山矿区尾矿因暴雨发生泥石流，致使该矿废弃尾矿库库坝被冲垮，造成了近300人遇难。

11.4.2　地下采矿对地质环境的影响

地下采矿对地质环境的影响主要表现为：地下采掘开挖引起地面开裂与沉陷；矿坑疏干排水造成地面塌陷、泉水枯竭、河水断流及区域地下水位下降；深井排水或注水诱发地震等。

11.4.2.1　采空区地面塌陷与地裂缝

采用井下开采的矿山，由于采空区上覆岩土体冒落而在地表发生大面积变形破坏并伴随地表水和浅层地下水漏失的现象和过程，称为矿区地面变形。如地面变形呈现面状分布，则为地面塌陷；如地面变形呈线状分布，则为地裂缝。矿区地面塌陷常造成大量农田损毁，使地表建筑物遭受严重破坏。

据初步统计，中国因采矿引起的地面塌陷已超过 180 处，累积塌陷面积达 1150km^2。中国发生采矿塌陷灾害城市近 40 个，造成严重破坏的 25 个，每年因采矿地面塌陷造成的损失达 4 亿元人民币以上。半个世纪以来，山西省大同市累计生产原煤 20×10^8t，形成 450km^2 的煤矿采空区。河北省开滦市煤矿累计地面塌陷面积约 100km^2，因塌陷无法耕种的绝产农田 20km^2。20 世纪 80 年代以来，开滦市由于受地面塌陷影响而迁移村庄 31 处，迁建费用近 2 亿元人民币，且由于地面发生大面积变形塌陷（沉陷）和积水，致使大量农田废弃，村庄搬迁。

矿层开采后，采空区主要依靠洞壁和支撑柱维持围岩稳定，但由于岩体内部形成一个空洞，其周围的应力平衡状态受到破坏，产生局部的应力集中。当采空区面积较大、围岩强度不足以抵抗上覆岩土体重力时，顶板岩层内部形成的拉张应力超过岩层抗拉强度极限时产生向下的弯曲和移动，进而发生断裂、破碎并相继冒落，随着采掘工作面的向前推进，受影响的岩层范围不断扩大，采空区顶板在应力作用下不断发生变形、破裂、位移和冒落。从平面上看，地表塌陷区比其下部引起塌陷的采空区范围大，塌陷区中央部位沉降速度及幅度最大，无明显地裂缝产生；内边缘区下沉不均匀，呈凹形向中心倾斜，为应力挤压区；外边缘区下沉不明显，多数情况下形成张性地裂缝，为应力拉张区。从剖面上看，塌陷呈漏斗状，破裂角和极限角决定了“漏斗”的开口程度。如果矿体埋藏浅、厚度不大，冒落带直达地表则在采空区正上方形成下宽上窄的地裂缝。

11.4.2.2 水文地质环境的破坏

井巷开掘使地下水的赋存状态发生变化。矿床疏干排水改变了地下水的天然径流和排泄条件，使区域地下水位大幅度下降，造成矿区水文地质环境的恶化。此外疏干碳酸盐围岩含水层时，其溶洞构成了地面塌陷的隐患。当塌陷区或井巷与地表储水体存在水力联系时，会造成淹没矿井的重大事故。岩层疏干排水的预测和设计不合理时，还会导致天边坡、台阶的场地和过滤变形而引发地质灾害。矿场开采必然改变岩体的原始应力场，由此引起的水文地质条件和环境的影响范围，按开采规模有时可达数千平方千米，影响深度露天开采时可达 500 ~ 700m，地下开采时可达 1500 ~ 2500m 水文地质环境的破坏主要分为下列几种：

1）矿井突水

许多矿床的上覆和下伏地层为含水丰富的石灰岩，特别是石炭二叠纪煤系地层，不仅煤系内部有含水性强的地层，还有下伏的巨厚奥陶纪石灰岩。随着开采的加深，地下水深降强排，产生巨大的水头差，使煤层受到来自下部灰岩地下水高水压的威胁，在一些构造破碎带和隔水层薄的地段发生突水，严重威胁着矿井和职工的生命安全。据统计，中国主要煤矿区，因突水全淹矿井已达 60 次左右，造成经济损失近 30 亿元。

2）海水入侵

为了保证地下采矿巷道的安全，必须对采矿区的地下水进行疏干。在沿海地区，因疏干排水常使地下水位低于海平面，结果导致海水入侵，破坏了当地淡水资源，影响了生活供水和生态环境。海水入侵的范围随疏干排水的强度增大而不断扩大，如中国辽宁省的金州湾石棉矿，复州湾粘土矿矿区均因疏干排水而出现了海水入侵现象。

3）区域地下水位下降

为了保证矿山的开采，必须对进入井巷内的地下水进行疏干排水，从而使矿区附近的浅层地下水被疏干，附近的地表水也因排水或河流的人工改道而被疏干。结果造成区域地下水被疏干，生态环境恶化，植物难以生长，有的矿区甚至出现土地石化和沙化。因采矿疏干排水还造成矿区附近水源缺乏，严重影响人民生活和经济发展。

11.4.2.3　地面形变

采矿掏空、矿坑疏干或长期抽排地下水常造成矿区地面塌陷。地面形变严重破坏地表建筑、交通道路和农田，危害人身安全和生产建设。

在矿井开采前，矿区岩层处于平衡的状态，当矿体开采后，岩层中的应力平衡状态受到破坏。随着矿体开采强度的增加，采空区不断扩大，应力不断改变，导致矿体上覆岩层在重力作用下产生裂隙、变形、下沉、塌陷等一系列问题。地面形变与矿体采深、采厚以及矿体上覆地层岩性、地质构造条件等密切相关。

11.4.3　工矿废物对地质环境的污染

随着矿山的开发，矿区排放大量废水，如矿坑排水、洗矿废水、尾矿石堆淋滤水，以及矿区其他工业如炸药厂、选矿厂以及生活方面等废水等。这些废污水，大部分未经处理，排放后直接或间接地污染地表水、地下水和周围农田、土地，并将进一步污染农作物。有害元素成分的挥发也污染了空气。其他如矿山开采所造成的固体粉尘等也会对气体环境造成污染。

我国每年大约排放 36×10^8t 选矿废水，这些废水中大部分未达到“工业废水排放标准”，不少含有许多有害的金属离子和物质，其固体悬浮物远远超标。我国北方岩溶地区的煤、铁矿石，每年矿坑排水 12×10^8t，绝大部分为酸性水，其中仅30%左右经处理使用，其他都自然排放。江西某含硫多金属矿床，排放 pH 值为 3 的强酸性矿坑水，造成矿区附近河水污染，鱼虾绝迹，水草不生，河水中金属含量超标，矿山下游 25km 长河段的河水不能饮用。同时也造成矿区地下水和农田污染、土壤 pH 值降低、金属离子含量增高、土壤物理性质变坏、农作物生长受到抑制、水稻也被污染，直接影响到人民身体健康。这种现象在我国许多矿山都可见到，特别是最近几年乡镇及个体开矿、选矿、炼矿等活动加剧，加上管理不善，致使污染更为严重。

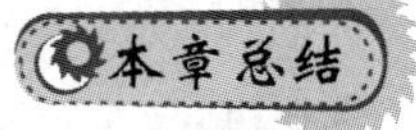

矿产资源指经过地质成矿作用，使埋藏地下或出露地表、具有开发利用价值的矿物或有用元素的含量达到具有工业利用价值的集合体。矿产资源是重要的自然资源，是社会生产发展的重要物质基础，现代社会人们的生产和生活都离不开矿产资源。采矿过程形成的能量和交换物质转移是影响矿山地质环境的主要因素，矿产资源开发利用对环境具有长期而复杂的影响，其后果也非常严重。

复习思考

1. 简述矿产资源的基本概念及特征。
2. 简述矿产资源的种类与成因。
3. 简述矿产资源对地质环境的影响。

思维拓展

研究当地矿产资源开发的情况及其对环境污染的影响。

拓展阅读

[1] 程鸿．中国自然资源手册．北京:科学出版社,1990.

[2] 王时麒．我国矿产资源勘查开发形势与可持续发展战略．//北京大学中国持续发展研究中心．可持续发展之路．北京:北京大学出版社,1994.

[3] 朱永峰,孙世华．环境资源经济学．北京:中国经济出版社,2000.

[4] 周利国．矿产资源开采投资评估实用手册．北京:国家行政学院音像出版社,2009.

12 我国化石燃料概况

12.1 石油工业的概况与石油天然气的利用

石油这种黑色的能源,为人类的现代文明和发展立下了不朽的功勋。无论是过去、现在还是将来,作为地球上最宝贵的能源的石油和天然气,都将对人类的发展起到至关重要的作用。石油、天然气作为优质的能源和化工原料,其产品广泛地应用于工业、农业、国防及人类日常生活的各个领域。石油工业的发展同世界各国经济有着十分密切的关系,在和平时期油气工业的发展状况代表一个国家的综合国力,而在战争时期是关系到一个国家胜败存亡的重要战略物资。鉴于天然气在环保方面所占的优势,它在世界经济发展中的重要性正在日益提高。

12.1.1 石油基础知识

石油是以液态形式存在于地下岩石孔隙中的可燃有机矿产。在地下油气藏中石油无论在成分上和相态上都是极其复杂的混合物。在成分上石油以烃类为主,含有数量不等的非烃化合物及多种微量元素。在相态上石油以液态为主,溶有大量烃气及少量非烃气,并溶有数量不等的烃类和非烃类的固态物质。因此,石油没有确定的化学成分和物理常数。

12.1.1.1 *石油的元素组成*

碳、氢两元素在石油中占绝对优势,一般在95% ~99%之间,平均为97.5%。碳、氢元素质量比(C/H)的平均值约为6.5,原子比约为0.57(或1:1.8)。碳、氢两元素主要呈烃类化合物存在,它是石油组成的主体。原油中含硫量据蒂索(B. P. Tissot,1978)等的统计(图12-1),平均为0.65%(质量)。其频率分布具双峰型,多数样品(约7500个)的含量小于1%,少数样品(1800个)的含量大于1%,在1%处为二个峰值之间的最小值。根据含硫量可把原油分为高硫原油(含硫量大于1%)和低硫原油(含硫小于1%)。

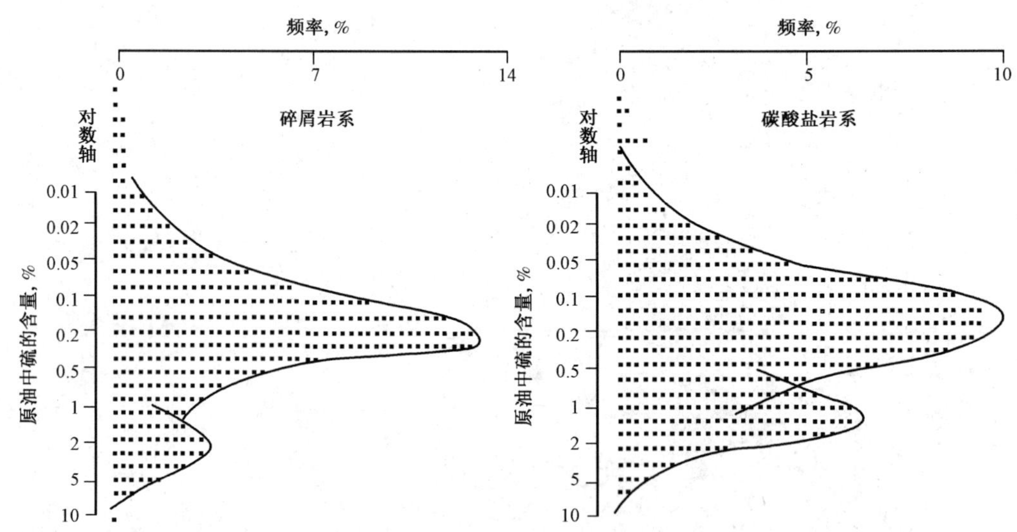

图12-1 不同时代和来源的碳酸盐岩和碎屑岩原油中硫的分布(据B. P. Tissot等,1978)

原油中氮含量一般比硫低得多,平均值为0.094%,90%以上的样品含氮量小于0.2%,少数样品含氮量高达0.5%以上,最高可达1.7%(美国文图拉盆地的原油)。通常,以0.25%作为贫氮和高氮原油的界线。

12.1.1.2 原油的馏分、组分及化合物组成

1)原油的馏分组成

原油的馏分是利用组成石油的化合物具有不同沸点的特性,加热蒸馏,将原油切割成不同沸点范围(即馏程)的若干部分,每一部分就是一个馏分,原油组分分析流程见图12-2。切割馏分所用的温度因研究目的不同而有所差异。在石油炼制上,各馏分的名称及温度范围,大致如表12-1所示。

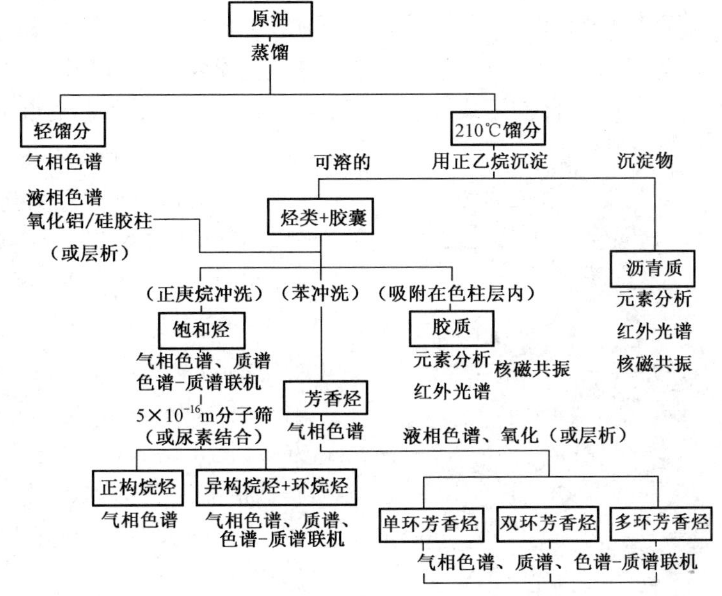

图12-2 原油组分分析流程表

表12-1 石油的馏分组成

馏分	轻馏分		中馏分			重馏分	
	石油气	汽油	煤油	柴油	重瓦斯油	润滑油	渣油
温度,℃	<35	35~190	190~260	260~320	320~360	360~500	>500

据亨特对美国一种密度为35°API环烷烃型原油所作的分析结果,以脱气后各馏分总和计,各馏分的体积百分比如下:汽油27%,煤油13%,柴油12%,重瓦斯油10%,润滑油20%,渣油18%。

2)原油的组分和化合物的组成

原油化合物的不同组分,对有机溶剂和吸附剂具有选择性溶解和吸附性能。根据这一特性,可以选用不同有机溶剂和吸附剂,将原油分成若干部分,每一部分就是一个组分。考虑到轻馏分部分具有较强的挥发性,在储运、运输过程中常因保存条件不同,造成人为的较大误差,所以对原油各组分中的化合物进行地球化学对比时,一般在作组分分离以前先对原油进行蒸

馏,去掉低于210℃馏分进行组分分离。

但是,必须指出,单一的氧化铝或硅胶柱色层分离各组分是一种比较粗糙的方法。用正庚(己)烷冲洗时,冲洗下来的除饱和烃外,混有非饱和烃。同样,用苯冲洗下来的,除芳烃外,还混有非烃。因为有机溶剂的选择性溶解作用不是绝对的,总是有不同程度的混合溶解作用。

石油的化合物组成归纳起来,主要可分为烃和非烃两大类。进一步可细分为:正构烷烃;异构烷烃;环烷烃;芳烃和环烷芳烃;含氮、硫、氧化合物;有机金属化合物。

据亨特35°API的环烷型石油的分析,各类化合物的质量分数如下:石蜡烃35%,环烷烃50%,芳烃17%,沥青质(非烃)8%。

3)石油馏分与化合物组成的关系

石油不同馏分的化合物组成是极不相同的。一般来说,低沸点的轻馏分主要是由低碳数、分子量较小的烷烃和环烷烃组成。中馏分以中分子量和较高碳数的烷烃和环烷烃,并含有一定数量的芳烃和环烷芳烃及少量的含N、S、O化合物。重馏分以高碳数和大分子量的环烷烃、芳烃、环烷芳烃和含N、S、O化合物组成。含N、S、O的化合物主要富集于重馏分中。

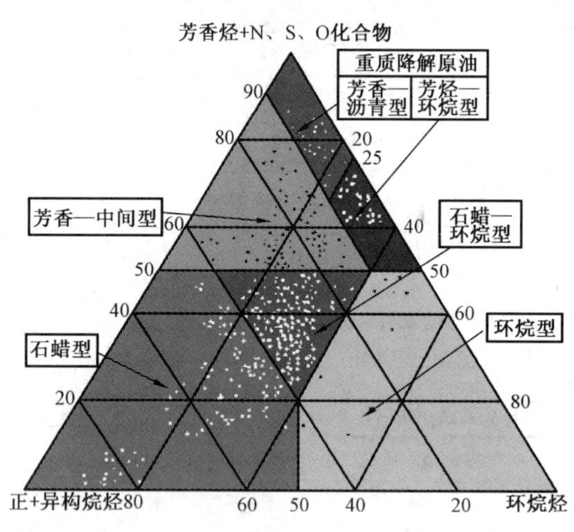

图12-3 石油类型的三角图解(据陈昭年,2005)

12.1.1.3 石油的分类

石油的分类方法常因目的而异,采用的参数亦各不相同。石油化学家侧重于各个馏分含量及其化学组成和物理性质。地球化学家和地质学家则侧重原油组成和其与生油岩及演化作用的关系。这里简要介绍一下Tissot和Welt(1978)所提出的分类方案(图12-3)。该方案中的原油组成数据是指沸点大于210℃馏分的分析数据。

Tissot和Welt的分类方案采用三角图解,以正+异构烷(石蜡)烃,环烷烃、芳香烃+N、S、O化合物作为三角图解的三个端元。

考虑到饱和烃含量对于石油性质有重大影响,且饱和烃分布上在50%处为两个众数的最小值处,可以明显地把芳香型原油和石蜡型—环烷型原油分开。因此,以饱和烃含量50%为界把三角图分为两大部分。在饱和烃含量大于50%的区域内,再根据石蜡烃和环烷烃的相对含量,即以石蜡烃和环烷烃的相对含量,即以石蜡烃含量50%、40%处建立次一级分类界线,将饱和烃大于50%区域分为三个基本类型:即石蜡型、环烷型和石蜡—环烷型。

在芳烃+N、S、O化合物大于50%的区域内,以石蜡烃含量10%建立分类界线,将石蜡烃含量>10%的区域称为芳香—中间型原油,而石蜡烃含量小于10%称为重质降解原油。在重质降解原油中以环烷烃含量25%处建立分类界线,将环烷烃含量大于25%的称芳香—环烷型,而含量大于25%者称芳香—沥青型原油。

根据上述原则,可将石油分为六种类型,各类石油在三角图解中的位置及分类参数,如图12-3所示。正常的重质降解石油样品中饱和烃的分布如图12-4所示。

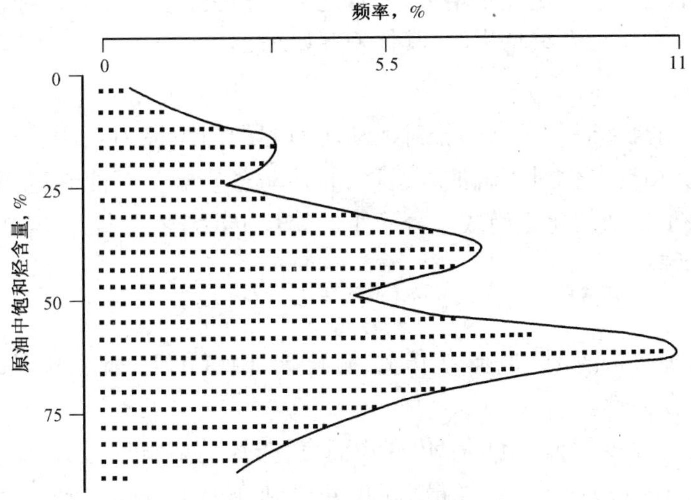

图 12－4　正常的重质降解石油样品中饱和烃的分布（据 Tissot 和 Welt，1978）

12.1.1.4　石油的物理性质

石油没有固定的成分，因此也就没有确定的物理常数。但通过广泛比较，还是能归纳出反映石油总特征的物理性质。认识这些性质对了解石油，进行石油地质研究及评价石油的工业品质都是不可少的。

1）颜色

在透射光下，石油的颜色可以呈现淡黄、褐黄、深褐、淡红、棕色、黑绿色及黑色。原油颜色的深浅主要取决于胶质、沥青质的含量。胶质、沥青质含量越高，则颜色也越深。

2）相对密度和体积

液态石油的相对密度，在我国是指一大气压下，20℃的石油与4℃的纯水单位体积的质量比。在商业上，则常以 API 为单位，它与60°F 的石油的相对密度的关系可用下式换算：

$$\text{API} = \frac{141.5}{\text{相对密度}} - 131.5$$

石油的相对密度一般介于0.75～0.98之间。通常把相对密度大于0.9的称为重质石油，小于0.9的称为轻质石油。世界各国的原油大多属于轻质原油，重质石油仅占次要地位。相对密度最大的可达1.0以上，这种石油用一般方法难以开采。

石油的密度主要取决于化学组成。就烷烃而言，密度随碳数增加而变大，碳数相同的烃类，烷烃密度小，环烷烃居中、芳香烃密度大，与胶质、沥青质相比，烃类密度较小。上述各种情况，其实质都是与含氢量有关。密度与含氧量之间有明显的相关性。

在地下，石油的密度还与油中溶解气量、压力、温度等因素有关。溶解气量多则密度小。在其他条件不变时，密度随温度增加而减少，压力增加而增大。

液体石油的体积，在常压下随温度升高而增大。温度每高1°F，单位体积增加的体积称膨胀系数。它不是一个固定的常数，随密度变小而增大。

压力对石油的体积也有很大影响，随压力增大而被压缩。每增加101325Pa，单位体积被压缩的体积数称压缩系数。压缩系数也不是常数。当油藏中存在气顶时，随压力增加，原油中溶解气量增加所引起的体积增大的效应，远远超过随压力增加而使体积减少的效应，因此，随着压力增大，体积不是缩小而是逐步增大，一直达到饱和压力为止，在达到饱和压力后，溶解气量已不能继续增加，若压力继续增大时，其体积开始缩小。

3）粘度

粘度值代表石油流动时分子之间相对运动所引起的内摩擦力大小。粘度大则流动性差，反之，则流动性好。粘度参数对了解油气运移、油井动态分析及石油储运都有重要参考价值。粘度大小主要取决于石油的化学组成。分子小的烷烃、环烷含量多，粘度就低，而蜡、胶质、沥青质含量高，粘度就高。

4）溶解性

石油能溶于多种有机溶剂，如苯、氯仿、二硫化碳、四氯化碳、醚。利用这种特性可以用有机溶剂检验岩石的含油性。

石油在水中的溶解度很低，就单个化合物而言，芳烃的溶解度最大，苯可达 1.780ppm，环烷烃次之（一般为 14 ~ 150ppm），烷烃最低（仅几个到几十个 ppm）（ppm 为百万分比浓度）。当水中饱和 CO_2 和烃气时，石油的溶解度将明显增加。认识石油在水中的溶解性对认识石油初次运移时可能存在的物理状态有重要的意义。

5）凝固和液化

石油的凝固和液化温度没有固定的数值。在凝固和液化之间可以出现中间状态。富含沥青的石油，在温度降低时无明显凝固现象，富（石）蜡的石油在温度下降到结蜡点时，则伴随石蜡晶出而出现凝固现象。石油凝点的高低与含蜡量及烷烃碳原子数具有正相关性。凝点高的石油容易使井底结蜡，给采油工作增加困难。低凝点石油为优质石油。

6）蒸发与沸腾

蒸发是在常温、常压条件下的液体表面汽化过程。石油蒸发时轻组分优先逸出，结果使石油密度增大。

温度升高到组成石油的某一低碳数烃类分子的沸点时，石油开始沸腾，而后继续升温时将逐渐波及碳数较高的烃类分子（或非烃分子）。由于组成石油的化合物很复杂，因此石油的沸点范围也很宽。

7）导电性

石油及其产品具有极高的电阻率。石油的电阻率为 $10^9 \sim 10^{16}\Omega \cdot m$，与高矿化度的油田水（电阻率为 $0.02 \sim 0.1\Omega \cdot m$）相比，可视为电阻率无限大的非导体。

8）荧光性

石油在紫外光照射下可产生荧光的特性，称为荧光性。石油中只有不饱和烃及其衍生物具有荧光性。这是因为它们能吸引紫外光中波长较短、能量较高的光子，随后放出波长较长而能量较低的光子，产生荧光。饱和烃不发荧光。

9）旋光性

大多数石油都有旋光性，即石油能将偏光性的振动面旋转一定角度的能力。石油的旋光角一般是几分之一度到几度之间。绝大多数石油的旋光角向右旋移，仅有少数为左旋。石油的旋光性是与含有结构不对称的生物成因标志化合物有关。因此，旋光性曾被认为是石油有机成因的重要证据之一。

10）热值

每公斤石油燃烧时可产生（10000～11000）×4186.8J 的能量，是优质燃料。

12.1.2 天然气基础知识

12.1.2.1 天然气的概念

所谓天然气，从广义上理解是指天然存在于自然界的一切气体。实际上，目前研究较为充分的是以沉积岩为主体的沉积圈中的天然气，特别是以烃类为主的气藏中的天然气。因此，在石油及天然气地质学中研究的主要是沉积圈中以烃类为主的天然气，即狭义的天然气。

沉积圈中的天然气，依其存在的相态可分为：游离气、溶解气、吸附气和固态气水合物。依其分布特征可分为聚集型和分散型。

游离气是一切气藏中天然气存在的基本形式。游离气聚集达到一定规模后，才能开发和有效地利用。聚集型天然气可以是气顶气、气藏气和凝析气。气顶气是指与油共存于油气藏中呈游离气顶产出的天然气。它在成因上也与石油有密切关系。在成分上重烃（$>C_2$ 烃）含量高。当压力增大时，气顶气可以溶于油内而成为油内溶解气。气藏气是指气藏中单一天然气聚集的气体。它可以存在于油田内，也可以存在于与石油在成因和分布上没有联系的气田内。当气层水被淡化或压力增大时，部分气藏气可变为水内溶解气。凝析气是一种特殊的气藏气，是在较高的温度、压力下由液态烃逆蒸发而形成。采出后因压力、温度降低逆凝结而成轻质油。

分散型天然气包括油内溶解气、水内溶解气、煤层气、沉积岩中吸附气和固态气水合物中的气。除沉积岩中分散吸附气外，都已开始利用。

油内溶解气是指油藏中的溶解气。每桶油的溶气量少的仅零点几立方米，多的可达一、二百立方米。含气量低时，被分离出的气通常只能放掉或烧掉，含气量高时可回收作动力或回注于油藏。

水内溶解气包括低压水溶气和高压地热型水溶气。水溶气的储量很大，但含气率低，一般 $1m^3$ 水中仅 $0.1\sim2m^3$ 气，很难单独开采，但可以综合利用。地热型水溶气是利用地热时回收的主要对象之一。美、日、澳、新等国已开始广泛利用地热型水溶气。

吸附气多产生于沉积岩中，其中煤层气是指煤层瓦斯和煤层吸附气，其含量与煤的变质作用和煤层顶板的透气性有关，一般 1t 煤中含 $0.1\sim20m^3$ 气。

气水合物是在冰点附近的特殊温、压条件形成的固态结晶化合物。晶体中水分子和甲烷的比率为 46:8 和 136:8 两种。在标准温度、压力下，每立方米气水化合物中最高含气量分别为 $173m^3$ 和 $60m^3$ 甲烷气。气水合物中聚集的甲烷气量，实际上比储集层中天然气量还大（特别是海水中），如图 12－5 所示。气水合物因为形成条件特殊，只能分布在冻土带、极地及深海沉积物中。据前苏联学者估计，仅西伯利亚的气水合物中，甲烷气的储量即可达 $15\times10^{12}m^3$。但到目前为止，还没有找到有效利用这种资源的办法。

12.1.2.2 天然气的化学组成及物理性质

气藏中天然气的成分以烃类尤以甲烷为主，非烃气常见的有 N_2、CO_2、H_2S 及痕量到微量的惰性气体。

1）相对密度

天然气的相对密度是指在标准状态下，单位体积的天然气和空气质量之比，一般为 0.65～0.75，个别可高达 1.5。天然气的相对密度随重烃含量增加而变大。此外，随氮气、硫

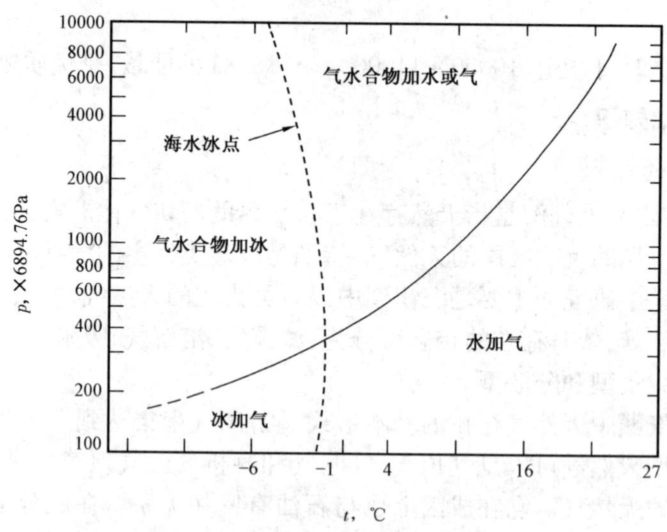

图 12-5 海水与甲烷形成气水合物的相图(据 Katz 等,1959)

化氢、二氧化碳含量的增加而变大。

2)临界温度和临界压力,逆凝结和逆蒸发

纯物质的临界温度是指气相物质能维持液相的最高温度。高于临界温度时,不论压力有多大,都不能使气态物质凝为液态。在临界温度时,气态物质液化所需的最低压力称临界压力。甲烷的临界温度为 -82.4℃,因此,地下甲烷除溶于石油和水外,呈气态存在,乙烷大致相似,丙烷在 32℃时加压到 1.1375714×10^{6}Pa 就可液化,因此丙烷和丁烷在地下大多以液态存在,仅有少量与甲、乙烷一起呈气态或溶于水中。在地下较高温度(即物系的临界温度和最高凝结温度之间)的特定条件下,随压力增加可以使液态烃转变为气态。这种相态的转化(逆蒸发),是凝析气藏形成的基本原因。为了较清楚地阐明这一问题,必须首先分析单一烃类化合物的物系压力、体积和温度的关系曲线(图 12-6)。

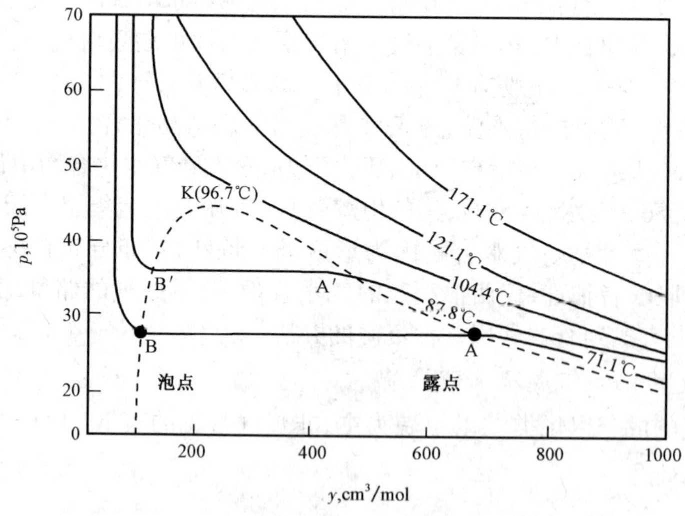

图 12-6 丙烷的 PVT 曲线图

在丙烷的 PVT 关系曲线图中，当物系在 71.1℃时，由关系曲线可以看出：气态丙烷的体积随压力增加而缩小，直到 B 点为止；过 B 点后，即使压力增加到极限大，体积变化很小。随着物系温度的上升，等压缩小体积的 A′—B′线段逐渐缩短，直到成为一点，即 K 点。A 点为开始液化点，A′B′为气液两相并存，保持平衡状态，B 点为完全液化点。在两相平衡时，等压缩小体积的压力为饱和蒸汽压，其大小取决于温度。K 点为临界点，该点的温度和压力称为临界温度和临界压力。丙烷的临界温度为 96.7℃，临界压力为 4.2532×10^6Pa。当温度超过临界温度，即使最大的压力，也不能使气体液化，因此也就不存在等压的两相平衡状态。

讨论多组分烃类物质的相平衡状态图（图 12－7），能更充分地认识地下凝析油气藏形成过程。

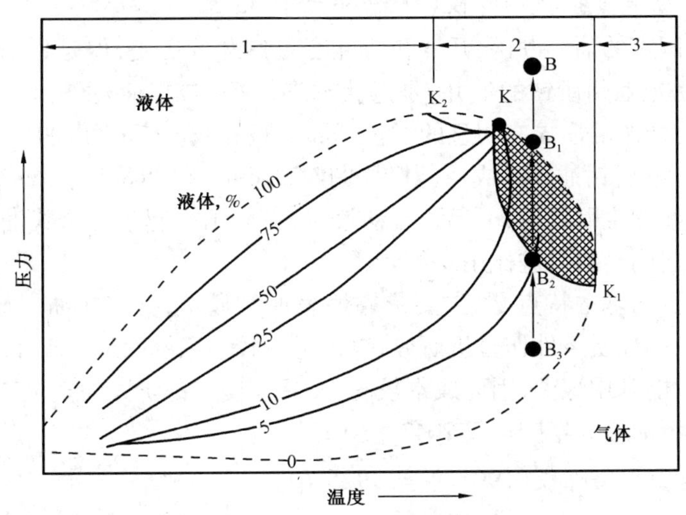

图 12－7　多组分烃类物系相态图（据陈昭年，2005）

图 12－7 中 K 点为临界点，代表泡点曲线和露点曲线交会点，其压力称临界凝析压力。K_1 点为临界凝结点，其温度称临界凝析温度。泡点曲线上方 1 区为纯液相（即含有欠饱和溶解气的油藏区）；露点曲线 K_1 外侧的 3 区为纯气相（纯气藏）区；K—K_1 上方的 2 区为凝析油气藏区；泡点曲线 0 和露点曲线 100 包围区为气、液两相平衡区，既有气相又有液相，即有游离气顶的油气藏分布区。

在油层埋藏较浅、地层温度低于临界温度时，物系相态的变化符合正常的凝结和蒸发的概念。例如，25℃时随压力增加，物系中凝结的液体逐渐增多，当压力达到 180×10^5Pa 时，完全被液化。

当埋藏深度增大，地层温度界于临界温度和临界凝结温度之间，如 82.5℃，低压下物系以气态为主，气液两相平衡，随压力上升液相逐渐增多，符合正常凝结的概念。但当压力达到 155×10^5Pa 后，随压力增大，液相反而减少，气相反而增加，到达 B_1 点则完全气化。这与正常蒸发概念完全相反，称之为逆蒸发。反之，从 B_1 到 B_2 点的凝结，同理称为逆凝结。凝析气藏的形成，就是逆蒸发的相态转变的结果。

12.1.2.3　*溶解度*

天然气溶于石油和水。在相同条件下，天然气在石油中的溶解度远远大于在水中的溶解度，例如甲烷在石油中的溶解度比在水中大 10 倍。天然气中重烃增多或者石油中的轻馏分较多时，都可以增加天然气在石油中的溶解度。另外，降低温度或增大压力，也可得到同样效果。在石油中溶有天然气时，可以降低石油的相对密度、粘度及表面张力。

12.1.2.4 热值

单位体积(或单位质量)的天然气燃烧时所发出的热量，称为热值，单位为 kJ/m^3 或 kJ/kg，也可用 $kcal/m^3$。天然气的热值较高，可达 $83680kJ/m^3$，而甲烷为 $37112kJ/m^3$。天然气中湿气的热值较高，可达 $83680kJ/m^3$。而煤和石油的热值分别为 $16736kJ/m^3$ 及 $41840kJ/m^3$。

12.1.3 世界石油工业的概况

世界石油工业的发展已有 100 多年的历史，大致经历了以下 4 个阶段。

12.1.3.1 前地质原始直接找油阶段(1859 年至 1900 年)

尽管世界许多国家的油气勘探、开发和研究有更悠久的历史，但是目前比较公认 1859 年 Drake 在美国宾夕法尼亚州所钻的油井，是近代油气勘探(或工业)的开始。欧美各国经历第一次产业革命后，对能源的需求有明显的增长，同时累积的资金和发展的技术为油气勘探准备了必要的条件。Drake 所钻油井的成功(其钻深仅 21.69m，产油量只有 69.5L/d)为美国新兴的资产阶级提供了新的生财之道，引起了轰动效应，在全国掀起了一个找油热潮，对美国以及世界的油气勘探都起明显的促进作用。

该阶段油气勘探的基本特点是：主要依靠地表油气显示，直接在油气显示所在地向下钻探，没有对地下产油的地质条件作分析研究，也未进行较为系统的地质工作。该阶段勘探效率较低，油气产品中只能利用煤油，因而成本较高，发展较慢。该阶段油气生产国只有美国、俄国等 12 个国家，总计石油最高年产量仅 2043×10^4t。

12.1.3.2 地质测量找油阶段(1901 年至 1925 年)

由于内燃机的发明和推广(1860 年至 1908)，石油产品得到有效利用，对油气的需求大增。此时“背斜学说”已为油气勘探公司所普遍接受，用地质测量圈定背斜构造的工作迅速展开。同时，钻井技术的进步有可能钻达较深部位保存良好的油气藏。这些工作大大加快了发现油气田的进程。第一次世界大战证明，以石油产品为动力的内燃机船舰具有马力大、速度快的特点，在战争中发挥了重要作用。这就极大刺激了对石油产品的需求。战后，各个主要资本主义国家除在本土大力发展油气勘探外，也大大加强海外殖民地的油气勘探，发现了一大批大油田，出现了第一次发现高潮，为迅速发展的油气工业提供了充足的资源。

12.1.3.3 地球物理勘探找油阶段(1926 年至 1960 年)

1926 年开始先用重力，后用地震及其他地球物理方法查明地下构造，使得覆盖区找油工作成为可能。油气勘探迅速向平原区推进，进而逐步向沙漠、极地、海洋推进，极大地扩展了油气勘探领域，发现了众多的大油气田，使二次大战前后出现第二次发现大油气田的高潮。北非、中东、苏联的乌拉尔—伏尔加油气区和中亚—土库曼油气区、南美的委内瑞拉、亚太地区的印尼诸盆地、澳大利亚诸盆地，都是这一时期的重要成果。产油气国增加到 60 多个。到 1960 年，世界石油产量达 10.7×10^8t，其中美国占 3.81×10^8t，居首位，中东、北非地区占 2.63×10^8t，苏联占 1.48×10^8t。

由于油气勘探的新进展积累了大量新资料，除背斜和断层圈闭外，更多的非构造圈闭——地层、水动力和复合圈闭逐步被发现，近代测试技术的引入使石油成因理论研究取得重大进展。

12.1.3.4 协同勘探阶段(1961 至今)

该阶段发现油气田的难度和成本明显增加,另外勘探方法、测试技术日益现代化。为了综合利用各种技术和方法,提高勘探成功率,特别强调进行区域性综合研究和多种技术协同勘探,使油气勘探以前所未有的规模,向沙漠、极地、海洋方向推进,在陆地上则特别注意深部及复杂构造带下的隐蔽圈闭的勘探。该阶段在西西伯利亚盆地、阿拉斯加坡、麦肯齐三角洲、北海和撒哈拉沙漠都有重要油气田发现。在波斯湾海域和马拉开波湖区,亚太地区的澳大利亚、马来西亚、菲律宾和印尼等都有新的发现。在 1975 年以前,美国一直处于世界石油生产的领先地位,1975 年苏联产量达到 4.91×10^8t,超过美国(4.71×10^8t,最高年份为 1970 年,达 5.33×10^8t)。

12.1.4 我国石油工业概况

我国是世界上最早发现、开采和利用石油及天然气的国家之一。据史料记载,三千多年前中国已发现了天然气,两千多年前中国已发现了石油。由于天然气比石油更易从地层中逸出,遇火即燃,因此,在历史上人们认识天然气早于石油。

我国关于天然气的文字记载,最早见于西周时代(公元前 1046 年至公元前 771 年)《易经》一书中。书中记述的“泽中有火”很可能是沼气或天然气在水中燃烧的现象。

对石油的最早记载出现在 1900 多年前的东汉历史学家班固著的《汉书 · 地理志》中,书中描述了水面上的油状物可以燃烧。

“石油”一词是北宋著名科学家沈括(公元 1031 年至公元 1095 年)在《梦溪笔谈》中首次提出来的。他预言:“此物后必大行于世……盖石油至多,生于地中无穷,不若松木有时而竭”,预见了未来石油利用的广阔的前景。

我国近代油气工业可以上溯到 1878 年,以清政府在台湾设立中国第一个开发石油的行政管理机构——矿油局钻成第一口近代油井作为起点,但直到 1939 年甘肃玉门老君庙油田的投产开发,才称得上建立了近代石油工业的初步基础。我国自从有了近代石油工业以来,已走过了 120 年的历程。前 70 年(1878 年至 1949 年)是漫长的断续发展时期。20 世纪 40 年代,我国相继发现了玉门、延长、独山子油田和四川气田。在这时期,许多地质学家(如李四光、谢家荣、孙健初、潘钟祥、黄汲清、翁文波、黄尚文等)在极其困难的条件下,对我国油气地质研究及其他调查研究做出了重大的贡献。虽然当时还缺乏对中国油气地质条件的深刻认识,但已提出了陆相沉积物中存在石油的可能性。这种认识可以看做是以后发展起来的陆相生油理论的萌芽,这一时期可以称为中国油气地质学的初创时期。

旧中国遗留给我们的是一个力量极其薄弱的烂摊子。1949 年,全国只有玉门老君庙、陕北延长、新疆独山子 3 个小油田和四川圣灯山、石油沟 2 个小气田;有 3 个勘探处、8 个地质调查队,大小钻机 7 台;石油职工 1 万人,技术干部 700 人,而石油地质技术干部仅 28 人;油田生产单位只有玉门、延长 2 个,实际采油井加起来也只有 33 口;年产天然原油 7×10^4t;已探明石油地质储量 29×10^6t,估算的远景石油储量仅 27×10^8t。

新中国的油气工业经过半个多世纪的艰苦奋斗,创造了举世瞩目的辉煌业绩。纵观新中国成立后的 60 多年,我国石油工业的发展大致经历了三个时期。

12.1.4.1 恢复和发展时期(20 世纪 50 年代至 70 年代)

20 世纪 50 年代,我国石油工业的勘探重点放在西部地区的鄂尔多斯、四川、酒泉、民和、潮水、柴达木、吐鲁番、准噶尔和塔里木等 9 个盆地。当时把石油勘探工作重点放在西部的主要原因是那里在以往的日子里做了大量的勘探工作,有了一定的石油地质基础,同时已找到了一些油气田。这些油气盆地大,沉积岩厚,地层露头明显,构造多而且完整,油气苗显示丰富,具有找到大油气田的远景。就在这样工作的基础上,经过艰苦的地质勘察和钻探,于1955年在准噶尔盆地发现了克拉玛依大油田和齐古油田;1958年在塔里木盆地发现了依奇克里克油田;在柴达木盆地发现了冷湖油田、油砂山油田、油泉子油田、马海油田等;1958年在酒泉盆地发现了鸭儿峡油田、白杨河油田;1958年在四川盆地发现了蓬莱镇、南充、龙女寺、大石桥、桂花园、罗渡溪、营山等油田,同时找到了纳溪、阳高寺、邓井关、卧龙河、龙洞坪、长垣坝、自流井等气田。上述这些油气田的发现,使原油产量大幅度地增长,1959年年产原油373×10^4t,使我国石油工业面貌发生了根本的变化,但是还没有完全扭转我国石油还要依靠进口的落后局面。同时,中国东部工业迅速发展,急需石油资源大量增长,于是从20世纪50年代后期开始,在重点勘探西部的同时,对中国东部华北平原、松辽平原进行了石油普查。1959年9月,松辽盆地松基3井喷油,随后迅速探明了大庆油田。1964年大庆油田全面投入开发,原油产量大幅度增长,从此扭转了中国石油工业落后的局面。

12.1.4.2　高速发展时期(20世纪70年代至20世纪末)

在东部石油普查的基础上,在发现大庆油田后,国家即将找油的重点从西部转移到东部,此后石油工业发展迅速。继发现松辽盆地油区之后,1962年发现了胜利油田,1964年又发现了大港油田,1973年发现了辽河油田,1975年发现了任丘油田。同时,在其他地区发现了一些新的油气区,如江汉油田、南阳油田、苏北油田、中原油田、百色油田等,从此建成了17个石油和天然气生产基地。全国石油工业欣欣向荣,面貌焕然一新,全国原油产量大幅度上升,1985年达到1.24×10^8t。36年中,油产量年平均增长率为13.8%,年平均增长量347×10^4t。

这一阶段的陆相生油研究,已深入涉及生油岩中有机质的组成、干酪根类型、有机质演化特征和生物标记化合物等问题,揭示了地质体中从有机质到油气的演化史,为研究沉积物中有机物的来源、成熟演化、油气运移、油气与源岩之间的成因联系及再造古环境提供了依据。这一时期的油气地球化学研究成果,有力地促进了陆相盆地烃源岩的评价和油气勘探新领域的拓展。陆相生油说已经发展成为一种较为成熟的理论,成为陆相油气地质理论的基础。

12.1.4.3　新世纪替代能源的发展时期(21世纪初至今)

现在大部分老油田已经进入成熟期,产量已经开始递减,新发现的石油难以弥补成熟油田的快速递减,但是中国对能源的需求在较长的时期内将一直是增长的,那么通过什么方法来弥补能源需求供给的巨大缺口呢?除了通过技术来实现油气勘探、生产、炼化和利用的大突破外,便是替代能源的发展,以非常规天然气能源和各类新能源最受关注。

非常规天然气包括有煤层气、深层气、致密岩气、富有机质页岩气以及天然气水合物等,比较易于开采的是埋藏1000m以内的煤层气,美国已有多年开采经验,我国正在着手开发,目前已经取得了一定的成果。埋藏于我国北方冻土地带和近海深处的天然气水合物总储量达15×10^{12}t油当量,超过其他化石燃料资源一倍,是一笔巨大的潜在能源与化工资源,只是开采的技术难度很大,我国将努力争取在新世纪中期开发成功。新能源主要包括风能、太阳能、核能、潮汐能、地热能等可再生能源以及电力等二次能源。这些能源的发展也在我国的能源应用中具有极重要的地位。

在21世纪人类对能源需求空前高涨时,我们不能不考虑替代能源对21世纪石油工业发展的影响。在高油价的催生以及在各种技术的发展下,或许会出现其他我们没有预见到的能源来替代油气资源,那时我国的石油行业将面临巨大的变革。

12.2 煤炭工业的概况及特征

12.2.1 煤岩学基础知识

煤是一种固体可燃矿物。从岩石学角度来看,它是一种可燃性有机沉积岩。由于成煤原始材料及成煤作用条件变化很大,其岩石组成很复杂。一般来说,煤的岩石组成在成煤第一阶段,即泥炭化阶段经生物化学作用后,已稳定下来(煤岩组分定型);在成煤第二阶段即煤化阶段,经物理、化学作用,已定型的各煤岩组分又经受了程度不同的变化。在中变质阶段(烟煤)可显示出典型的煤岩特征,而到高变质阶段(无烟煤)各煤岩组分的差异已难于辨认了。

12.2.1.1 宏观煤岩成分

宏观煤岩成分是指用肉眼可以区分开的基本组成单位,通常可以分成镜煤、丝炭、亮煤、暗煤四种成分,其中镜煤和丝炭属简单煤岩成分,亮煤和暗煤属复杂煤岩成分。

(1)镜煤:镜煤呈黑色,光泽强,密度小,结构均一,具有贝壳状断口、内生裂隙特别发育,性质较脆,易破碎,故煤的细粉小。在显微镜下观察,镜煤的轮廓清楚、质地纯净,主要是由植物的木质纤维组织经凝胶化作用形成的,其中凝胶化组分占98%以上。

(2)丝炭:丝炭外观像木炭,颜色灰黑,具有明显的纤维状结构和丝绢光泽。丝炭疏松多孔,性质很脆,易破碎,用手触之即碎,能染指。在显微镜下,丝炭具有明显的植物细胞结构。它是由植物的木质纤维组织经丝炭作用形成的,组成单一,因此也是一种简单煤岩成分。

(3)亮煤:亮煤呈黑色,光泽较强,性质较脆。内生裂隙较发育,断口也多呈贝壳状,密度较小,其结构的均一性较镜煤差,表面隐约可见微细层理,各种表观特征接近镜煤。亮煤是煤层中常见的煤岩成分。在显微镜下观察,亮煤的组成比较复杂,它以凝胶化组分为主,同时含有数量不同的丝炭化组分和由脂类化合物转化而成的稳定组分,因此亮煤是一种复杂的非均一煤岩成分。

(4)暗煤:暗煤呈暗黑色,光泽暗淡,致密坚硬,密度大。暗煤一般层理不清晰,多呈粒状结构,断口粗糙,呈不平坦状,在煤层中常以较厚的分层存在或单独形成煤层,是煤中常见的组分。在显微镜下观察,暗煤组成十分复杂,通常暗煤中凝胶化组分较少,稳定组分和丝炭化组分较多,矿物质含量也较多。因此,暗煤也是一种复杂的非均一煤岩成分。

12.2.1.2 显微煤岩组分

在显微镜下能识别的组分,称显微组分。镜下观察镜片通常采用两种方法,一是在透射光下观察煤的薄片,鉴定标志主要是透光色、形态和结构特征;另一种是在反射光下观察煤的光片,鉴定标志除反射色、形态和结构特征外还有突起。反光镜下观察煤片时,可用干物镜或油浸物镜。但油浸物镜提高了视野中各显微组分影像的反差和清晰度,因此,常用油浸物镜进行观察。

煤的显微组分可分为有机显微组分和无机显微组分,由植物有机质转变而成的组分为有机显微组分。

无机显微组分是指煤中的矿物质。它的来源包括成煤植物体内的无机成分和成煤过程中混入的矿物质,后者是煤中矿物质的主要来源。常见的矿物主要有粘土矿物、硫化物、氧化物及碳酸盐类等四类。限于篇幅,本文对于无机显微组分不予详述。

腐殖煤的显微组分大体可分四类,即镜质组、惰质组、壳质组以及过渡组分(半镜质组、半惰质组)。

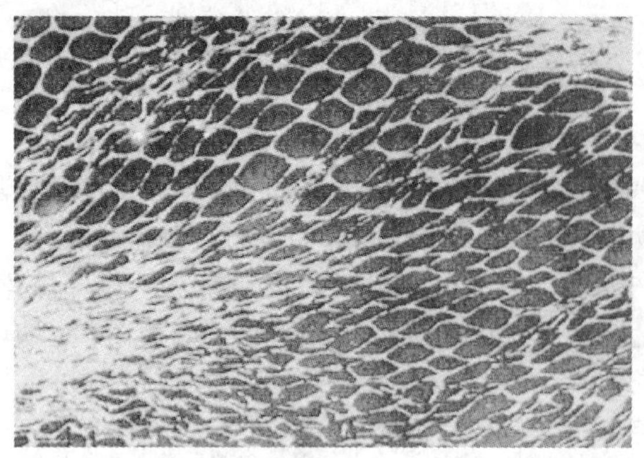

图 12-8　镜质组在反光油浸镜下呈灰色(据汤达祯)

(1)镜质组:镜质组是煤中最主要的显微组分,我国多数煤田的镜质组含量约为60%~80%,其基本成分来源于植物的茎、叶等木质纤维组织,它们在泥炭化阶段经凝胶化作用后,形成了各种凝胶体,因此又称为凝胶化组分。镜质组在透射光下呈橙红色至棕红色,随变质程度增高颜色逐渐加深;在反光油浸镜下呈深灰色至浅灰色(图 12-8),随变质程度增高颜色逐渐变浅,无突起。到接近无烟煤变质阶段时,透光镜下已变得不透明,反光镜下则变成亮白色。随变质程度增高非均质性逐渐增强。

(2)惰质组:惰质组是煤中常见的一种显微组分,但在煤中的含量比镜质组少,我国多数煤田的惰质组含量约为10%~20%。惰质组也是由植物的木质纤维组织转化而来的。在泥炭化阶段,植物残体经过丝炭化作用后便形成了此种显微组分。惰质组在透射光下呈黑色不透明(图 12-9),反射光下呈亮白至亮黄白色,并有较高突起。惰质组的细胞结构有些保存完好,有些细胞壁已膨胀或只显示出细胞胶腔的残迹,有些甚至完全不显示细胞结构。按其成因,具有细胞结构的惰质组可分为火焚惰质组和氧化惰质组。火焚惰质组一般细胞结构保存最完好,有时分节的管胞还清晰可见。其细胞腔一般是空的,有时也充填矿物质及有机物质,在反光油浸镜下呈黄白色,突起高,反射率也高。氧化丝质体细胞结构保存较差,细胞壁通常略有膨胀,突起比火焚惰质组略低,反光油浸镜下多为亮白色。

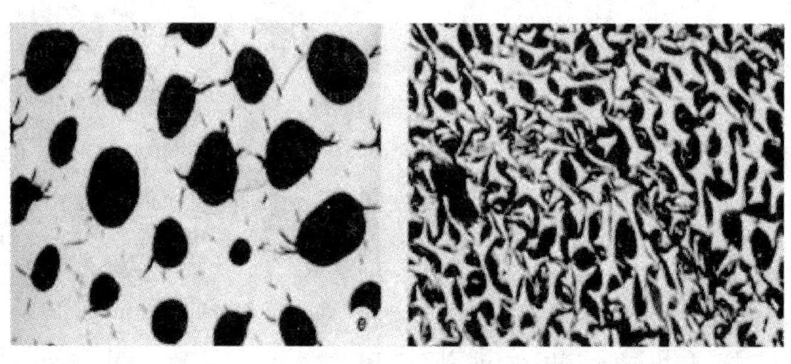

图 12-9　在透射光下的惰质组(据汤达祯)

(3)壳质组:壳质组来源于植物的皮壳组织和分泌物以及与这些物质相关的次生物质,即孢子、角质、树皮、树脂及渗出沥青等。壳质组均具有可辨认的特定形态特征,在反光油浸镜下呈灰黑色至黑灰色,具有中、高突起,在同变质程度的煤中,其反射率最低。透射镜下壳质组呈柠檬黄、橘黄或橘红色,轮廓清楚,形态特殊,具有明显的荧光效应,在蓝光激光下的反光荧光色为浅绿黄色、亮黄色、橘黄色和褐色,其荧光强度随变质程度的差异和组分不同而强弱不一,见图 12-10。

(4)过渡组分:过渡组分系指介于镜质组与惰质组之间的组分,它们均来源于植物体的木

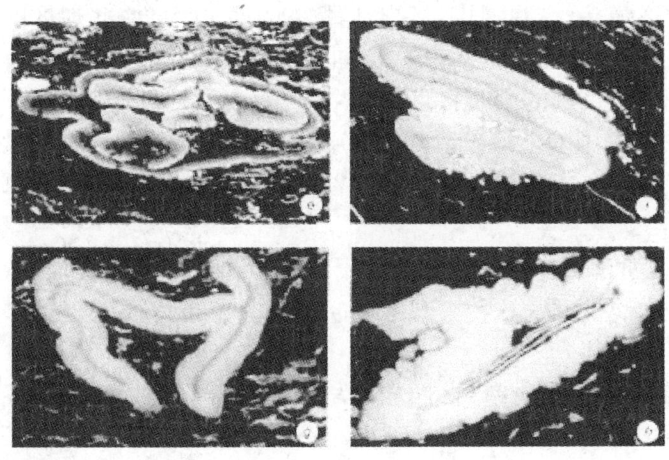

图 12－10　透射光下的壳质组(据汤达祯)

质纤维组织,只是在泥炭化作用过程中,经历了凝胶化和丝炭化两种作用过程。其中只受到轻度丝炭化作用组分通常称半镜质组,其镜下特征与性质接近于镜质组;受到丝炭化作用程度较深的称半惰质组,其镜下特征与性质更接近惰质组。

12.2.2　煤炭资源的储量分布

12.2.2.1　世界煤炭资源的储量分布特点

世界煤炭资源分布的地理范围相当广泛,据已探明的储量看,北美、中欧、西欧、亚洲、澳洲、拉丁美洲、非洲、中东等均有煤炭分布。煤炭在全世界分布很不均匀,亚洲、澳洲最多,占世界总量的30.1%;原苏联地区、中欧占总储量的28.5%;北美占总储量的24.7%;西欧占总储量的9.2%;非洲、中东占总储量的5.8%;储量最少的是拉丁美洲,只占总储量的1.7%。亚洲、澳洲的煤炭资源有51.2%分布在中国;北美洲的煤炭资源有97.5%分布在美国;原苏联地区、中欧的煤炭资源有77.7%分布在原苏联境内;非洲、中东的煤炭资源有87.6%分布在南非。煤炭储量最多的国家有美国、原苏联、中国,其次是澳大利亚、德国(74.4%的煤炭资源集中在西德)、印度、南非和波兰。它们分别占世界总量的24.1%,22.1%,15.4%,8.4%,7.3%,5.7%,5.1%,3.7%。

按照2008年世界已探明的资源量和生产量来计算,煤炭资源可利用年限在200年以上。煤炭的开发利用潜力很大,今后应加强煤炭勘探工作,寻找更多的新煤源,使之成为世界强有力的常规能源支柱。

12.2.2.2　我国煤炭资源的储量分布特点

煤炭是我国的最主要能源,在历年的一次性能源生产结构和消费结构中煤炭都占70%以上的比例。我国能源资源的结构特点以及经济发展的程度决定了在今后一段时间内,煤炭在一次能源结构中仍然占据主导地位。煤炭工业的可持续发展是中国经济和社会发展的保证。

据1997年第三次全国煤田预测,我国煤炭资源预测总面积为392572.73km^2;全国煤炭资源总量为55965.63$\times 10^8$t,其中垂深1000m以内的预测资源量为18440.48$\times 10^8$t,垂深2000m以内的预测资源量为45521.04$\times 10^8$t。其中华北地区煤炭储量近5014$\times 10^8$t,占50.1%,居首位。以下依次为西北富煤区储量3016.65$\times 10^8$t(占30.15%),华南富煤区617.72$\times 10^8$t(占6.16%),东北富煤区储量307.65$\times 10^8$t(占2.08%),滇藏富煤区16.01$\times 10^8$t(占0.16%)。

从储量上看，华北地区最多，占我国煤炭保有储量的50%以上，西北地区的保有储量也占全国的20%，中南区和东北区的储量最少，均占全国煤炭的3%左右。

综上所述，我国煤炭资源的分布特点有三个：

(1)广泛且集中。全国除上海市以外的30个省(市、自治区)都有数量不等的煤炭资源赋存，但绝大部分煤炭分布在华北和西北两个大省区。这两大省区煤炭资源占全国煤炭资源的80%以上。

(2)西多东少、北富南贫。绝大部分煤炭资源分布在经济不发达地区，而东部和东南部沿海经济发达地区缺少煤炭资源，这种客观上形成的资源分布特征决定了煤炭基地远离消费市场的局面。

(3)煤中的含硫量有自北向南、自西向东增高的趋势，以西南地区炼焦煤的平均硫分最高。地处西北的新疆、宁夏和青海三省区以及东北的辽宁、吉林和黑龙江三省煤中含硫量极低，是中国煤质最好的地区。华东地区、西南和中南地区煤中含硫量高，这就决定了在上述地区发展经济的同时必须强化环境管理，以控制煤中二氧化硫的排放。东部沿海地区的能源需求应尽早转向其他清洁能源或可再生能源。

12.2.3　我国煤炭工业生产情况特征

现今我国煤炭工业生产的基本情况，有以下几点特征。

(1)国有大中型煤矿后续生产能力不足。

1998年我国生产原煤12.5 $\times 10^8$t，同期煤炭消费量12.101 $\times 10^8$t(据煤炭工业部调查数据)；1996年原煤生产量13.967 $\times 10^8$t，同期煤炭消费量13.4593 $\times 10^8$t。从这两年的生产消费情况来看，生产大于需求，但从长远看，这种局面不会维持长久。因为目前我国国有大中型煤矿的主要生产能力严重不足；近几年新开矿井少，老矿井逐步进入衰退报废阶段。对新井田的投入的地质勘探程度不足也是造成今后生产能力不足的一个原因。

(2)国有大中型煤炭企业科技进步贡献率低。

据1990年对国有大中型煤炭企业的技术进步率进行过的测算，进步因素在产量增长中所占的比例仅为10.87%。资金和劳动力的投入量对产量的贡献率是80.75%。由此可以看出煤炭产量增长主要是依靠资金和劳动力的大量投入。从整体上看中国煤炭工业的技术水平还较落后，仅有少数的矿业集团依靠科技进步或引进国外先进设备，取得了较好的经济效益。

(3)新型煤矿的建设。

在我国许多地区已开始进行尝试新型煤矿的建设，例如2003年11月开工建设的安徽省淮南顾桥煤矿。顾桥煤矿是“十五”期间国家重点建设工程，井田面积106.7km^{2}煤炭地质储量18.7 $\times 10^8$t，可采储量9.68 $\times 10^8$t。该矿整体建设投资29亿元，设计年产量500 $\times 10^4$t，主要生产系统具备年产1000 $\times 10^4$t的生产能力，堪称“亚洲第一矿”。

顾桥煤矿是淮南矿业集团新一轮发展的标志性矿井，在生产和安全的各个环节上的设计上，均体现了世界煤矿建设最先进的技术，做到了装备现代化、系统自动化、管理信息化；从设计源头预留高倍安全系数，矿井投产首采面和首采层实施保护层卸压开采，区域性治理瓦斯，实现被卸压层先抽后采，高瓦斯煤层预抽到低瓦斯状态下安全高效开采，率先建成本质安全型现代化矿井；从生产流程中提高资源回收率，实现煤炭资源节约开发，设计矿井回采率73%、工作面回采率95%；做到矿井建设与环境保护同步规划、同步实施、同步经营，实现经济发展与环境保护的协调统一。顾桥煤矿安全与生产管理系统还实现了信息采集、信息管理、信息可视化等核心技术的实时监控和动态管理。

本章总结

石油是以液态形式存在于地下岩石孔隙中的可燃有机矿产。在地下油气藏中石油无论在成分上和相态上都是极其复杂的混合物。在成分上以烃类为主,含有数量不等的非烃化合物及多种微量元素。石油和以烃类为主的气藏中的天然气共同组成油气资源。煤是一种固体可燃矿物。从岩石学角度来看,它是一种可燃性有机沉积岩。由于成煤原始材料及成煤作用条件变化很大,其岩石组成很复杂。

复习思考

1. 什么是石油?石油的组成是什么?
2. 试述石油的分类方法及其物理性质。
3. 什么是天然气?试述天然气的几种赋存相态。
4. 了解煤炭的宏观与显微组分。
5. 了解我国油气工业和煤炭工业状况。

思维拓展

结合当地的实际情况,亲身到距离当地最近的油田或者煤矿进行实践体会,研究油田或者煤矿的实际生产情况,如生产量、工艺水平、利润收益及其对环境的影响。

拓展阅读

[1] 陈昭年. 石油与天然气地质学. 北京:地质出版社,2005.
[2] 潘忠祥. 石油地质学. 北京:地质出版社,1986.
[3] 张亚云. 应用煤岩学基础. 北京:冶金工业出版社,1990.
[4] E 斯塔赫等. 斯塔赫煤岩学教程. 北京:煤炭工业出版社,1990.
[5] 中国石油工业的发展. 上海:上海人民出版社,1976.

13 我国化石燃料利用的环境问题

2009 年，我国的国内生产总值居世界第四位，而年耗总量居世界第二位，温室气体二氧化碳的排放总量居世界第二位。能源效率低、生态环境破坏和大气污染严重，这些是我国以煤为主的能源结构、粗放的生产和消费方式带来的突出问题。

13.1 我国油气生产造成的主要环境问题

13.1.1 油气开发过程中造成的主要环境问题

由于石油和天然气是液态和气态的矿产，其开采过程中具有极大的难控制性。所以石油和天然气钻井、开采及运输的各个环节都将不可避免地对环境造成一定的损害。

油气开发过程中对于环境的污染物质主要有：钻井过程中的钻井液（泥浆），包括油基钻井液和水基钻井液；油气开采、试井、钻井过程及事故（如井喷等）中的落地原油；油气井修井中的洗井液；油气储运过程中产生的油气泄漏以及油气生产、开采、储运过程中产生的油污泥等。

13.1.1.1 油气钻井过程中对环境的损害

（1）油气钻井过程中的对土地的占用与破坏。这种破坏是石油和天然气开采过程中对于环境的破坏的第一步。任何开采活动都不可避免地需要占用一定的面积用来修筑道路、固定井架、建立陆上钻井平台、停放钻井器械及建立必需的生活设施，以保障钻井活动的顺利进行。据估计，正常情况下每一口井的钻井占地面积大约为 1500m^2 甚至更多。据统计，1999 年上半年中国石油天然气集团公司投入生产的采油井和注水井共计 102695 口。那么，这些井的总占地面积为 154km^2 以上，按上半年完成任务的 60% 计算，全年占地面积将达到 257km^2 以上。另外中国石油化工集团公司也有大量的开发井、探井、评价井和参数井等不断投入运行。

（2）钻井液对环境的影响。实践证明，在钻井过程中，钻井液对于周围的土壤环境，废弃钻井液对土壤及其农作物都有一定的影响。根据中国石油天然气集团公司的调查，全国油气田每年产生废弃钻井液约 100×10^4t，其中近 40% 被直接排放到生态环境中去。由于地质构造越来越复杂，且各油田开采程度的不断深入，对各种具特殊功能的钻井液的要求也越来越多。钻井液的化学添加剂的种类和数量都将大幅度增加，如果废弃的钻井液被直接排入生态系统，必将对环境造成极大的危害。

13.1.1.2 石油和天然气开采过程中的污染

石油和天然气开采过程中的污染主要是指开采过程中所形成的落地原油及含有污泥对土壤的污染。对于一个石油和天然气工作者来说，没有比发现油气更兴奋的事了。但是随着发现油气的那一刻起，石油就随时有污染周围土壤的可能，甚至在钻井过程中，如果用的是油基钻井液，那么对于其周围土壤的污染还要早得多。另外在试井、采油过程中，尤其是在钻井和开采过程中发生事故，例如井喷，那么大片的土地将被厚厚的黑色原油所覆盖，造成的污染也就可想而知了。

含油污泥主要来源有以下几个方面：接转站、计量站、联合站的油罐、沉降罐、污水罐，隔油池的底泥，炼厂含油污水处理设施、轻烃加工厂、天然气净化装置清除出来的油沙、油泥、钻井和作业过程中所产生的含油污泥。含油污泥的组成主要是油、泥和水，而油是对环境造成危害的物质。

油污土壤(指落地原油污染的土壤)和含油污泥已经成为油田的重要污染源。目前各油田产生的油砂和含油污泥及落地原油回收后剩余的油污土壤主要采用露天堆放、卫生填埋、铺路等方法处理,但这样就直接污染了地表水和地下水。在目前能源紧张,油田开发相继进入“三高”阶段的情况下,要保持原油的产量必然要增大采液量,由此造成采出液中含砂量升高及油砂产生量增大,环境污染进一步增大。因此,迫切需要研究一种经济可行的适于多数情况的处理工艺解决这种问题。

13.1.1.3 开采后期修井所造成的污染(洗井液对环境的污染)

洗井废水的理化性质一般为:pH 值为 7.86、含盐量 490mg/L、含碱度 425.5mg/L。其有机物主要有各种直链烃类、芳烃及酚类等,也含有一定的重金属和硫化物。

根据有关部门所做的田间试验,土壤重金属元素、有机污染物、硫化物等都随着洗井废水水量的增加而增高,实验中,作物未受到重金属的污染,但籽粒中总烃、芳烃含量有所增加,超过当地正常水平的上限。酚含量增加也比较明显。

13.1.1.4 油气田开发对湿地的影响

我国油气田开发所涉及的湿地有滨海湿地、河口三角洲湿地等。例如:辽河油田位于辽河三角洲地区;大港油田一部分位于沼泽区内;中原油田部分位于黄河河滩;胜利油田位于黄河三角洲;江苏油田位于江苏省邵伯湖和高邮湖地区;江汉油田位于江汉湖区,等等。

石油勘探活动开发对湿地的影响,大体上可以分为直接影响和间接影响。

(1)直接影响:直接影响包括污染物排放对环境的影响,主要是指采出水、钻井污水、洗井水、矿区雨水、大气污染物、固体废弃物等对环境的影响。这是油气田开发对湿地影响的主要方面。还有车辆、机械和人类活动对野生动植物的影响、油田设施占用地面、围湖和围海等造成的影响。

(2)间接影响:间接影响主要是指影响湿地的水文地质条件及油田的开发带动其他资源开发和当地经济的发展等。

13.1.1.5 油气田开发对草原植被的影响

油气田开发过程中产生的落地原油虽然大部分被回收,但仍有一部分不能被回收。滞留在草原中的落地原油对草原植被会产生影响。为了定量说明落地原油对草原植被的影响,有关部门对不同的植物群落做了实验。实验结果表明,随原油量的增加,对植物群落的影响逐渐加大,表现为植株高度降低,株数减少。当原油覆盖地面 0.2cm 时,可使一年生植物的种子失去萌发力而不能生长繁殖。

13.1.1.6 油气田开发对水土流失的影响

不少油气田位于生态环境脆弱区,油气的开发进一步加剧了生态环境的恶化。例如,位于陕甘宁盆地的长庆气田是近年我国陆上发现的最大的整装气田。它的开发对于改变我国的能源结构、支援国民经济发展做出了重要贡献。尤其是陕气进京工程,对于改善首都能源结构、减少大气污染起到了重要作用。但是,由于气田所处的靖边县是黄河中游 138 个水土流失重点县之一,年流失泥沙量高达 5660×10^4t,生态环境脆弱。因此气田的开发对于生态环境有一定的影响,使已经很严重的水土流失更加严重。研究表明,气田开发过程中对于水土流失的影响主要是由于土体移动而影响地形地貌、影响植被覆盖率等。根据调查,气田开发后,植被覆盖率将由原先的 41.6% 降至 29.3%。

13.1.1.7 油气储运过程中产生的环境影响

在油气的集输过程中的烃类污染是油田大气污染的主要来源。降低烃类损耗、回收挥发气体是减少大气污染的主要途径。

长距离输油管线在石油工业中起着重要的作用，目前全国的长距离输油管线已经超过11000km，管线输油占全国原油总运输量的90%以上，长输管线已经遍布全国15个省、市、自治区，已经成为石油工业的重要组成部分。输油管线对环境的影响主要表现在管线施工建造期间对沿途环境的破坏，以及输油管线投产后运行期间，首站、末站、中间泵站等各种站场操作产生的污染物对环境的污染。如储油罐散发的烃类物质对大气的污染，机泵、阀门等设备漏油污染，输油设备冷却水等含油污水对环境的污染，管线破裂漏油对环境的污染等。

13.1.2 石油污染物的危害

13.1.2.1 概述

石油类污染物的危害主要表现在对人类、动物、土壤和天然水体的危害和影响。石油类污染物已列入我国危险废物名录，在已列入的48种危险废物中，石油类排第8位。

石油中的芳香烃类物质对人体的毒性较大，尤其是以双环和3环为代表的多环芳烃毒性更大。此类物质通过呼吸与皮肤黏膜接触，食用含污染物的食物等均有将石油类污染物引入人体的可能。石油类污染物可影响人体多种器官的正常功能，会引起皮肤、肺、膀胱、阴囊癌症，以及接触性皮炎、皮肤过敏、色素沉着、痤疮等症状。

排入土壤中的石油会影响土壤的通透性。石油类物质的水溶性一般很小，土壤颗粒受石油污染后不易被水所浸润，在土壤内不能形成有效导水通路，致使土壤的渗水量和透水性均下降。积聚在土壤中的石油烃，绝大部分是相对分子质量高的有机化合物。土壤中的石油烃黏着在植物根系上形成一层黏膜，对根系的呼吸和水分的吸收有阻碍作用，甚至会引起根系的腐烂。

石油对水的色、味和溶解氧均有较大影响。石油对水生生物的危害很大。在海水中，当石油的质量浓度为0.01mg/L时，24小时就能使鱼体产生油臭味。石油黏着到鱼鳃上或黏附在鱼卵上，很快会使鱼窒息死亡，或使孵化过程受到影响。水体中含有一定量石油类物质，会在水面形成厚度不一的油膜，对水体的富氧过程有破坏作用，因而会对水质及水中动、植物的生存有影响。另外，水中的鱼、贝等类生物会将石油类物质中的“三致”（致癌、致畸、致突变）物质富集，通过食物链传递给人体。

13.1.2.2 产生方式

石油开采的每一个环节都可能产生石油类污染物并污染自然环境，钻井、采油及发生事故是产生污染的主要环节。油田钻井时会产生含有石油类污染物的钻井废水和含油泥浆，来源于冲洗地面设备上的油污、下钻泥浆流失及泥浆循环系统渗漏。在采油期，正常采油作业会排出采油废水，洗井时会排出洗井废水。由于采油废水是随原油一起从油层中开采出来的，所以原油的脱水处理会产生废水。采油期间设备大检修还会产生含油废水。事故污染包括自然因素和人为因素2种情况。自然事故包括：井喷；设备故障；采用车辆运输时因山体滑坡、雪崩、洪水、大风等因素引发交通事故造成的原油泄漏。人为事故指各种由人为因素造成的采油设备及输油管线破坏，人为交通事故引起原油输运车辆的翻车等污染事故。

13.1.2.3 在环境中的赋存状态

进入水体后，在风、阳光、微生物等因素作用下，经历扩散、蒸发、溶解、乳化、氧化、吸附、沉淀等风化过程后，石油类物质的组成、性质和存在形式均会发生变化。进入水体中的原油，轻组分（C_{13}以下烃质量分数为25% ~30%）在几十小时甚至几小时内即可挥发进入大气，剩余石油类物质主要以漂浮油、细分散油、乳化油、溶解油、油—固体物5种形式存在于水中。

石油类污染物进入土壤后，由于石油具有疏水性，所以绝大部分石油类物质在土壤中吸附于固体表面。在土壤环境条件下，石油的吸附属于干态或亚干态吸附。除吸附态外，石油类物质在土壤中还存在于水相中或逸散于气态环境中。在水相及气相中的分配比例与石油类物质的溶解度、饱和蒸汽压、温度及地表风速有关。溶解态石油类物质随水流可以相对自由地向土层深处迁移，或发生平面扩散运动。逸散在大气中的部分石油类物质可由空气携带漂移，使污染物产生长距离的迁移。

13.1.2.4 迁移转化途径

在环境中，石油类污染物主要以原油和含油污废水两种形式迁移。

1）原油

原油形态污染物主要是生产、运输过程中的落地原油和事故漏油，主体相为油，杂质相为水，产生后直接撒落于土壤表面。落地原油一方面会在重力作用下沿土壤深度方向迁移，另一方面会在毛细管力的作用下发生平面扩散运动。由于石油的粘度大，粘滞性强，所以会在短时间内形成小范围的高浓度污染。土壤颗粒的吸附量有限，大量未被吸附的石油会存在于土壤空隙中，一旦发生降水并产生径流，部分石油类物质会在入渗水流的作用下加速向土壤深层渗透，另一部分则随径流泥沙一起进入地表径流。在水流的剪切作用下，土壤团颗粒结构被破坏，分布在土壤颗粒空隙中的石油类物质被释放出来。由于石油类物质的水溶性较差，其相对密度比水小，所以排放出来的石油类物质很快浮于水面，相互结合形成大石油团块，这就是在有油井分布的地区，洪水期时往往河流水面上有块状浮油出现的原因之一。落地原油经过较长时间，在水力、重力等因素作用下，经过扩散和混合，会逐渐形成更加稳定的状态。

2）含油污废水

含油污废水污染物的主体相为水，杂质相为油，其主要来源为：石油生产过程中产生的含油污废水；在降雨径流条件下，在油污土壤表面产生的含油污水。含油污废水可直接污染土壤和地表水体甚至地下水，也可间接污染地下水、水生动植物、食物链，损害人体健康及环境生态。含油污废水流经土壤时，水中的油易被土壤吸附。吸附于土壤中的油既可挥发进入大气，也可下渗进入更深土层甚至地下水，在一定条件下还可能再次释放进入降雨径流或下渗污染地下水。排入水体的含油废水中的一部分挥发进入大气，一部分漂浮于水体表面，一部分被细分散化或溶解于水中，一部分被悬浊质吸附，悬浮或沉于水底。被悬浊质吸附的油与水体之间保持着动态平衡，在一定条件下可渗入并污染地下水。分布于水体表面的油类，很快在水体表面形成油膜，一方面向大气挥发（蒸发），另一方面沿水面扩散，被碎浪分散后以乳化或溶解的形式向水下扩散，或被水体中的泥沙所吸附，悬浮于水中或沉积于水底。

石油类污染物的迁移途径如图13－1所示。

13.1.2.5 在环境中的降解

1）生物降解

石油类物质进入降解微生物的细胞膜后，通过好氧呼吸、厌氧呼吸和发酵3种同化作用产生降解。可降解性由石油类物质的化学组成决定，总体来说，烷烃及芳香烃中的C_{10} ~ C_{22}烃最易降解；C_1 ~ C_4 短链烃结构比较稳定，只有少量微生物对其有降解作用；C_{22}以上烃类的水溶

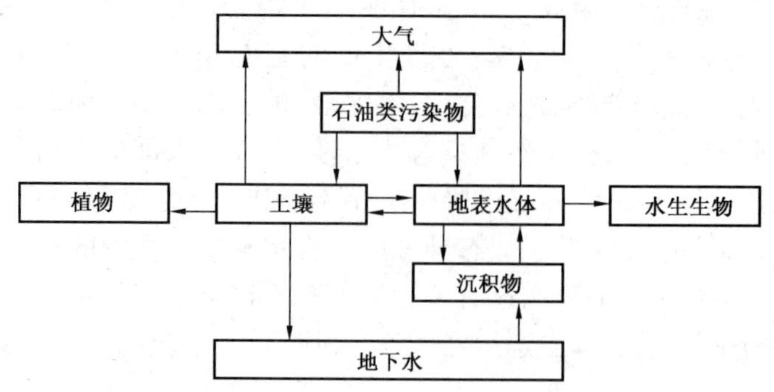

图 13－1　石油类污染物的迁移途径

性很差，一般情况下呈固态，微生物对其的降解作用非常有限。在适宜的环境条件下，土壤中的微生物可以将石油类物质中的一定组分作为有机碳和能量来源使之降解。对生物降解影响最显著的环境因素为温度、pH 值、湿度和反应体系的含氧量。由于生物的稳定性有差别，所以石油类物质各组分可被生物降解的程度相差很大，而且在同一块污染区域的土层中，微生物所处的环境也有较大差异。

2）光化学转化

经过分配作用逸散在大气中的石油类物质，由于受到直接光照而发生有效降解。土层中的石油类物质，只有最表层的一小部分可以受到光照而发生降解。前已述及，绝大部分石油类物质是滞留在土层中的，很少受到光照的影响而发生降解。

在实际土壤环境中，生物降解和光化学转化作用是一个同时进行的动态平衡过程，在一定条件下二者还可以相互转化。

13.1.3　油气田的生态环境损害的恢复治理方法

13.1.3.1　*减少土地占用和污染土壤的修复技术*

油气田的开发是从钻每一口井开始的，对于油气田的钻井所占用的土地，一个重要的处理办法就是最小化原则，即加强管理、实行集成化模式，使所占用的操作面积减到最小。例如通过建立陆上平台式操作模式，尽量缩小生活区的占地面积等。

对于油污土壤和含油污泥，目前国内不同的油田和单位的具体对策都有所差别，但不外乎两个方面，一是对油污土壤和含油污泥的处理，二是对所含污油进行回收。概括来说，对于油污土壤和含油污泥的修复技术主要有以下几种：

（1）焚烧法：焚烧法是指将油污土壤和含油污泥焚烧，将石油污染物除去的过程。

（2）土地耕作法（生物降解法）：土地耕作法是用土地耕作处理油污土壤和含油污泥的过程。通过耕作使土壤中存在的微生物将油污土壤和含油污泥中的废油、有机物降解，产生醇、酚、酯等中间产物，并最终分解为二氧化碳和水。

（3）固化法：固化法指加入固化剂后将油污土壤和含油污泥变为固体燃料或建筑材料。

（4）干化法：干化法主要用于油污土壤和含油污泥的脱水，然后再作进一步处理。适用于干旱气候条件。

（5）热脱附法：热脱附法指通过升高温度使石油从土壤和污泥中脱附出来。

（6）溶剂萃取法：溶剂萃取法指通过化学溶剂和油污土壤或含油污泥相混合，使石油溶解在溶剂中进而回收的方法。

(7)洗涤法:洗涤法是通过一定的药剂与含油土壤混合,将石油从土壤中洗出的方法。这种方法目前被认为是能耗低、设备投资小、极有潜力的一种方法。

(8)离心法:由于含油污泥乳化严重,通过离心法可以加速三相分离,从而还可以回收油。

(9)化学破乳法:化学破乳法是指通过加入一定的化学试剂,破除含油污泥的乳化作用,从而促进油、水、固三相分离。

(10)热滤法:热滤法是指通过加热,减少含油污泥的粘度,进而进行抽滤,使固液两相分离的方法。

这些石油污染土壤的修复技术都各有优缺点,其中后4种技术可以用来回收废油。

13.1.2.2 对于油气集输过程中的污染控制

为减少油气集输过程中的大气污染,必须加强大罐抽气、原油稳定及轻烃回收等工艺的研究和应用,进行回收处理。同时分清原油管道漏油类型及原因,包括腐蚀穿孔、人为事故、自然灾害事故及机械性损伤事故等。应注意定期进行漏油检测,对于漏油量较大的情况,可以采用流量增加或压力降低检测法、压力梯度法、负压力波法、在线平衡法以及动力模型法等进行检测;对于规模较小的石油漏失可以采用差压实验法和智能清管器法等。

如果检测发现漏油要及时处理,并将所造成的后果尽量减少到最低限度。

13.1.2.3 钻井液和洗井液选择与控制

首先应选择环境可接受钻井液(或称为环境友好型钻井液),并尽可能地节约。同时加强废液返注的研究和应用工作。尽可能将对环境有害的钻井液和洗井液经简单的处理以后进一步经注水井注入地下。可以使注入的废液参与开发,即作为开发的动力,也可以选择与开发无关的地层,注入地下。作这种工作时一定要研究好地层的特性,注意注水给相邻地区和地层带来的影响并注意跟踪检查。四川石油管理局设计了一种钻井防污土建结构。该结构与原结构相比能杜绝处理渣泥流入废水沉砂池参与废水循环,也可以防止废弃钻井液和洗罐废液直接进入沉砂池,因此能较好地控制钻井废水浓度,在一定程度上提高钻井废水达标率。同时这种结构有进一步隔油、净化等特点,值得现场推广。

13.1.2.4 石油污染物的预防控制

在对环境的污染中,油田开发中的石油类污染物占有很大份额。作为由烃类物质组成的一种复杂混合物,石油类污染物可对水、大气和土壤环境产生严重污染,在一定浓度下具有毒性,能直接危害生物和人体健康。石油类污染物在土壤和水体中的迁移方式很多,容易扩散和转移,而自然因素对石油类污染物的降解作用很有限,难以在环境中自净,从而造成累积污染且不易恢复。在油田开发和石油加工过程中,控制石油类污染物关键是以预防为主。在油田作业期间实行污染物产生量的全过程控制,改进钻井和处理工艺。在石油化工生产过程中,选用先进生产工艺和设备,实施清洁生产,尽可能减少污染物的初级排放量。同时应对现有石油类污染物按照危险废物进行无害化处置或综合利用。

从目前的管理制度来看,虽然已经将落地油、精馏残渣等含有石油类的固态和半固态废物纳入危险废物的管理范畴,但由于溶解态石油在水体和土壤中具有易迁移难降解的特性,这将导致含有石油类的废水对环境的污染是不可逆的,因此现行环境标准和管理模式将石油类废水作为一般工业废水管理不是最科学的选择。目前,油田、炼油及石油化学工业将石油废水排放到没有防渗措施的露天污水库中显得极不合理,这样将会严重污染地下水质和破坏土壤的环境功能,同时伴有大气污染。应该将石油类污水纳入危险废物的管理范畴。要求相关企业通过改进工艺,减少污水排放量和初级排放浓度,加大治理和回收利用的力度,或借助危险废物集中处置设施等手段,达到零排放的目的,从根本上解决石油类污染物对环境的污染问题。

石油天然气是我国重要的能源资源,其开发过程中不可避免地要对环境造成破坏。油气开采施加给环境的破坏大部分是在较短的时期内进行的,如废弃钻井液、洗井液、油污土壤和含油污泥,然而油气田的开发却是长期的,一般来讲,一个油气田从发现、开发一直到报废,总要数十年甚至上百年时间。而油气田开发中所排放的污染物质在这么长的时间内对于环境的影响到底达到什么程度,仍是一个需要进一步探讨的问题。即使油气田到达了它的报废期,它遗留给环境的影响并没有因此而停止,这方面的研究工作仍需进行。

13.1.4 我国油气与环境保护问题的特点与展望

随着我国社会经济的发展,石油天然气勘探开发利用的强度和速度越来越高。石油天然气工程建设在我国正在蓬勃发展,在国民经济发展中占有重要地位。石油天然气工程建设的环境保护问题也随着环境保护科学的发展而得到逐步深化,并取得了可喜的成果,尤其是环境立法的加强,建立了资源保护、综合利用、合理开发上,形成了矿产资源、土地保护等一系列法规。总体来说,在石油与天然气勘探开发工程的环境保护上呈现出以下几个特点:

一是开始重视资源的综合开发利用和环境保护的协调性。近年来人们逐步认识到石油天然气的勘探开发对环境影响的全局性,因此,其工作思路已从单一开发拓展到资源的综合利用和环境的保护相协调。

二是逐步进行综合研究和评价。为了更好地开发利用石油天然气资源,对其工程项目的论证、预测和评价已越来越受到决策者们的重视,整个石油天然气勘探开发环境保护已被作为一个大系统来进行系统研究。已形成平面空间上的上游普查—中游勘探开发—下游加工利用及邻近区域的生态影响、时间上的过去—现状—未来等构成的多元研究体系。

但是,从总体情况上看,我国石油天然气勘探开发工程环境保护研究的历史还不长,经验和认识方法不够多,已有的成果与石油天然气工程引起的生态和环境问题的复杂性相比,广度和深度尚不适应,距其环境保护的论证、决策、设计、建设、运行和管理可操作性的要求还有差距。主要表现在:

(1)如何用现代的环境价值观来研究和指导石油天然气工程环境影响的评价尚未引起重视。如工程对生态环境的水体、大气、土壤等的影响评价,如何估值、定量、比较很是棘手,对其研究意义认识不足,重视不够。

(2)局部利益和全局利益未较好地结合起来。现在石油天然气勘探开发工程往往注重其本身成果的多少、经济效益的高低较多,而注重其对社会、对生态环境的综合效应较少,形成了局部利益胜过全局利益的现状。

(3)经济评价仍是一个薄弱环节。环境影响的经济分析和评价包含非常丰富的内容,而这方面的工作在石油天然气勘探行业研究起步较晚,工程的经济评价大多仅限于效益评价范畴,而忽视其对环境的损害评价。在进行投入、产出、勘探力度的分析评价时,较注重产量、储量这一直观的经济成果,而轻视生态环境的影响评价。

(4)经济能力有限,限制了其环境保护资金的投入。由于经济承受能力有限,在进行工程设计时,大多只考虑完成工程本身的直接费用,而对环境保护方面的设计,往往是只定目标,而未考虑目标实现所需的资金来源,最终形成设计的环境保护目标因资金的问题而不能实现,甚至转嫁环境风险。

(5)显性影响分析得多,隐性影响分析少。在石油天然气勘探开发中,对显性的直观的环境影响分析较多(如水体的污染、农作物的损害、土壤的污染等),而对地下生态影响的分析较少,甚至未加分析研究。因此,总体来说,目前石油勘探开发的环境保护问题,无论是理论上,还是实践上都还有待于进一步发展、完善。

13.2 煤炭开发利用的主要安全问题与环境问题

13.2.1 煤矿的安全形势

随着经济的迅速发展，作为中国第一大能源的煤炭，其行业发展异常迅速，同时也迎来了煤炭安全事故的高发期。瓦斯爆炸、瓦斯突出、矿区透水等特大恶性灾害时有发生，这频发的血的教训不难凸显现阶段安全制度上的缺陷以及人们对于安全生产意识的缺乏。

从世界煤炭开采的发展来看，发达国家都经历了生产事故的高发期。如美国煤矿业也经历了一个从事故多发到加强立法和管理，最终进入安全生产时期的过程。美国煤矿生产事故多发期，是在生产技术和管理都比较落后的20世纪初期，当时每年有上千人死于煤矿事故。围绕煤矿生产，美国先后制定了10多部法律，安全标准越来越高。其中最重要的是《矿业安全和健康法》，对所有矿业生产进行了全面和严格的规定。现今，美国、英国和日本等国家煤矿开采死亡人数，仅占各行业总死亡人数的1%～2%，远远低于建筑业及运输业等。所以，煤矿开采业在发达国家已经成为安全行业之一。

我国95%以上煤矿的开采属于井工地下作业，煤矿安全生产受多方面因素制约和限制，事故频发、伤亡惨重、经济损失巨大的状况尚未得到根本好转。虽然每年煤矿安全生产事故死亡人数有升有降，但一直位于各行业之首。

煤矿事故死亡人数多，严重制约行业发展。2004年以前，全国煤矿百万吨死亡率为3～6，2005年为2.83，2006年降为2.04。虽然百万吨死亡率逐年下降，但与其他国家相比差距巨大。现在发展中的煤炭大国，如印度、南非、波兰，其百万吨死亡率是0.5左右；发达国家像美国、澳大利亚是0.03～0.05，我国煤矿百万吨死亡率是发达国家的50～100倍，与发达国家的安全生产水平的差距显而易见。

我国煤矿安全事故形势严峻，不但涉及到自然因素影响、科技投入和研究不足，也涉及管理体制和经济政策等方面，归根到底还是生产力综合水平的原因。要降低或杜绝生产事故，实现安全生产，必须加强安全立法，加大人才培养和对煤矿灾害的科研攻关，不断建立本质安全型矿井，并加强国际交流等措施。煤矿企业需正确处理安全与生产、效益的关系，不断提高煤矿安全管理水平，促进行业健康发展。

13.2.2 煤炭开采带来的土地塌陷和村庄搬迁问题

煤炭工业对土地造成的破坏最直接、最明显。地下煤炭资源采出后，少则一个星期，多则一个月，地面就会出现塌陷现象。在一些平原或地下水位较高的地区，地表常常会出现高低不平的景象。有些低洼的地区，由于有积水，影响地面农作物生长，个别地区地表塌陷深达6m，形成一个常年积水的大坑，影响当地的生态环境。

长期以来，中国对煤炭资源实行了超强度开采和广泛使用的政策，对土地造成了很大的破坏。“据测算，井下开采每万吨原煤造成的沉陷地，少的为$2\times10^{-5}km^2$，多的达$5.33\times10^{-5}km^2$，平均$(2\sim3.3)\times10^{-5}km^2$，按中国煤炭产量计算，截止到1993年底的统计，全国因采煤造成的土地塌陷累计已达$40\sim66km^2$。而且还在以每年$2km^2$的速度递增”。

煤炭采出后，除了直接破坏地表环境以外，煤矸石堆放、露天矿挖损和设立排土场同样占用土地和耕地。1994年底的统计资料显示，我国因采煤造成的土地破坏总面积已达$4275km^2$。

煤炭开采的地理位置具有不可变更性，对于开采区地表上的农民和工厂，煤炭生产企业采用征地搬迁的方法，将农民搬到生活条件较好的地区。作为农民和当地政府希望通过搬迁征地获得更多的补偿,并安置更多的剩余劳动力,而煤炭生产企业则希望尽可能少的支付成本,双方的利益不一致,很难达成协议。在20世纪70年代末期和20世纪80年代初期,遇到这类问题是通过地方政府向农民做思想政治工作,使广大农民认识到开采煤炭是在支持国家建设,从而主动配合煤炭生产企业完成工作。在目前市场经济的情况下,一些地方仍然会出现人为的障碍,如在得知煤炭企业即将开采某个地点的煤炭资源时,突击盖房、兴建养殖场、小工厂、修鱼塘。

13.2.3 开采地下水加剧水资源短缺

我国的水资源(包括地表水和地下水)约为 $2.7\times10^{12}m^3$,按绝对量计算居世界第六位,但人均占有量仅为世界人均占有量1/4,且地区分布极不均衡。我国水资源的赋存状况与煤炭资源的赋存情况是呈逆向分布的,在"太行山以西的新、蒙、晋、陕、甘、宁等省(区)的深度为1000m以内的煤炭资源约占全国煤炭资源的87%,而其淡水资源只有全国的1.6%"。中国煤矿所在的地区绝大多数位于严重缺水的地区。华北地区是我国最主要的产煤区,但华北地区的人均水资源占有量为 $300m^3$,仅为全国人均的11.1%。山西省是我国的产煤大省,山西省的人均水资源占有量仅为全国人均水资源的7.4%。

煤炭的生产、矿建、选煤、发电以及人们日常生活都需要水,一些矿区由于缺水制约了建设规模和布局,限制了矿井的开发和洗煤厂的建设。如山西省,由于缺水使一些能够带来高经济效益的煤炭深加工产业无法开展。

全国每年因地下采煤排出的地下水资源约 $23\times10^8m^3$,大体相当于100个十三陵水库的蓄水量。矿井排出的地下水利用率很低,大多数直接排放了。在缺水的地区进行煤炭生产常常会诱发很多矛盾。由于煤矿生产时抽放和排出的地下水常常使矿区地表水和浅层水位下降,使井泉、土地缺水以至于干涸,影响当地人民生活或生产。据山西省20世纪80年代初不完全统计,采煤已直接导致18个县、530多个自然村落、33万人吃水困难。在一些煤炭城市,因长期抽排地下水,已造成城市地表沉降。

水资源严重匮乏是制约中国煤炭工业发展的一个关键性因素。我国煤炭资源的生产地区位于全国严重缺水、生态环境十分脆弱的地带。这一点必须引起广泛的注意,今后开发大西北,水资源短缺的问题会更严重。

13.2.4 煤炭广泛使用造成严重的大气污染

我国是世界少数大气污染最严重的国家之一。污染程度相当于国外20世纪五六十年代污染最严重的水平。以煤为主的能源消费结构是造成中国大气污染的最主要的原因。煤炭作为一次能源,其利用的主要方式是直接燃烧。在我国的煤炭消费中,用于发电和各种民用窑炉直接燃烧的煤炭占绝大部分。

煤的大量燃烧使全国大气呈煤烟型污染(图13-2)。1999年,全国废气中二氧化硫排放总量1857.5t,其中工业来源的排放量 1460×10^4t,生活来源的排放量 397×10^4t;烟尘排放总量 1159×10^4t。1998年我国排放的二氧化硫总量是 2091×10^4t,1999年较1998年二氧化硫排放总量减少了 233.5×10^4t,减少率为11.2%。据统计,我国1998年排放的二氧化硫中约有41%是来自火力发电厂,89%~90%的二氧化硫排放量是由于燃煤造成的。燃煤排放的二氧化硫已经造成了严重的环境污染。1999年国家环保局的环境状况公报显示,中国酸雨区已覆盖了国土面积的30%。

煤炭燃烧排放出的二氧化碳也将造成重大的污染,我国煤炭燃烧排放出的二氧化碳占国内二氧化碳总排放量的80%左右,全球煤炭燃烧排放的二氧化碳约占总排放量的40%。经济合作与发展组织(OECD)国际能源非成员国处主任 Mehmet Ogutcu 撰文指出:“就能源而言,中国是名副其实的超级大国。中国能源机构公报报道,1997 年中国二氧化碳排放量是 8.85×10^8t,占全球二氧化碳排放量的 13%,1997 年中国人均碳排放量是 705kg,美国的人均碳排放量是5300kg,预计在未来35 年的时间内中国的碳排放量将超过美国。”

图 13-2　煤燃烧对大气的污染

煤中具有有害元素硫,而高硫煤(含硫量大于 3% 的煤)是造成大气污染的最主要因素。中国煤炭资源的赋存特点决定了今后随着煤炭的进一步开发和利用,大气污染问题会更加严重,这是因为在中国煤中硫含量的分布规律有以下三个主要特点:

(1)按地区分布有自北向南、自西向东增高的趋势。

(2)浅层煤炭含硫量低,深部煤层含硫量高。

(3)经济发达地区煤中硫含量高,经济落后地区煤中硫含量高,经济落后地区煤中硫含量低的分布特点,又与市场需求相反。为了满足经济发达地区对告知煤炭的市场需求,就必然要去大量调用经济落后地区的煤炭资源。此外煤炭在运输过程中也会带来环境污染。

西北地区是中国低硫煤赋存的地区,平均硫分仅为 0.58%,是我国的宝贵资源。对于这种低硫的煤种,在开发大西北的过程中,国家应该制定政策加以保护,不能将这一地区的煤炭仅仅作为一般的燃料。特别是青海、新疆和甘肃这三个省产出的煤,平均硫分全部低于0.50%(为特低硫煤),是中国少见的优质煤炭资源。

本章总结

中国的国内生产总值2009 年居世界第四位,而年耗总量居世界第二位,温室气体二氧化碳的排放总量居世界第二位。能源效率低、生态环境破坏和大气污染严重,这是中国以煤为主的能源结构、粗放的生产和消费方式带来的突出问题。

复习思考

1. 论述油气利用的主要环境问题及其危害。
2. 论述油气利用所导致环境问题的主要产生原因与可能解决方案。

3. 论述煤炭开发利用可能产生的主要环境问题及其可能的解决方案。

思维拓展

依据客观的条件,采用一定的技术方法,根据一系列来分析与研究一个开发过油气或者煤炭地区的环境受污染程度,并预测出一些可行的解决方案。

拓展阅读

[1] 鞠美庭,张裕芳,李洪远. 能源规划环境影响评价. 北京:化学工业出版社,2006.

[2] 马中. 环境与自然资源,经济概论. 北京:高等教育出版社,1999.

[3] 美国国家环境保护局研究开发处. 污染预防与能源效率工业评估指南. 北京:中国环境科学出版社,2003.

14 能源状况及趋势分析

14.1 世界能源状况与趋势分析

在经济全球化的时代,各国研究和制定能源发展战略,离不开对国际能源和经济发展趋势的分析和判断。在过去的几十年中,世界能源消费一直持增长态势。

14.1.1 世界能源消费增长及其特点

20 世纪 70 年代到 21 世纪初,全球经济有了较大发展,世界 GDP 翻了 3 番多。1998 年世界 GDP 为 288540 亿美元,是 1970 年的 10 倍多,平均年增长率为 1.5%,1998 年世界人口总量达到 58.9 亿人,世界人均 GDP 为 4898.8 美元,较 1970 年的 760 美元增加了 5.4 倍。2008 年,世界 GDP 为 783600 亿美元,是 1970 年的 23 倍,世界人均 GDP 为 11050 美元,约是 1970 年的 10 倍(表 14-1)。可见,由于世界人口的快速增长,人均 GDP 的增长速度明显低于 GDP 增长速度。

表 14-1 世界经济发展指标

年 份	人口,亿人	GDP,亿美元	人均 GDP,美元
1970	37	28083	759
1980	44.4	109395	2463.9
1990	52.9	222989	4215.3
1998	58.9	288540	4898.8
2008	65	783600	11050

随着过去几十年经济的发展,世界能源消费总量也明显上升。1998 年世界能源消费总量为 85.2×10^8t 标油,较 1970 年增加了 1 倍,年均增长率为 2.2%;人均能源消费基本保持原有水平,1970 年人均能耗 1218.4kg 标油,1998 年也只有 1444kg 标油(表 14-2)。尽管能源消费量增长率不高,但能源消费结构有了明显的优化,1970 年世界一次能源消费结构为:煤炭 36%、石油 43%、天然气 19%、水电 2%,1998 年演化为:煤炭 25%、石油 41%、天然气 24%、水电与核电 10%。从消费结构的演化可以看出,在过去 30 年中,煤炭的消费比重有明显下降,天然气和一次电力等清洁能源的比重有明显上升。同期世界单位 GDP 能耗有了明显下降,由 1970 年的每万美元 GDP 消耗 16.05t 标油下降到 1998 年的 2.95t 标油,能源效率有了明显的提高。世界能源消费正向高效化、优质化方向发展。

表 14-2 世界能源消费指标

年 份	能源消费总量,10^6t 标油	人均能耗,kg 标油	能源消费结构(煤:油:气:电)
1970	4507.9	1218.4	36:43:19:2
1980	5975	1345.7	32:45:20:3
1990	7594	1435.5	30:38:23:9
1998	8516.9	1444	25:41:24:10

世界经济体制正进一步地向市场化、国际化、区域集团化和全球一体化发展，世界正围绕和平与发展的主题平稳地发展。世界经济地区结构随着东亚、独联体、拉美等地区的崛起而发生着改变，环太平洋地区的经济地位将超过大西洋周边国家成为世界经济的重心。据专家预计，经历过世界经济危机后，未来几十年里，世界经济总体发展趋势是稳定中略有波动。

世界能源消费增长有如下特点：

(1)能源消费呈持续增长的态势。

1973 年至 2003 年的 20 年间，世界能源消费大约以年均近 3% 的速度增长，能源消费弹性系数约为 0.660。2003 年能源消费总量达到 139×10^8t 标准煤，是 1973 年(78×10^8t 标准煤)的 1.78 倍，年均增加量 3.05×10^8t 标准煤，年均增长率 2.93%。从国别看，能源消费量以美国最多，2003 年高达 32.83×10^8t 标准煤，其后依次为中国(16.78×10^8t 标准煤)、俄罗斯(9.58×10^8t 标准煤)、日本(7.21×10^8t 标准煤)、德国、印度、加拿大、法国、英国和韩国。

(2)发达国家人均能耗已达 5 ~ 6t 标准煤。

随着能源消费量的增长，世界人均能耗已由 20 世纪 70 年代初的 1.871t 标准煤，增加到 2000 年的 2.143t 标准煤，年均增长率为 0.72%。从国别来看，经济发达国家的人均能源消费远远大于发展中国家。2000 年，经济发达的 OECD 国家的人均能耗为 5.49t 标准煤，而经济欠发达的非 OECD 国家的人均能耗只有 0.75t 标准煤；日、德、英和法等国的人均能耗在 6t 标准煤左右，美国和加拿大超过了 11t 标准煤，而印度只有 0.42t 标准煤。一个国家的人均能源消费量已经成为反映经济发展和人民生活水平的重要标志。

(3)能源结构以油气为主。

当前，世界能源结构的特点是以油气为主。2003 年，在世界能源消费总量中，石油所占的份额为 37.3%，天然气为 23.9%，煤炭为 26.5%，核电为 6.2%，水电及其他可再生能源为 6.1%。在能源消费量居前 10 位的国家中，除了中国和印度之外，各国能源结构均呈现以油气为主的特点。其中，美国能源消费量中，石油居第一，天然气居第三；俄罗斯和英国能源消费量中，天然气居第一，石油居第二；法国能源消费量居第一位的是核电，石油居第二位。

(4)石油在一次能源消费中的比例呈下降态势。

世界石油消费量由 1985 年的 28.03×10^8t 增加到 2003 年的 36.40×10^8t，年均增加量约 4650×10^4t，年均增长率 1.46%。从国别看，发展中国家石油消费呈增长态势，工业发达国家石油消费增长较慢。美国、日本、德国等 OECD 国家石油消费量比例有所降低，已由 2000 年的 21.85×10^8t(占 62.24%)减少到 2003 年的 22.25×10^8t(占 61.13%)。从总体看，世界石油消费增长速度低于整个能源消费增长速度，从而使石油在一次能源消费中的比例呈下降态势：1971 年为 47.8%，1980 年为 46.3%，1990 年为 39.3%，2000 年为 38.5%，2003 年为 37.3%。

(5)石油贸易主要流向是从中东流向欧美和亚太地区。

从石油供需格局看，近年世界石油消费量维持在 $(35 \sim 36)\times10^8$t 之间，供需总量基本平衡。但是，石油生产供应和石油消费在地域分布上是不一致的。世界石油资源及生产供应量的 70% 集中在中东地区以及前苏联和墨西哥等产油国家，而石油消费国家主要分布在北美、欧洲和亚洲。由此产生的世界市场石油主要流向是从中东产油国、前苏联、非洲、墨西哥和中南美洲流向美国、欧洲和亚太国家。2003 年，石油进口国和石油出口国之间的石油贸易量约为 22.61×10^8t，约占石油消费量的 60%，其中，原油 17.70×10^8t，成品油 4.91×10^4t；其中，各国净进出口总量为 17.92×10^8t。在石油净进口国中，美国石油年净进口量约 5.6×10^8t，石油对外依存度(石油净进口量与石油消费量之比)近 60%。欧洲工业化国家的石油净进口总量

约 5×10^8t,多数国家石油对外依存度为 90% ~100%。日本石油年净进口量约 2.814×10^8t,其国内缺乏石油资源,石油对外依存度几乎是 100%。

14.1.2 世界能源发展趋势分析

当前,世界能源发展已步入一个新的变革期。能源作为人类社会生产生活的动力,现代社会的发展、经济的繁荣与能源发展变革息息相关。世界能源发展趋势将呈现以下几个特点:

(1)传统的矿物燃料仍将是较长一段时期内能源生产和消费的主体。

新时期内,世界能源需求总量将继续增长,预计今后 20 ~30 年间的年均增长速度在 1.7%左右,2030 年将达到 220×10^8t 标准煤,约是 2003 年的 1.6 倍。如此巨大的能源需求是任何一种新能源在短期内都无法满足的,而矿物燃料资源,主要是煤炭、石油和天然气,目前看依然较为丰富,按现有开发利用强度和回收率,其探明剩余可采储量仍可供全世界使用至少 50 ~100 年以上。同时,矿物燃料开发利用的技术比较成熟,并已经系统化和标准化,而且价格也比较低廉。建立适合新能源开发利用的新技术体系尚需较长一段时间。

(2)能源结构近期将呈现多元化发展趋势。

过去几十年,"石油危机"的发生和现代工业带来的一系列环境问题,使人们对不可再生矿物燃料储量的有限性及其使用的局限性有了深刻的认识。有限的资源和有限的空间环境,迫使人们在清洁利用矿物能源及寻求可再生新能源方面进行了积极探索与研究。世界能源结构必将经历由石油天然气为主向以核能及可再生能源为主的变革。预测这次变革大体将经历两个阶段:第一阶段,以天然气、煤层气等气体能源为主体,以液化煤、气化煤等传统矿物能源的洁净化技术和核裂变技术为两翼,形成多元化的能源结构;第二阶段,逐步过渡和形成以核能及可再生能源为主的能源结构。近期,面对动荡的世界石油市场,为了保障能源供应的安全可靠和经济社会可持续发展,世界各国能源生产和消费结构将呈现多元化趋势,特别是可再生能源和核能将会有较大的发展,石油和煤炭的比例将相应下降。国际能源机构预测世界 2050 年一次能源结构为,煤炭 21%,石油 20%,天然气 23%,核能 14%,水能等可再生能源 22%。

(3)天然气市场迅速增长,其运输成本时能提高。

世界天然气资源要比石油相对丰富,以气代油是能源发展的趋势。被视为绿色清洁能源的天然气将是今后时期增长最快的矿物能源。据国际能源机构预计,世界天然气产量将由 2000 年的 $2.51\times10^{12}m^3$ 增加到 2030 年 $5.28\times10^{12}m^3$,年均增长率 2.5%,高于同期石油和煤炭产量年均增长率(1.6%和 1.4%)约 0.9%和 1.1%;相应的天然气贸易量将是目前(2000 年 $0.43\times10^{12}m^3$)的 3 倍。但天然气的开发利用要求在生产和运输基础设施方面给予大量投资,预计总投资将达到 31450 亿美元,约占能源(包括石油、天然气、煤炭和电力)总投资(164810×10^8 美元)的 19.1%,低于电力,高于石油和煤炭。其中,由于地区间天然气贸易量增加而相应增加的天然气高压输送、液化天然气供应链系统以及向发电厂和终端消费者供应的天然气当地配送网的投资大约要占 45%以上,必然会增加天然气的运输成本。对天然气生产国来说,天然气市场价格则是其向天然气项目投资的关键动力。技术进步对于降低天然气的供应成本将至关重要。

(4)石油市场充满变数,各国将加强对输油管道的争夺。

世界石油市场围绕争夺控制权的斗争将继续,除了石油生产、出口和定价权外,还将加强对石油运输线控制权的争斗。由于恐怖主义活动对石油海路运输的威胁和石油泄漏对环境的污染,石油管道运输引起石油生产国和消费国的高度重视,并由此引发全球输油管道之争。争夺主要集中在里海和中亚地区,这一地区现有输油管道三条:自阿塞拜疆的巴库经俄罗斯抵达新罗西斯克港;从巴库经格鲁吉亚到苏帕萨港;自哈萨克斯坦经俄罗斯到里海。但因年久失修和运输能力有限,有关国家从各自利益出发,提出了完全不同的北向、西向、南向、东向四种输油管道建设方案。俄罗斯为达到控制中亚地区油气运输大动脉的目的,坚持北向方案。在建成波罗的海出口管道系统向欧洲出口石油后,目前正在摩尔曼斯克建设每年能向美国出口 5000×10^4t 石油的港口。而美国也与阿塞拜疆、哈萨克斯坦、格鲁吉亚和土耳其达成协议,建设巴库—第比利斯—亚伊汉港的输油管道,年输油能力约 5000×10^4t,这是一条绕开俄罗斯和中东地区的独立石油通道。日本从石油安全和争夺远东石油主动权方面考虑,正采取各种手段争取建设俄罗斯远东石油输出管道。

(5)煤炭供应前景将取决于煤的洁净利用。

与石油和天然气相比,世界煤炭资源的储量大、地理分布广。影响未来煤炭供应的最不确定因素是环境政策,尤其是发电用煤的需求。发电领域将继续是煤炭的绝对主要用户,而环境质量要求将会对电力发展产生重大压力。有限环境容量和以电力为核心的能源发展,将促使煤炭产品向着洁净化、精细化、高质量化方向发展。技术进步将带动采煤、选煤效率的不断提高和成本的降低,同时会在煤炭的加工、转换、输送和综合利用技术方面获得重大突破。为了扩大煤炭的应用,煤的地下气化、流化床燃烧技术以及煤的气化、液化工作正在受到高度重视。

(6)能源可持续发展将越来越依靠科学技术进步。

高新技术成果在能源领域迅速推广应用,使整个能源产业正在由低技术向高技术过渡。目前,几乎所有新技术革命的重大成就都已迅速地渗透到能源勘探、开发、加工、转换、输送和终端利用的各个环节。例如,以计算机为核心的现代设计、制造、监控、管理、信息处理系统和自动控制系统;各种高性能合金、工程塑料、合成树脂、复合结构材料、光纤等新材料的广泛应用;利用微生物探矿、控制有害物质含量和对煤炭用细菌脱硫的各种研究与工业性试验;利用航天技术进行资源普查、处理危险事故,建立高效率、高能量太阳能发电站等。与资源基础相比,能源开发利用及其成本费用对能源供应前景更为重要,依靠科学技术进步将是提高能源效率和能源可持续发展的主要推动力。

(7)能源开发利用将走资源、环境、经济和社会协调发展的道路。

吸取石油危机导致经济危机以及能源消耗引起生态环境破坏的教训,人们意识到矿物燃料总会有枯竭的一天,必须提高效率,减少消耗,保护环境,促进可持续发展。回顾历史,人类社会已经历了几种能源开发利用模式。第一种是在较低水平上的能源可持续开发利用模式。这种模式是指人类在进入工业化时代以前,能源消耗水平较低,尽管存在局部的能源短缺和环境破坏,但总体上未产生全球性的能源与环境问题。第二种是对廉价能源毫不节制的开发利用模式。世界工业革命之后,人类对能源的开发和利用有了巨大的变化,原始森林的急剧减少、煤炭的大规模开发利用以及价格低廉的石油的开采,有力地支持了一大批工业化国家的复兴和一批新兴工业化国家的兴起。这种能源开发利用模式可以说是掠夺性的,给全球生态环境造成了无可挽回的损害。第三种是节约与开源并重的能源开发利用模式。面对 20 世纪 70 年代以来石油危机给经济发展带来的严重影响,工业化国家先后调整各自的能源政策,把能源节约和能源替代列为能源发展战略的重要组成部分。面对未来,矿物能源和环境容量的有限性要求人类对能源开发利用模式进行新的历史性变革,即开拓能源开发利用与环境、经济、社会协调发展的模式。新的能源开发利用模式应该首先考虑环境因素,能源开发利用一定要限制在环境容量允许的范围之内,否则能源发展将难以为继。资源短缺特别是不可再生矿物能源的日渐枯竭和生态环境的日益恶化，将是人类能源可持续开发利用的两大限制性因素。能源开发利用只有走资源、环境、经济和社会协调发展的道路，才能确保能源和经济社会可持续发展。

14.2 我国能源现状与趋势分析

我国现在已是世界能源生产和能源消费第二大国，分析研究我国能源发展的基本情况、面临的形势和任务，是制定能源发展战略的基础。

14.2.1 我国能源生产和消费现状

1978 年改革开放以后，我国的国民经济发生了巨大的飞跃。进入 20 世纪末以来，尤其是 1996 年，经济平稳“软着陆”之后，经济增长平稳，平均增长率保持在 7% 左右，2008 年至今，我国人民经受了多种自然灾难，更是遭受着世界经济危机的影响，然而经济仍然平稳发展。同期，中国人民不得不面对增长迅猛的中国人口数量和能源消费量。我国的人均 GDP 和人均能耗与发达国家仍有较大差距，从单位 GDP 能耗来看，1999 年仍是世界平均水平的 3 倍，与世界单位 GDP 能耗最低的国家日本相差 7 倍。

在人口方面，1978 年至 1999 年，我国人口增长 2.97 亿人，1999 年底我国人口总数为 12.6 亿，平均增长率为 1.2%。2008 年我国人口数量为 13.2 亿，较 1999 年增加了 0.6 亿。

在 GDP 与人均 GDP 方面，自 1978 年以来，我国 GDP 总值不断翻番。1980 年至 1990 年平均增长率为 15.1%，1990 年至 1999 年平均增长率为 16%。2008 年是极为不寻常的一年。在我国政府的正确领导下，全国人民同心协力地克服了历史罕见的特大自然灾害和国际金融危机的不利影响，国民经济总体呈现增长较快，全年 GDP 为 43000 亿美元，上年增长 9.0%，人均 GDP 约为 3266.8 美元。

在能耗与人均能耗方面，一次能源消费量在 1980 年至 1999 年期间增长了一倍多，1999 年为 8.5t 标油，消费结构煤炭、原油、天然气及水电与核电的比重为 67∶23∶3∶7，较 1980 年的 80∶15∶1∶4的消费结构，煤炭的消费比重有明显的下降，油气消费比重有所上升。但是，由于国内石油天然气资源的可供性有限，我国不能走发达国家的老路，在很长时期内，能源消费结构中仍将以煤炭为主。目前，我国能源消费量最大的是用于工业，其比例在 60% ~75% 之间，交通运输仅占 5% ~10%，服务业及民用占 10% ~20%，1998 年这三者的比例为 71∶6∶13。

（1）能源生产总量及其构成。

改革开放以来，我国能源产业取得了巨大成就，能源生产总量进入世界前列，能源结构不断优化，技术水平快速提高。统计数据显示，2005 年我国一次能源生产总量已经超过 20×10^8t 标准煤（20.61×10^8t 标准煤），发电总量超过 2.5×10^{12}kW · h（为 25003×10^8kW · h）。1979 年至 2005 年的 27 年间，一次能源生产总量的年均增长率为 4.50%，发电量的年均增长率为 8.80%；同期能源生产弹性系数为 0.467，电力生产弹性系数为 0.913。其中 2001 年至 2005 年，一次能源生产总量和发电总量的年均增长率分别高达 9.82% 和 13.02%，生产弹性系数分别为 1.030 和 1.366。2005 年一次能源生产总量构成为：原煤 76.4%、原油 12.6%、天然气 3.3%、水电 7.7%。2005 年发电总量构成大致为：火电 81.9%、水电 15.9%、核电 2.1%、其他 0.1%。

（2）能源消费总量及其构成。

进入 21 世纪以来，我国能源消费总量呈现迅速增长的局面。“十五”时期，我国能源消费总量年均增长率达到10.02%，年均增加量为16953×10^4t标准煤。2005年我国能源消费总量达到22.33×10^8t标准煤，是1978年的3.91倍；1979年至2005年27年间的年均增长率为5.18%，能源消费弹性系数为0.537。其中，2001年至2005年间的能源消费弹性系数高达1.050，是改革开放以来最高的时期。2005年我国能源消费总量构成为煤炭68.9%、石油21.0%、天然气2.9%、水电7.2%。

14.2.2 我国能源生产和消费的基本特点

14.2.2.1 能源消费量大于能源生产量

我国自1992年起能源消费总量超过能源生产总量，到目前能源供应低于能源消费的趋势仍在延续。能源生产与消费的平衡差，1992年为1914×10^4t标准煤，2000年上升到9575×10^4t标准煤，2005年最高达17251×10^4t标准煤。我国20世纪90年代至今，能源生产总量的年均增长速度为4.67%，能源消费总量的年均增长速度为5.59%，后者比前者高0.92%。其中，1991年至2000年的10年间，能源生产总量的年均增长速度为2.18%，能源消费总量的年均增长速度为3.45%，后者比前者高1.27%。能源生产不能很好地适应经济社会发展对能源的需求，能源供应的不足部分不得不依靠进口来平衡，这是我国成为石油净进口国的根本原因。

14.2.2.2 能源结构以煤为主

我国历年一次能源生产和消费构成中，煤炭所占比例高达2/3以上。2005年，煤炭在一次能源生产结构中的比例已高达76.4%。我国能源结构以煤为主的特点是由能源资源条件决定的。截至2003年底，我国常规能源（包括煤、油、气和水能，水能为可再生能源，按使用100年计算）查明和剩余可采总资源量中，煤炭占74.1%，石油占1.1%，天然气占0.9%，水能占23.9%。煤炭在我国能源资源中占绝对优势地位，油气资源量很少。

14.2.2.3 电力在能源总体中占有重要地位

我国在1985年制定“七五”计划时，提出“能源工业的发展要以电力为中心”，这是一项重大战略决策。2005年，我国发电装机总容量达到5.08×10^8kW，发电量为25003×10^8kW·h，均居世界第2位。1953年至2005年的53年间，我国发电量从73×10^8kW·h增加到25003×10^8kW·h，年均增长率为11.64%；一次能源生产总量从4871万吨标准煤增加到206068×10^4t标准煤，年均增长率为7.32%，前者比后者高4.32%。其中，1991年至2005年，发电量年均增长率为9.73%，而一次能源生产总量年均增长率只有4.67%，前者比后者高5.06%。

基于电力工业的快速发展，我国发电用能源数量在能源消费总量中的比例逐年提高。按当年发电标准煤耗计算，1995年发电用能源为3.72×10^8t标准煤，占能源消费总量的28.35%；2000年上升到4.92×10^8t标准煤，占35.52%；2005年达到8.58×10^8t标准煤，占38.40%。与此同时，我国电力消费在能源消费总量中的比例呈现上升态势。按电热当量值计算，中国能源消费总量中电力消费量的比例已由1995年的9.77%上升到2000年的12.47%、2002年的13.99%、2005年的14.38%。

14.2.2.4 石油需求旺盛，净进口量剧增

20世纪90年代以来，我国石油消费量的年均增长率为7.19%，高于能源消费量年均增长率（5.59%）1.60%。同时，石油消费增长明显高于石油生产增长。我国石油消费量在2005年达到32535×10^4t，比1990年净增21049×10^4t；而我国石油生产量在2005年为

18135×10^4t,仅比1990年增加4304×10^4t。这致使我国石油生产量与石油消费量之间的差额由正变负,1990年为正值(2345×10^4t),1993年开始成为负值(-197×10^4t)。在此之后,负值逐年增大,2000年为-6139×10^4t,2003年负值超过了10000×10^4t(-10166×10^4t),2005年高达14400×10^4t。与此相应,我国自1993年起成为一个石油净进口国,石油净进口量由1993年的988×10^4t增加到2000年的7576×10^4t和2004年的15051×10^4t,2005年为14275×10^4t。1994年至2005年的12年间,石油净进口量年均增长率为24.92%,年均增加量为1107×10^4t。

14.2.2.5 能源消费的部门结构以工业为主

我国工业能源消费量近年已超过14×10^8t标准煤,在能源消费总量的比例大于70%。其他部门能源消费的比例大致为:农业4%,建筑业2%,运输业7%~7.5%,商业2%~2.5%,其他第三产业3.5%~4%,民用能源10.5%。产业部门消耗的能源量占能源消费总量的89%。在工业部门中,按大行业划分的能源消费比例大致为:采掘工业10%,原材料工业39%,加工工业43%,电力煤气供应业8%。

14.2.2.6 居民生活用能量呈上升趋势

随着能源消费总量的增长,我国人均能源消费水平逐年提高。据统计,2005年我国人均能源消费量达到1713kg标准煤,是1952年(86kg标准煤)的19.9倍,53年间的年均增长率为5.81%。由于人口的增加等方面的原因,我国居民生活用能量的增长速度低于整个能源消费总量的增长速度,致使其在能源消费总量中的比例呈下降的态势:1980年,居民生活用能量11015×10^4t标准煤,占总量的18.3%,人均居民生活用能量97.7kg标准煤;2005年相应的数值为23393×10^4t标准煤,占总量的10.5%,人均居民生活用能量179.4kg标准煤。1981年至2005年25年间人均居民生活用能量的年均增长率为2.46%,低于人均能源消费量年均增长率(4.19%)和能源消费总量年均增长率(5.38%)。

值得注意的是,我国人均生活用电量的增长速度超过了整个能源和电力消费增长速度。据统计,2005年中国人均电力消费量为1913kW·h,是1952年(13kW·h)的147倍,53年间年均增长率9.88%。我国居民生活用电量在电力消费总量中的比例呈上升的态势:1980年,居民生活用电量105×10^8kW·h,占电力消费总量的3.5%,人均居民生活用电量10.7kW·h;2005年相应的数值为2825×10^8kW·h,占电力消费总量的11.3%,人均居民生活用电量216.7kW·h。1981年至2005年25年间的人均居民生活用电量的年均增长率12.79%,高于人均电力消费量年均增长率(7.60%)和电力消费总量年均增长率(8.83%)。

14.2.3 我国能源发展中的主要问题

我国能源发展取得了很大成就,但仍存在许多亟待解决的问题。

14.2.3.1 能源结构性矛盾更加突出

1)石油供不应求

随着我国能源供应总量不足矛盾的逐渐缓和,能源结构性矛盾将上升为主要矛盾。从能源品种来看,当前我国石油供不应求的问题最为突出。20世纪90年代以来我国原油产量的增长大大低于石油消费量的增长,这一“低”(产量的低幅度增加)一“高”(消费的高幅度增长)是造成我国国内石油供应短缺、石油净进口量大幅度增加的基本原因。纵观到2020年实现全面建设小康社会目标的10年及更长一段时间,石油生产和消费增长中这一“低”一“高”的局面仍将持续,必须采取切实有效的战略措施加以解决。

2）天然气和水能比例较低

在一次能源结构中，优质能源天然气和水能所占的比例仍然较低。2005 年我国天然气在能源生产和消费中的比例为 3.3% 和 2.9%，水电在能源生产和消费中的比例为 7.7% 和 7.2%；与天然气探明地质储量和水能资源可开发量在能源资源总量中的比例不相称。2005 年我国水力发电量 3970×10^{8}kW·h，水能资源的开发利用程度为 20.6%；天然气产量 $500\times10^{8}m^{3}$，仅为资源量的 2%。煤层气、风能和太阳能发电等清洁能源和可再生能源开发利用刚刚起步，其地位和作用尚未得到应有的重视。

3）行业内部发展不平衡

从能源行业来看，各行业内部发展不平衡，结构失调严重。煤炭工业采掘能力很大，但洗选、选煤、配煤和水煤浆等发展缓慢。石油工业新增可采储量无法满足产量增长的需要，储采比下降。天然气探明储量增长较快，但下游市场开发缓慢，生产及输送管道能力不能充分发挥。电力工业发电、输电和配电结构矛盾突出，高压输电网发展滞后于电源建设，导致网架结构弱、输电能力不足、运行可靠性低；城乡配电网建设滞后，制约了生产用电的合理增长，影响了居民生活水平的提高；小火电无序发展，火电设备单机容量过小，造成能源效率低下。

14.2.3.2 能源资源相对不足且保障程度不高

我国能源资源，从总体来说储量丰富、分布广泛、质量较好、勘探开发条件较优，是选择和坚持走和平发展的道路、实现现代化目标的重要物质基础保证。我国水能资源居世界第 1 位，煤炭资源总量居世界第 3 位，石油和天然气探明资源量大致居世界第十几位。我国常规一次能源资源（包括煤、油、气和水能）总量（换算为标准煤）大致有 3.63×10^{12}kW·h，约占世界同类资源总量的 10% ~11%。同时，还有核能、太阳能、风能、地热能、潮汐能、波浪能以及生物质能等新能源和可再生能源可供开发利用。但是，从能源品种、地区分布以及人口等因素分析，我国能源资源的勘探和开发利用存在着几个先天的矛盾或问题，需要采取有效战略及措施加以妥善解决。

1）人均能源资源占有量低

我国人均能源资源、占有量低，能源节约是长期的任务。我国是一个人口大国，数量较大的能源资源量在庞大的人口基数面前就显得微不足道了。我国按现有 13 亿人口，平均的能源资源探明储量，人均煤炭可采储量仅为世界平均水平的 55%，人均石油可采储量为 11%，人均天然气可采储量为 4%，人均水能可开发资源量也只有世界人均值的 2/3。因此，从这个角度来说，我国是一个能源资源贫国，必须注重能源资源保护和合理利用，提倡能源节约，把节能视为煤、油、气和水能之后的“第五能源”；同时，要讲究能源利用效率和经济效益，坚持能源与经济社会之间协调发展。

2）资源探明程度较低

资源探明程度较低，提高储采比是当务之急。我国现有化石能源资源的探明程度（探明储量占总资源量之比），煤炭为 20%，石油为 16%，天然气为 5%，均低于世界平均水平（分别是 30%、50% 和 34%）。同时，在现有探明储量中，可供开发利用的工业储量并不多，地质勘探程度很低。例如煤炭，现有精查储量（约 840×10^{8}t）仅为探明保有储量的 11.6%；如果扣除因交通不便、开采条件很差、受地下水威胁和需要补充勘探等因素暂不能利用，以及只能供地方小矿开采的以外，可供建设重点煤矿的储量大致只有（300～400）$\times 10^8$t，新增 5×10^8t 煤炭产量的保证程度只有70%。又如石油，要维持和扩大开采规模都需要相应增加资源可采储量，而这些年的资源探明表明可采储量是入不敷出，储采比逐年下降，1985 年为 18.7%，2004 年为 13.9%；如果按已开发油田动用的石油探明储量计算，其储采比只有 10%。新增的石油探明可采储量不能满足原油增产的需要，是近些年我国石油产量不能大幅度增加的基本原因。至于天然气资源，勘探及开发潜力都要比石油大，但其作为优质和清洁能源在能源结构中的比例还很小，同样需要增加探明可采储量和产量。因此，加大地质勘探精度、大幅度增加后备工业储量，是我国当前确保能源可持续发展的迫切任务。

3）能源资源地区分布不均衡

能源资源地区分布不均衡，要妥善解决能源长距离输送问题。我国能源资源总体的地区分布是北多南少、西富东贫，能源品种的地区分布是北煤、南水和西油气，而我国经济发达、能源需求量大的地区是东部和东南沿海地区。能源资源分布和经济布局的矛盾，决定了我国能源的流向是由西向东和由北向南，"北煤南运"、"西气东输"和"西电东送"等能源大量长距离输送的格局是不可避免的。因此，煤、油、气、电、运的全面协调发展，是实施中国能源可持续发展战略的重要组成部分。

14.2.3.3 石油进口依赖与能源安全形势严峻

解决石油供不应求的结构性矛盾，是我国今后时期能源发展的重要任务之一。增加石油进口量是解决这一矛盾的主要措施之一，其结果必然会提高我国对进口石油的依赖程度。据统计，我国石油对外依存度（石油净进口量与石油消费量之比）已由 1993 年的 7% 增加到 2000 年的 34%、2004 年的 47%、2005 年的 44%，今后仍将继续上升的趋势。由此带来的我国能源和经济安全问题，必须予以高度重视和妥善解决。

纵观过去 50 年国际经济社会发展进程，石油已成为政治、军事和外交关系的重要筹码，围绕石油资源的争夺从来没有停止过。许多地区的冲突和战争都与石油资源开发、供需及市场价格变化有密切关系，石油领域的竞争已经大大超出了一个国家（地区）和一般商业范畴。这样，今后国际石油市场暂时和局部的供应短缺以及油价的异常波动，将对我国石油和能源供给以及经济社会产生越来越大的影响和冲击。由此带来的我国能源和经济安全问题，必须予以高度重视和妥善解决。

14.2.3.4 能源发展与环境保护的矛盾尖锐

我国能源结构的调整和优化，使煤炭在能源总量中的比例趋于下降。但受能源资源条件的约束，我国能源结构仍将以煤炭为主，在一段时间内煤炭消费量及其比例还会略有增加。2005 年我国煤炭消费总量达到 21.66×10^8t，创了历史新高。近几年煤炭消费量占能源消费总量的比例，大致在 68%～69%。基于技术和经济等方面的原因，我国煤炭消费量中的大部分是原煤直接燃烧，由此造成的环境污染问题，已经影响到了国民经济的可持续发展和人民的身体健康。

总的来说，我国的环境法规、条例得到了进一步完善，市场机制在环境政策的作用逐步加大，环境保护技入也有较大幅度的增加，二氧化硫、烟尘等主要污染物排放总量已呈持续减少趋势。但是应该看到，限于经济发展水平及粗放型的煤炭生产和消费方式，我国煤炭发展与环境保护之间的矛盾仍将相当突出，近年来二氧化硫、烟尘等主要污染物排放总量再次呈上升趋势。2005 年,全国废气中二氧化硫排放量为 2549×10^4t,烟尘排放量为 1182×10^4t。其中,燃煤造成的二氧化硫和烟尘排放量约占排放总量的 70% ~80%,二氧化硫排放形成的酸雨面积已占国土面积的 1/3。近年,我国二氧化碳排放量(按碳计)约 9×10^8t,约占全球排放总量的 13%。因此,控制和减排污染物的任务还很重。

随着电力等用煤行业的发展,估计在今后 20 年,我国煤炭的年消费量将增加到$(26\sim27)\times10^8$t 以上。为了改善环境和经济社会可持续发展,必须提高煤炭的供应质量和利用效率。而我国现时煤炭生产和消费的技术水平及装备能力均难以适应环境保护和可持续发展的要求,这是一个很大的矛盾。特别是洁净煤技术开发和应用的落后的问题,如煤层气地面开采、大型循环流化床锅炉、加压流化床锅炉及煤气化整体联合循环发电技术等刚刚起步,急需加快开发利用步伐。

14.2.3.5 能源节约工作任重道远

在我国能源和经济发展中,能源节约对解决能源供需矛盾起了重要的作用。按 2000 年可比价格计算,我国每万元国内生产总值能耗,由 1990 年的 2.68t 标准煤降到 2002 年的 1.29t 标准煤,年均节能率达到 5.91%,年均节能量为 8107×10^4t 标准煤,是历史上节能量最高的时期。但是"十五"以来,由经济高速增长引起能源消费大幅度增加,特别是钢铁、水泥、电解铝等高耗能产品生产总量的剧增,我国节能率逐年减少,2003 年和 2004 年出现了负值(-4.78%和-5.50%),相应增加能源消费 7976×10^4t 标准煤和 10593×10^4t 标准煤。当前,我国能源利用效率和经济效益与世界先进水平相比还存在着较大差距,高耗能产品的能源单耗要比发达国家平均水平高 40%左右,单位产值能耗大约是世界平均水平的 2.3 倍,能源利用效率要比世界平均水平低 10%。由此可见,我国节约能源和提高效率的潜力还很大。

但是应该看到,目前节能提效工作在思想观念、政策引导和宏观管理等方面还比较薄弱,难以适应能源和经济可持续发展战略的要求。随着计划经济体制向市场经济体制的转轨,原有的一套行之有效的节能管理体系和办法逐渐解体和失去作用,而新的适应市场经济体制的节能法规和配套的政策措施尚未形成,执法还不到位,加上今后节能效果将主要通过技术进步途径来达到,这就使得我国节能提效工作的任务加重,难度加大。

14.2.4 我国能源发展的战略趋势

据专家分析,预计到 2050 年,我国的 GDP 将达到 13000 ~16000 亿美元,约相当于届时世界 GDP 的 1/10。根据中国政府的最新预测和有关权威机构的预测,到 2030 年我国人口将上升到 16 亿人,之后保持平稳或是略有增长,2050 年人口不超过 16 亿人,届时人均 GDP 为 8000 ~10000 万美元;2030 年,我国 GDP 将在 65000 亿美元左右,相当于世界的 1/12,人均 GDP 约为 4000 美元。但是,现在这个进程显然要提早很多,2008 年的金融危机,我国经受住了严峻的考验,发展加快,现在我国的生产总值已经是世界第二,我国经济可以提前十年以上实现我们的中期战略目标。

目前我国正处于工业化进程中,在今后几十年里,随着工业化的发展,产业结构将发生重大的调整,高附加值部门和低能耗产品将呈上升趋势,尽管工业能源需求总量会有所上升,但是能源消费强度将有所下降。未来 40 年我国经济发展与能源消费主要指标见表 14-3。

图 14－3　未来 40 年我国经济发展与能源消费主要指标

年份	人口,10^6	GDP,亿美元	能耗,10^8t 标油	人均能源,t 标油	单位 GDP 能耗标油,万美元
2010	1363	23540	14.83	1.09	6.77
2020	1476	38344.17	16.87	1.21	4.86
2030	1599	62458.6	21.31	1.41	3.59
2040	1600	92454	25.68	1.8	2.78
2050	1600	124500	31.78	2.1	2.27

注:本表的预测指标中,2010 年至 2030 年的年平均 GDP 增长率为 5%,2030 年至 2040 年的年平均 GDP 增长率为 4%,2050 年的年平均 GDP 增长率为 3%。

14.2.4.1　能源开发战略

调整和优化能源结构,以煤电一体化为核心,煤炭、电力、油气和新能源全面协调发展,加快西部能源开发,保证能源和经济安全,调整和优化能源结构,是今后我国能源发展的主线,是现代化建设和经济社会发展的需要,是人民生活水平提高和环境保护对清洁能源的要求。

从国情出发,我国能源开发一定要坚持"以煤炭为主体,以电力为中心,油气和新能源全面发展"的战略。调整和优化一次能源结构的重点是,解决石油供不应求的结构性矛盾,提高天然气、水能、核能等清洁能源、优质能源和可再生能源的比重,并在降低煤炭比例的同时开拓煤炭资源优质开发利用的新路子。煤电一体化发展是我国能源产业发展的核心,是经济体制改革的必然选择,是一个具有中国特色的战略发展思路。煤炭和电力是我国国民经济的基础产业,不仅在数量上提供终端能源消费总量的 2/3 以上;而且是国民经济发展的重要增长点,其实现的利润总额将占能源产业的 1/3 和全部工业的 1/6 以上。煤炭是我国能源支柱,是可以实现优质利用的。电力是重要的二次能源,在自然界各种形式的能量中,唯有电力可以实现一切能量的相互转换,所有的一次能源都可以转换成电力,电力也可以转换成其他形式的能量。煤炭是我国电力发展的基础能源,电力是煤炭的最大用户。我国电力工业选择以煤为主的电源结构,无论是过去、现在和将来,都是经济、安全的必然选择。发展电力工业可以使煤炭得到清洁的利用,从而使整个能源系统步入可持续发展的轨道。

走煤电一体化发展之路,不仅可以促进电力和煤炭各自对经济发展作用的充分发挥,而且有利于煤和电两种资源、两种生产过程、两种生产要素的优化组合;有利于简化系统、简化交易,提高能源系统的整体效率;有利于煤炭更多地、直接地转化为电能;有利于煤炭、电力与环境、生态的综合治理;有利于企业经济效益的提高;有利于最终保证能源安全,促进经济社会可持续发展。

在煤电一体化的综合能源产业中,煤炭工业今后仍要突出结构调整这条主线,搞好煤炭供需平衡,大力发展高产高效生产技术,提高煤炭竞争力,要依靠科技进步,实施洁净煤战略,推动煤炭行业向高效、安全、洁净、优质的方向持续、稳定、健康发展,煤炭应主要用于发电;电力工业今后要在实施"加快体制改革,重点加强电网建设,大力开发水电,优化发展火电,积极发展核电,加快发展新能源发电"的电力发展战略中,进一步调整和优化电力结构,提高能源效率;煤电一体化企业要充分利用煤炭能源和电力能源就地就近发展相关的用煤和用电优势产业,实施大企业集团战略,提高市场竞争力和经济效益。

石油和天然气是优质能源,在优化能源结构中仍将起重要作用。我国石油工业的发展必须从国家长远发展和经济安全考虑,坚持实施可持续发展战略,主要是以立足国内、开拓国际、油气并举、厉行节约、建立储备、维护安全为主。

开发利用新能源和可再生能源，是优化能源结构、改善环境、促进经济社会可持续发展以及解决边疆、海岛、偏远地区和少数民族地区用能问题的需要，要继续坚持“因地制宜，多能互补，综合利用，讲究效益”的战略方针。特别是核能发电，要加快发展步伐。这是因为核电是一个国家科技发达和经济强大的重要标志；核电具有清洁、安全、高效的特性，是解决能源供应、优化能源和电源结构、提高环境质量、保障能源安全的重要手段；在东部沿海地区发展核电还是实施“西电东送”战略的迫切需要。

加快西部能源开发，是贯彻落实国家西部大开发战略的重要战略措施。充分开发利用我国西部地区丰富的优质能源，对于保障国家能源安全供应，调整和优化能源结构，都具有重要的、深远的意义。

14.2.4.2 能源节约战略

以广义节能为基础，以工业节能、石油节约和电力节约为重点，依靠技术进步，提高能源效率、节约能源是我国经济社会发展的一项长远战略方针，也是当前一项极为紧迫的任务。能源节约的核心是提高能源经济效率。大力节约能源，不断提高能源经济效率，是一项长期的战略任务，已经成为我国的基本国策。目前，一方面，经济增长在相当程度上仍然是主要依赖能源和资源的高投入来实现的，能源和资源不足的矛盾越来越突出；另一方面，能源和资源产出效率较低，节约潜力很大。必须通过各种渠道，采取各种措施，尽快改变“高投入、高消耗、低产出、低效益”的经济增长方式，提高能源经济效率。

以广义节能为基础，就是要动员各行各业和全国人民的力量，长期坚持“全面节约”的战略，全方位挖掘节能潜力，提高能源系统的效率，节约各种经常性消耗物资，节约不必要的劳动消耗和资金占用，减少人口增长，提高工业企业的生产效率和效益，降低生产成本，合理调整和优化产业结构和产品结构。在新形势下，要把广义节能同实施全面节约战略结合起来，同转变经济增长方式、提高经济增长质量和效益结合起来，同环境保护和实行可持续发展战略结合起来。广义节能的重点是依靠技术进步，不断降低工业部门的单位产品能耗。据估计，我国节能的潜力有60%在工业部门。此外，能源转化、能源运输、能源科技、新能源开发与利用、能源教育等方面的工作也要抓紧、抓好、抓出成效。提出石油节约为节能的重点，是解决石油供不应求的能源结构性矛盾的重要战略措施，与增加石油供应不同，这是一个节约措施，是一项行之有效的措施。我国石油利用的经济效率远远低于发达国家，用油设备的效率也低于国外，节油潜力很大。节油的投资和成本都比开发便宜。提出电力节约为节能的重点是因为，随着社会经济的发展，电力在能源总体中的地位和作用将越来越重要，电能的使用已遍及国民经济和人民生活的各个领域，成为现代社会的必需品。为此，要加强电力需求的管理，以高耗电行业为重点，在强化负荷管理的同时，大力节约用电。同时要积极引导全社会电力消费，鼓励企业、家庭多采用先进节电技术和节电设备。节约电力不仅是缓解我国供电紧张的现实需要，更重要的是能源可持续发展的需要。

依靠技术进步提高能源经济效率，是能源节约工作的发展趋势。今后节能的难度越来越大，必须大技术进步和创新的投入力度，搞好技术节能。

14.2.4.3 能源贸易战略

以市场为导向，以经济效益为中心，充分利用国内、国外两个市场、两种资源，有进有出，进出口多元化，满足能源发展需要在市场经济条件下和加入世贸组织新形势下，我国能源的产供需平衡要放眼于国际、国内两种资源和两个市场，能源贸易战略已成为能源发展战略的重要组成部分。今后中国国内石油供应需要大量进口原油已成定局,同时为发挥资源优势需要适度出口煤炭。我国的能源贸易必须是有进有出,并要根据能源市场价格的变化情况和经济效益原则来决定贸易策略。为了确保经济的稳定发展和能源的安全供应,必须采取多种途径利用国际能源资源和市场,实行进出口多元化的能源贸易战略。煤炭出口要多方位地寻找销售市场,由以出口日本为主,向亚洲、西欧市场以至世界发展。石油进口要多方位地充分利用国际石油资源和市场,以经济效益为前提,或从国际市场上购买石油,或到产油国投资采油,以满足国内能源和经济发展需要。

14.2.4.4 能源环保战略

广义节能和广义环保相结合,高度重视并实现煤炭资源优质开发利用,促进能源、经济和环境协调发展。在现代社会,人们更加注重环境质量,要求能源、经济和环境全面协调发展。我国以煤为主的能源结构是造成不少地区环境污染严重的根本原因。解决环境污染问题的关键是实现煤炭资源的清洁和优质开发利用。为促进社会可持续发展,我国能源环境保护战略的目标是,在保证现代化建设战略目标实现的前提下,不断降低单位生产总值和人均环境污染量,使人民生活和社会生产有一个良好的环境,环境质量达到工业发达国家中等水平。为了实现这一目标,必须采取“广义环保与广义节能相结合”的战略。广义环保的主要特点是把预防和治理结合起来,把间接防治和直接防治结合起来,把技术防治和经济防治结合起来。广义节能是广义环保的核心,节能既是治理污染又是预防污染,节能不仅能减少能源利用环节的污染,还能减少能源生产环节的污染。

14.2.4.5 能源科技战略

以企业为主体,以市场为导向,建立和完善“产、学、研”相结合的科技创新体系,增强自主创新能力,壮大富有创新精神的人才队伍,整体推进,重点突破,推动经济社会可持续发展。我国政府已经做出了“建设创新型国家”的战略决策,核心就是把增强自主创新能力作为发展科学技术的战略基点,走有中国特色的自主创新道路,推动科学技术的跨越式发展。要从我国的实际出发,通过原始创新、集成创新和引进消化再创新,努力开发一批具有国际国内先进水平、拥有自主知识产权的科研成果与专利技术,为加快新能源开发和能源节约提供技术来源(图14-1)。要在统筹安排、整体推进的基础上,重点突破一批影响能源发展全局的关键技术。企业是市场经济的主体,也是科技创新的主体。能源企业和用能企业都要建立健全一套有利于增强科技进步和创新的体制与机制,落实科技成果产业化。要加大对科技创新投入的力度,鼓励企业从成果转化的效益中提出一定份额用于科技创新的再投入,形成科研与科技创新的良性循环发展机制。要加快新技术推广应用。要高度重视新技术、新设备、新工艺在能源开发和能源节约领域中的应用,加速科技成果向现实生产力的转化。要采用自主研究开发与引进消化吸收相结合的方法,提高能源设备的国产化水平。要树立人才是第一资源的观念和“不求所有,但求所用;不求所在,但求所为”的新理念,紧紧抓住吸引人才、培养

图14-1　新能源技术的运用

人才、用好人才三个环节，建立开放、流动、竞争、激励的机制，从“引才”向“引智”转变，从“重寻”向“重用”转变，采取聘用、借用、兼职、合作研究、学术交流、技术指导、技术交流、技术咨询等方式，以个别引进、团队引进、项目联动引进等灵活多样的形式，引进一批高层次、复合型能源专业人才和企业经营管理人才。

在世界能源领域里，以矿物能源代替薪柴之后，作为优质燃料的石油和天然气开始逐渐替代煤炭充当能源消费的主要角色，并且各种新能源开始开发应用，能源消费优质化与资源环境可协调的可持续发展成为能源发展的潮流。

复习思考

1. 结合世界能源发展现状，分析我国能源生产与消费的基本特征。
2. 结合世界能源发展趋势，进行我国能源发展中的战略趋势分析。
3. 试述能源发展中的主要问题。

思维拓展

请依据世界和我国经济与能源的发展现状，预测未来经济的发展形势。根据未来经济的发展形势，试分析符合我国国情的能源发展合理方案。

拓展阅读

[1] 崔民选. 2007 年中国能源发展报告. 北京：社会科学文献出版社，2007.

[2] 贾文瑞，等. 21 世纪中国能源、环境与石油工业发展. 北京：石油工业出版社，2002.

[3] 韩文科，等. 中国能源消费结构变化趋势及调整对策. 北京：中国计划出版社，2007.

15 未来新能源

新能源又称非常规能源，是指刚开始开发利用或正在积极研究、有待推广的、传统能源之外的各种能源形式，如太阳能、风能、生物质能、水能、地热能、核能等。新能源的各种形式都是直接或者间接地来自于太阳或地球内部所产生的热能，相对于传统能源，新能源普遍具有污染少、储量大的特点，对于解决当今世界严重的环境污染问题和资源（特别是化石能源）枯竭问题具有重要意义。同时，由于很多新能源分布均匀，对于解决由能源引发的战争也有重要的意义。

15.1 太阳能

太阳是一个高温高压作用下，不断进行核聚变反应的炽热气球，在 0～0.23R 区域是由氢变氦的核聚变产能核心，温度为$(8 \sim 40) \times 10^6$K，占太阳全部发射能的 90%，并以对流和辐射方式向外传送。半径为 R 的圆轮是太阳的表面，称为光球，是人们能见到的太阳表面，其有效温度为 5762K，厚度约 5000km，太阳绝大部分辐射能都从这里发出。在 0.23R～0.7R 区域为辐射输能区，温度为 1.3×10^5K，0.7R～R 区域为对流区，温度为 5000K。光球的外面分布着能发光又几乎是透明的太阳大气，依次分为反变层、色球和最外层的日冕。它们都是温度不同的气雾层，厚度从几百千米、一万多千米到几十个太阳半径，甚至地球也浸入日冕的余晖中。因此，太阳并非为有固定温度的黑体。但在太阳能利用中，常把太阳视为温度为 5762K、波长为 0.3～3μm 的黑色辐射体。

太阳内部氢变氦的核聚变反应，连续产生 3.76×10^{23}kW 的能量，并以电磁波的形式向宇宙空间发射，其中约有 1/20 亿到达地球大气上界，约为 1.73×10^{14}kW，太阳光透过大气层到达地球表面的能量为 8.1×10^{13}kW，这是一个巨大的能源。

由于太阳持续、恒定地向地球辐射输送大量能量，经植物的光合作用形成了生物质能；被埋藏在地下的动植物经漫长的时间转化，形成了煤炭、天然气和石油等矿物燃料；江河湖海中的水，经阳光晒热蒸发，又凝结降落在高山上，形成了水能；空气经太阳照射加热，产生密度差，形成了风能。因此，地球上的这些主要能源来自太阳，可以说，太阳能是地球上主要能源的总来源。

15.1.1 太阳能的特点

太阳能作为一种新能源，与煤、石油等常规能源相比，具有以下几个方面的特点：

（1）太阳能是一种持久、普遍、巨大的能源。从地球诞生的时候起，阳光就照射地球，向地球提供能源，估计已 47 亿多年。据太阳的重量估算，太阳的寿命还有 60 亿年以上。因此，可以说太阳能是取之不尽，用之不竭的，它将持久地向地球输送能量。阳光普照大地，无处不有，且无需开采、运输，随处可取，更是广阔农村可利用的丰富能源资源。

（2）太阳能是一种洁净、无污染的能源。矿石能源的利用会带来对环境或多或少的污染，造成公害，但太阳能却是洁净的。它本身不会对环境造成污染，也不影响生态平衡。

（3）太阳能能量密度低，且受地区、昼夜、气候等自然条件限制。太阳能能量虽然巨大，但能量密度很低，就是在晴朗天气，中午垂直投射到每平方米面积上的太阳能最多约 1kW 左右。因此，为收集够使用的能量，需要庞大的收集设备，耗资多，占地面积大。而且能量的提供是间隙性的，白天有，晚间无；晴天有，阴雨天无；供应极不稳定，这就必须有贮能装置，需增加大量投资。

由于太阳能的这些特点（特别是缺点），给其使用中的技术和经济方面带来许多问题，使这种古老而又新颖的能源的利用处于探索、试验及利用的初级阶段。要完善地利用它为人类造福，还要走很长的路，做很多工作。

15.1.2 太阳能资源的利用方式

人类利用太阳能已有悠久的历史，利用的方式也多种多样，最古老而又简单的利用如晒太阳取暖、晒衣服、晒粮食，即将太阳辐射能转变为热能利用。因此，就其利用过程来说都是将太阳能转变为其他形式的能来利用。太阳能利用技术，即采用某些装置或系统将太阳能的辐射能收集、转换或贮藏及利用。因此，按太阳辐射能转换成其他形式，可分为三种利用方式：化学能转化、热能转化、电能转化。

目前发达国家把太阳能作为一种替代能源，逐步减少煤炭、石油等常规能源的开采与进口，致力于开发大规模的太阳能发电厂、太阳能集热器。在发展中国家，太阳能还只是作为辅助性的能源。

太阳能发电技术是利用太阳能来生产电力的技术。根据现在人们的认识，有两种途径可以实现这一目的：一种是把太阳能转换成热能，利用热能发电；另一种是直接把太阳能转化为电能，它是利用特殊半导体材料的光生伏打效应将太阳能直接转换成电能，其能量转换的器件称为太阳电池（图 15－1）。

图 15－1 太阳能电池

1990 年以来，全球太阳能发电装置的市场销量以平均每年 16% 的幅度递增，目前总的发电能力已达 8×10^{8}W，相当于 20 万个美国家庭的年耗电量。1997 年全球太阳能电池的销量增长了 40%，大大超过了同期风能发电设备的 25% 的年销售增长幅度，利用太阳能获取电力已经成为全世界发展速度最快的能量补给方式。如美国制定了“克林顿总统百万屋顶光伏计划”，日本设立太阳能发电系统实用化研究机构，德国兴建世界最大的太阳能电池制造厂。

我国各地太阳能辐射总量达 930～2330kW・h/(m^2・a)。年日照时间大于 2000h，辐射总量高于 1630kW・h/(m^2・a)的地区占全国总面积的 2/3 以上，尤其是青藏高原大部分地区年辐射量超过 2000h，年日照时间大于 3000h，在世界上也属高值区之一，具有很高的开发利用价值。太阳能发电有光伏发电和光热发电两种，前者是将光通过太阳能电池直接转换成电能，而后者是通过光—热—电的转换形式，将光能变为电能。国内目前主要是光伏发电，发电量有限，仍处于起步阶段。

太阳能是一种取之不尽的能源，同时又是清洁能源，我国的许多地区日照时间长，太阳能资源丰富，只是在太阳能的储存方面存在一些技术问题。如果这些问题得以解决，太阳能在未来将有广阔的利用前景。

15.2 风能

风是人类最常见的自然现象之一，它是由太阳的热辐射在地球上引起的“空气流动”。到达地球的太阳能约有 2% 转变成为风。当地面受到太阳照射，温度升高，气压发生变化，高压冷空气流向低压区，相对于地球表面的空气流动形成了风。气压差值越大，风也就越大。

赤道附近接收的太阳能较多，而南、北极接收的太阳能较少，如果地球表面情况是一样的，而且忽略地球转动的作用，则赤道附近空气受热膨胀向上，流向两极；而两极附近的冷空气，沿地表流向赤道。实际上，地球不停地转动也产生影响，在同样日照情况下，海面上升温慢，陆地上升温快；山谷升温慢，山脊升温快，等等。这些复杂因素造成了地球上不同地区、不同季节里，空气的流动是变化多样的，因此风向、风速也是变化无常的。

15.2.1 国外风能利用概况

纵观国外风能利用情况，大体上可分为三个历史阶段。

(1)20 世纪之前：远在公元前 2000 年，埃及、波斯等国就已出现帆船和风磨，中世纪荷兰就有水平轴风车(图 15－2)。美国西部的多叶式风力提水机在 18 世纪末曾多达数百万台。在 19 世纪末，丹麦拥有超过 3000 台工业用的风车和 3 万台家庭和农场用的风车。然而，现代型的风力发电装置直到 1890 年才在丹麦建成。

图 15－2 荷兰水平轴风车

(2)20 世纪初至 20 世纪 60 年代末。1908 年丹麦有了数以百计的小型风力发电站。许多国家陆续开始了小型风力发电站的建设，1930 年美国已拥有 600 万台小型风力发电机组，苏联在 1955 年也有小型风力发电站 3 万座。在此期间，国外开始了对中、大型风力发电机组的研制。然而，由于大型火电、水电机组的采用和电力系统的发展，这些中、大型风力发电机组因造价高和可靠性差而逐渐被搁置，但它们为后来的大发展奠定了基础。

(3)20 世纪 70 年代以来。20 世纪 70 年代，不少国家面临能源短缺的困境，提出了能源多样化，因此风能的研究和开发工作又重新得到了重视。伴随航天、航空和空气动力学的发展，计算机应用的普及与复合材料的利用，风力机的结构和性能日趋完善，可靠性不断提高。如今，小、中型风力机在国外已商品化，兆瓦级的大型风力机也屡见不鲜。

目前，美国以及丹麦、荷兰、瑞典、法国、德国、英国等国家，在风能开发利用方面居世界领先地位。他们的风力机的发展都经历了从小到大，由单机运行到并网发电，以及大规模风力田（也称电风场、风车田）建设的过程，其主要做法是：制定发展规划；政府采取扶持资助的政策；重视小型机组的定型和商品化；改制中、大型风力发电机组，建设风力田等。

15.2.2 我国风能资源及利用概况

风能资源的主要参数是当地的年平均风能密度，当然，有效风能小时数也很重要。根据气象部门的资料，我国风能总量理论数为 16×10^{8}kW，可开发量为 2.25×10^{8}kW，仅次于美国和俄国，居世界第三位。我国东南沿海及一些岛屿的风能资源较好；内陆沿东北、内蒙古、甘肃至新疆一带，风能资源也比较丰富，年平均风能密度为 100 ~ 200W/m^2，全年有效风速累计时间达 3000 ~ 6000h。近年来，国家气象科学院按各地的风能特征编制了四个全国风能区。

（1）风能丰富区：东南沿海、台湾、海南岛西部及南海群岛，内蒙古北部西端和阴山以东，松花江下游地区。

（2）风能较丰富区：东南沿海离岸 20 ~ 50km 的地带，海南岛东部，渤海沿岸，东北平原，内蒙古南部，河西走廊，青藏高原。

（3）风能可利用区：闽、粤两岸 50 ~ 100km 地带，大小兴安岭，辽河流域，苏北地区，长江及黄河的下游，两湖沿岸等地区。

（4）风能欠缺区：四川、甘南、陕西、贵州、湘西、岭南等地。

我国是世界上最早利用风能的国家之一，然而，直到新中国成立前，风能利用始终还局限于风力提水和风帆助航。现代风力机的研制可追溯到 20 世纪 50 年代，但系统的研制还是从 20 世纪 70 年代中期开始的。新中国成立后，我国风能利用大致可分为三个阶段：

（1）在 20 世纪 50 年代末期兴起的农具技术改革热潮中，各地研制了一批风力机，由于当时的经济和技术条件的限制，多数机组运行不久就损坏了，研制工作也随之中断。

（2）20 世纪 60 年代中期，风能利用的重点由传统风车转入研制小型风力提水机，曾取得了可喜的效果。到了 20 世纪 60 年代末期，由于机电排灌设备的发展和风力提水机还没能做到简易、耐用、经济、可靠的程度，风车从几十万台骤降到几千台。

（3）从 20 世纪 70 年代中期起，风能的开发利用又得到重视，在人力、物力、财力方面予以支持，风能开发事业有了新的进展，主要表现在：基本上摸清了全国风能资源的分布情况；风力提水机由古典的木结构布蓬车发展到现代的风力提水机；在风能开发利用方面主要的成就是推广应用小型风力发电机和风力提水机；试办风力田初见成效；有了一批从事风能开发利用的科技队伍和企事业单位。

15.2.3 风能资源的优点

（1）风能是可再生能源，取之不尽，用之不竭。

（2）一般来说，在偏远山区、海滨、居民分散的无电或少电地区，风能资源比较丰富，值得开发利用。

（3）开发利用风能，不污染环境，不影响生态平衡。

（4）把风能转换成机械能，办法比较简单，容易实现。

15.2.4 风能资源的缺点

(1)风能常随季节、昼夜变化,当小风或无风时还想利用它,则涉及能量储存问题,就需要储能设备。

(2)风能的密度比较低,空气的相对密度为水的 1/800,因此,要获得较大的功率,势必得把风力机的风轮做得很大。

(3)风能受地形地物的影响较大,即使在同一个区域,有利地形处的风力往往是不利地形处的几倍乃至更多。

15.3 生物质能

生物质是自然界中有生命的、可以生长的各种有机物质,包括动植物和微生物。生物质本身具有一定的能量,并可转化成不同形式的能量。生物质中可以被人们当做能源加以利用的部分称为生物质能资源。生物质能的基本来源是:绿色植物通过光合作用把水和二氧化碳转化成碳水化合物。可以通过各种生物质能转换技术利用生物质能。

15.3.1 光合作用与生物质能

光合作用(图 15-3)是绿色植物吸收光能还原二氧化碳并释放氧气的过程,在这个过程中绿色植物把日光能转变为化学能积蓄在有机物中,其总反应为:

$$CO_2 + H_2O \rightarrow (CH_2O) + O_2$$

地球上的植物通过光合作用每年约吸收 7×10^{11} t 二氧化碳,合成 5×10^{11} t 有机物,光合作用是地球上制造有机物的重要途径。从能量利用方面看,光合作用又是一个巨型能量转换过程,它是地球上唯一大规模地将太阳能转变成可储存的化学能的生物学过程。虽然通过光合作用固定的太阳能只约占到达地球表面太阳能的 1/1000,但其每年合成有机物的能量还是非常巨大,约为世界每年耗能量的 10 倍。

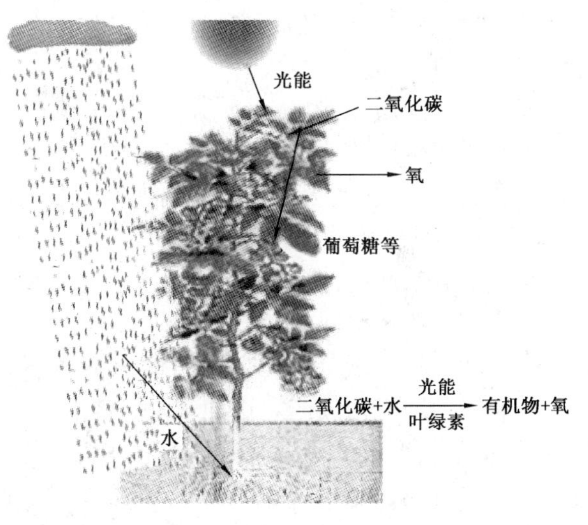

图 15-3 光合作用示意图

绿色植物的光合作用过程实际上只由植物的叶和茎在进行。叶绿素细胞上有许多叶绿体,叶绿体上分布着许多叶绿素分子。叶绿素分子吸收光能后就相互传递并引发一系列化学反应:发生光化分解,生成氧气和氢;发生光合磷酸化反应,生成腺三磷;发生二氧化碳同化反应,生成碳水化合物。

生物质资源既包括陆生植物,也包括水生植物。水生生物质资源比陆生的更为广泛。这是因为地球上有广大的水域,而且不存在陆生资源那样与住宅、粮食等争地的问题。水域费用一般比陆地费用较低。水生生物质资源品种繁多,资源量大,领域广阔。

通常提供作为能源的生物质资源种类很多,主要是农作物、油料作物、农业有机剩余物、林木、森林工业残余物。此外,动物的排泄物、江河湖泊的沉积物、农副产品加工后的有机废物和废水、城市生活有机废水及垃圾等都是重要的生物质能资源。

15.3.2 生物质能的转换技术

生物质能转换技术可分为直接燃烧技术、化学转换技术和生物转换技术三种类型。

生物质直接燃烧是最普通的生物质能转换技术。直接燃烧的过程可以简单地表示为：

$$有机物质 + O_2 = CO_2 + H_2O + 热量$$

可见，此过程实际上是光合作用的逆过程。在燃烧过程中，燃烧将储存的化学能转变为热能释放出来。除碳的氧化外，在此过程中还有硫、磷等微量元素的氧化。

直接燃烧的主要目的是取得热量，而燃烧过程产生热量的多少，除因有机物质种类不同而不同外，还与氧气(空气)的供给量有关，即是否使有机物质达到完全氧化。可以进行直接燃烧的设备形式很多，有普通的炉灶，亦有各种锅炉，还有复杂的内燃机(如燃用植物油)等。

用化学手段将生物质能转换成燃料物质的技术称为化学转换技术。常用方法有气化法、热分解法和液化法。

生物转换技术是用微生物发酵方法将生物质能转变成燃料物质的技术，其通式为：

$$有机物质 \rightarrow 气体、液体燃料 + CO_2$$

通常，这一过程产生的液体燃料为乙醇(酒精)，气体燃料为沼气。

产生酒精的有机物原料有两类，糖类原料如甘蔗、甜菜、甜高粱等作物的汁液以及制糖工业的废糖蜜等，可直接发酵成含乙醇的液体，再经蒸馏便得高浓度的酒精；淀粉类原料如玉米、甘薯、马铃薯、木薯等，则需先经过蒸煮、糖化，然后再发酵、蒸馏产生酒精。酒精可作为燃料，亦可制成饮料。

沼气是生物质在严格厌氧条件下经发酵微生物的作用而形成的气体燃料。可用于产生沼气的生物质非常广泛，包括各种秸秆、杂草、水生植物、人畜粪便、各种有机废水等。沼气可直接使用，或将二氧化碳除去得到甲烷纯度较高的产品。

在自然界中，沼气的生成是一种古老的生物现象。由于人们最先注意到在湖泊或沼泽中常常有气泡从水底的污泥中冒出，这些气体收集起来可以点燃，便称这种气体为“沼气”。后来分析研究表明，沼气是多种微生物在厌氧条件下对有机物质进行分解代谢的产物，其主要成分是甲烷和二氧化碳，还有硫化氢等少量的其他气体。沼气产生的过程也称为沼气发酵。

虽然人们发现沼气产生这种现象已经有很长的历史，但把沼气收集起来作为能源加以利用，或根据沼气形成的原理来处理各种有机废物，还是近几十年的事。我国研究制取沼气的历史也很早。目前，我国各地兴建了不同形式、处理各种不同原料的大中型沼气工程200多个，其中农村户用沼气池已超过500万个。

总的来说，沼气化处理，特别是在农村推广和利用沼气，既有一定的经济效益，同时还可以取得以下综合效益：

(1)扩大燃料资源，将原来不作燃料使用的人畜粪便及其他生活废料变成热能加以利用。

(2)改变农村传统燃料的燃烧方式，提高了热量的有效利用。

(3)节约秸秆用以还田，增加肥源，或用作粗饲料及轻工业、手工业原料等。

(4)经过沼气池的发酵，提高了有机肥料的质量和肥效。

(5)有利于环境卫生，减少疾病；有利于水土保持，改进生态平衡等。

生物质能资源主要依赖于农业结构和农林业生产。我国是一个农业大国，生物质能资源丰富,我国主要通过加工生物质能资源,进而形成型煤、沼气或电力等优质能源提供应用,可用于发电的可开发资源主要是林业生物质能源——薪柴;农业生物质能源——秸秆、稻壳;城镇有机废物能量。各种生物质能资源每年的资源量大约有:薪柴 3000×10^4t,秸秆 4.5×10^8t,稻壳 0.15×10^8t,此外还有大量城市排放的生活污水、垃圾、工业废水等。

15.4 水能

水能通常是指河川径流相对于某一基准面具有的势能。把天然水流具有的水能集聚起来,去推动水轮机、带动发电机,便可发出电能。这个物理过程使一次能源开发和二次能源生产同时完成,而水流本身并不发生化学变化,所以,水能是一种清洁能源。

由于地球上水的总量恒定,在太阳能作用下不断进行着蒸发、降水循环,因此,水能是可再生的能源,用之不尽。然而,对具体的水电站来说,泥沙淤积会使有效水库容积减少,损失一部分水能。除了发电,水流的机械能也可直接利用。

开发利用水能资源,可以代替大量的煤炭、石油、天然气等化石能源;可以避免燃烧矿物燃料而产生的对人类生存环境的污染;并可以实现对水资源的综合利用——兴水利、除水害,兼而取得防洪、航运、农灌、供水、养殖、旅游等经济效益和社会效益;建设水电站可同时带动当地的交通运输、原材料工业乃至文化、教育、卫生事业的发展,成为振兴地区经济的前导;电能输送方便,可减少交通运输负荷。

15.4.1 我国水能资源概况

我国河流水能蕴藏总量为 6.76×10^8kW,相当于年发电量 5.92×10^{12}kW·h;可开发水能资源的总量为 3.78×10^8kW,相当于年发电量 1.92×10^{12}kW·h,如果以火电厂发电标准煤耗350g/(kW·h)折算,相当于每年可提供 6.72×10^8t 标准煤,等于1990年我国一次能源生产总量的65%。我国海洋能理论蕴藏量为 6.3×10^8kW。潮汐能的蕴藏量为 1.1×10^8kW,其中可开发的约达 3.85×10^7kW,相当于年发电量 870×10^8kW·h。不论是水能蕴藏量,还是可开发量,我国在世界各国中均居第一位。

我国陆上水能资源西多东少,大部分集中于西南地区和中南地区。在全国可开发水能资源中,东部的华东、东北、华北三大区共占6.8%;西北地区占9.9%;中南地区占15.5%;西南地区占67.8%,其中四川、云南、西藏三省区占全国的64.4%。

截至1991年底,我国水力发电装机达到 3788×10^4kW,占江河可开发水电装机容量的10.01%;1991年水电发电量 1248×10^8kW·h,占江河可开发水量的6.5%。与世界上主要发达国家相比,我国水能资源开发利用程度目前是较低的。

我国陆上水能资源主要有以下特点:

(1)资源丰富,但分布不均。水能资源西部多、东部少,而东部地区经济发展领先于西部,并且这种局部会持续相当长时间,东部比西部的电力需求增长更快。因此,把西部水电分别横向送往东部,成为水能开发的主要格局。另一方面,西部地区也将会结合自己的自然特点,把开发水电作为地区经济腾飞的前导,逐渐使我国经济重心西移,缩小差别。

(2)可建水电站中大型的比较多,位置集中。我国可开发的单站装机10000kW以上的水电站有1946座,其装机容量和年发电量占总数的80%左右;单站 2×10^6kW 以上的特大型水电站有33座。这些电站多数集中分布在西南地区。此区域人烟稀少,水库淹没损失小,适合建设高坝大库。但由于地处高山峡谷,交通不便,自然条件差,工程往往十分艰巨。

(3)气候受季风影响,降水和径流在年内分配多不均匀。夏季到秋季四至五个月的径流占全年的60%~70%,冬季径流量很少。因而,水电站的季节性电能较多。为充分利用水能资源和满足电力系统要求,在水电规划中,都应考虑共建水库调节径流。

(4)人口多,耕地少,建水库往往受到淹没损失的限制。在河流的中、下游地区,这个矛盾就更为突出。随着经济发展、人口增长和人民生活水平的提高,水库淹没损失问题对水电站建设的影响将越来越大。

(5)大部分河流,特别是河流中、下游多有综合利用要求。因此,在水能开发中,要特别注意整体规划,兼顾各方面要求,以取得最大的综合经济效益和社会效益。

15.4.2 我国水电建设成就及存在的问题

自1912年在云南昆明附近石龙坝建成第一座小水电站后,到1949年,我国水电装机容量共36×10^4kW,年发电量12×10^8kW·h。

新中国成立后,水电建设取得了巨大成就。到1992年底,全国水电装机容量超过4×10^7kW,与1949年相比,增长了110倍,水电装机容量年平均递增速度超过11%。水电建设取得的主要成就表现在以下几个方面:

(1)建成了一批具有较高水平的大型水电站工程。例如,黄河刘家峡电站装机容量为122.5×10^4kW、长江葛洲坝电站为271.5×10^4kW、乌江渡电站为63×10^4kW等,开始建设或准备建设超大规模的巨型水电站,如四川雅砻江二滩电站为330×10^4kW,广西红水河龙滩电站为$(420\sim540)\times10^4$kW,长江三峡水电站为1768×10^4kW(图15-4)。截至1992年底,已开始建设大型高水头大容量抽水蓄能电站,如北京十三陵电站装机容量为80×10^4kW,广州从化电站为120×10^4kW,浙江天荒坪电站为180×10^4kW等。

图15-4 长江三峡水利枢纽工程

(2)水电建设技术水平提高很快。兴建了各种类型的大坝,最高的有240m;各种水头的电站,最高的超过1000m(广西天湖),引水隧洞开凿、地下厂房及其他工程建设、大江大河截流以及大型常规水轮发电机组制造、安装等方面都具有较高的水平。

(3)在水电动能经济研究、河流规划、工程测量、勘测设计、地质、水文、泥沙、洪水计算技术以及高坝结构设计、泄洪消能、施工组织、基础处理、施工机械化、水电站运行优化调度等方面,都达到较高的技术水平并积累了丰富的经验。

(4)水电建设开始对外开放,引进外资及国外先进技术与管理经验。

水电建设存在的主要问题及教训是：

(1)未能真正将水能开发放在国民经济应有的位置，也未能给予足够的重视。常因应付当前急需而抢建火电站，形成能源结构不合理，以致进入1990年后，我国的一次能源生产总量中，化石燃料仍占95%以上，水电仅占4.5%。这一状况导致运输紧张，环境污染，加大非再生能源开采量。

(2)水电开发建设管理体制多变，部门之间、地方之间对在管理上有交叉的项目相互掣肘，对项目的建设决策和施工进度造成重大影响。

(3)尚未形成有利于水电发展的投资和体制，致使资金筹措十分困难。

(4)水能开发未能享受一次能源开发应有的优惠政策待遇，制约了水电发展。

在中国的许多地区，尤其西南部地区，水利资源非常丰富，河流落差大，水量丰富，开发和利用水利资源用于发电可以节约能源、保护环境。三峡工程、西部大开发中的西电东送工程就是利用水利资源的典范。

15.5 核能

核能是原子核发生反应而释放出来的巨大能量。原子核反应有裂变反应和聚变反应两种。裂变反应(图15-5)是较重原子核分裂成较轻原子核的反应，聚变反应是较轻原子核聚合成较重原子核的反应。众所周知，1kg铀—235裂变时放出的能量为8.32×10^{18}J，即相当于2000t汽油或2800t标准煤。1kg氘聚变时放出的能量达3.5×10^{14}J，相当于4kg铀。如果核聚变能实现的话，则一桶水中含有的聚变燃料就相当于300bbl(1bbl=0.159m^3)汽油。因此核能的利用可为人类提供无穷无尽的能量，是人类历史上一次重大的技术革命。

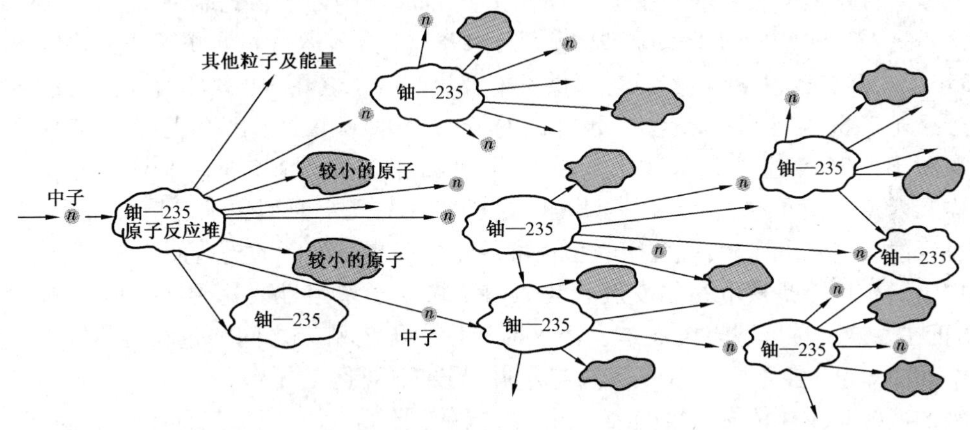

图15-5 核能利用原理(裂变)

1938年德国内哈恩和斯特拉斯曼首先发现了铀的核裂变现象，从而揭开了原子能技术发展的序幕。这一技术首先被用于军事目的。在第二次世界大战期间，美国于1942年首先在费米教授的领导下建成第一座核反应堆，于1945年制成第一颗原子弹。之后，苏联在1954年建成世界上第一座核电站，功率为5MW。接着，美国研制了轻水反应堆，英国和法国发展了气冷反应堆，加拿大发展了重水反应堆，并分别建成了实用的核电站。从20世纪50年代后期起，核电站开始得到迅速发展，到1985年底，全世界已有26个国家和地区建成核电站反应堆374座，发电总量达2.5×10^{8}kW，其发电量占全世界总发电量的15%。目前正在建造的核电站反应堆有157座，电功率约1.4×10^8kW。一些工业发达的国家，由于受能源危机的影响，已把发展核电放在十分重要的位置，核电比例正在迅速增长。2000年，我国核电规模达到10～12GW。总之，从当前的技术水平来看，利用裂变能的核电站已经达到技术上成熟、经济上有竞争力、可在工业上大规模推广的阶段，核能已经成为世界能源构成的重要构成的重要组成部分。

核裂变反应堆是使核裂变链式反应被控制在适当速度下进行，从而取出热能的一种装置。核裂变链式反应堆即热中子反应堆，简称热堆。现在广泛应用的核反应堆都是热中子反应堆。与此相反，使用未经减速的中子，即快中子的反应堆就叫做快中子反应堆，这种堆能增殖核燃料，故又称快中子增殖堆，简称快堆。

在热中子反应堆中使用的核燃料为铀—235（^{235}U），可是天然铀中铀—235的含量仅占0.7%，其余99.3%为铀—238（^{238}U），而铀—238是非裂变元素，不能直接用作核燃料，因此仅仅使用热中子反应堆，则核燃料的资源很少，不能供应很长的时间。因此许多国家正在努力发展能增殖新燃料的增殖反应堆。在增殖堆中，可将一部分非裂变元素转变为可裂变元素，如利用铀—235裂变中释放出的中子轰击铀—238可以获得可裂变的元素钚—239（^{239}Pu），同样，可以把大自然中大量存在的钍—232（^{232}Th）转变为可裂变的元素铀—233。这样，在这种反应堆中，每消耗一定数量的原子核，能产生更多的可裂变原子核，也就是每消耗一定的核燃料，可获得更多的核燃料，此过程称为增殖，因此这种反应堆称为增殖反应堆。由于快中子增殖堆的燃料能使用铀—238和钍—232，对燃料能起增殖的作用，分别生产可裂变的钚—239和铀—233，因此快中子增殖堆是解决核燃料高度利用和开辟近期新能源的有效途径，现在美国、俄国、法国、英国、日本、德国等国都在大力研究，进展十分迅速。美国从1947年开始至今，已建造了几座这种堆型的实验堆。在快中子增殖堆方面，法国处于领先地位，25×10^4kW的示范性实验堆——“超级凤凰”商业性原型增殖堆于1983年投入运行。苏联第一座快堆BN—350（功率35×10^4kW）于1973年投入运行，供发电及生产淡水之用，功率60×10^4kW的BN—600原型快堆已于1980年4月投入运行，设计成的160×10^4kW快堆，于20世纪80年代后期投入运行。英国于1976年建成25×10^4kW原型增殖堆，正在设计130×10^4kW商用示范性增殖堆。日本和西德也正在建设示范性增殖堆。从已建成的几个原型快堆的情况表明，堆本身的性能是良好的，从实验堆过渡到商用大型快堆的主要障碍是设备的构造而不是反应堆的原理。因此快中子增殖堆将是核电站的发展趋势。由于快中子增殖堆要达到实用阶段尚需一段时间，日本正在发展一种新型转换堆作为轻水堆与快中子增殖堆之间的过渡性堆型，一座16.5×10^4kW的原型堆“普贤”已于1979年建成，并已投入运行。

未来的能源将主要依靠核聚变来获得。将氢的同位素氘和氚加热到很高的温度，使它们发生燃烧而聚合成较重的元素，可释放出巨大的能量。氢弹的爆炸就是氘氚的热核聚变过程。太阳及其他恒星的巨大能量也来源于热核反应。如果能在地球上实现聚变能量的受控释放和利用，人类就将最终地解决能源问题。因为作为热核燃料的氘可以直接从海水中提取，1kg水中大约含有0.03g氘，地球上约有海水1×10^{21}kg，氘含量达1×10^{17}kg，能释放出能量1×10^{31}J，如按地球上能量消耗水平一年为2×10^{20}J，则可供人类几百亿年。因此受控核聚变的研究是当代科学技术的一个极为重要的研究课题，各国科学工作者已进行了大量的探索。到2009年为止，聚变研究的各个途径都不同程度地取得了进展，各类装置的等离子体参数在不断更新，托卡马克、磁镜、仿星器和箍缩装置以及聚光聚变装置、电子束离子束聚变装置等现在都达到了较理想的结果。

15.5.1 核电站一般工作原理

利用核能发电的电站称为核电站(图 15 -6)。核燃料在反应堆内进行核裂变的链式反应,产生大量热量,由冷却剂带出,在蒸汽发生器中把热量传给水,将水加热成蒸汽来转动汽轮发电机发电。冷却剂把热量传给水后,再用泵把它传回反应堆里去吸热,循环应用,不断地把反应堆中释放的原子核能引导出来。核电站中的反应堆和蒸汽发生器相当于火电站中的锅炉,所以有人把它叫做原子锅炉。核电站的其他设备与火电站基本相同。

图 15 -6 核电站

按照反应堆中采用的中子慢化剂和冷却剂工质的不同,核电站反应堆可分成很多种类型,目前常用的可分为轻水反应堆、重水反应堆、石墨气冷堆和快中子增殖堆(不用慢化剂)四大类。

(1)轻水反应堆。

轻水反应堆包括压水反应堆和沸水反应堆,是核电站目前所采用的最主要的堆型。在已运行的核电站中,轻水反应堆占 78%,其中压水反应堆占 49%,沸水反应堆占 29%。在新建的核电站中,轻水反应堆占 90% 左右。轻水反应堆电站的突出优点是结构和运行比较简单,尺寸小,造价低,具有良好的安全性、可靠性与经济性,因而得到广泛的应用。

(2)重水反应堆。

发电用的重水反应堆主要是加拿大的压力管式重水堆,常称为 CANDU 型重水反应堆,它以天然铀作燃料,以重水作慢化剂和冷却剂。CANDU 型重水反应堆的主要优点是应用天然铀作燃料,燃料循环比较简单,这对铀资源比较丰富而又缺少铀浓缩能力的发展中国家来说具有很大的吸引力。重水反应堆在技术上是成熟的,在已运行的反应堆中,重水反应堆容量占 5.3%,单堆电功率最大的为 75×10^4kW。重水堆的主要缺点是建造成本比轻水堆高。

(3)石墨气冷堆。

石墨气冷堆是以石墨为慢化剂,气体为冷却剂的堆型,分天然铀气冷堆、改进型气冷堆和高温气冷堆三种。

天然铀气冷堆最初是在英国、法国两国出现的,作为单纯军用钚生产堆,以后发展为发电、产钚两用堆。它是用天然铀作燃料,石墨作慢化剂,压力为 2 ~3MPa 的二氧化碳作冷却剂,加热到 400℃左右。燃料包壳用镁合金,常称为镁诺克斯堆,这种堆型的优点是采用天然铀,缺点是比功率和功率密度很低,尺寸、重量及装料量大,造价高,现在英法两国均已停止生产这种堆型。

改进型气冷堆是镁诺克斯堆的发展,用低浓铀作燃料,用不锈钢作包壳,其比功率、功率密度、运行温度和热效率等指标都有所提高,其体积和设备比天然铀气冷堆要小,但比起水堆来还要大得多。多年来,发展这种堆型的英国对这种堆型的经济性争论不休,今后是否推广这种堆型尚无定论。

高温气冷堆是石墨气冷堆的最新发展,称为第三代气冷堆。这种堆用氦气作为冷却剂,用陶瓷涂层替代金属包壳,可以达到很高的温度,一般为800℃左右,最高可达1300℃,因此发电效率较高。高温气冷堆用低浓铀或高浓铀加钍作燃料,将燃料微粒外面涂上几层石墨和碳化硅涂层烧结成直径约1mm的燃料颗粒,再弥散在石墨机体中,外面用石墨包覆,制成球状或块状的燃料元件,装入球状或柱状的石墨结构中构成石墨结构组件,堆芯就是由几百块石墨组件堆砌而成。高温气冷堆是一种高温、深燃耗、高功率密度的先进堆型,具有许多优点,很有发展前途。这一堆型的发展,还可利用高温氦气直接驱动氦气轮机,热效率可达50%以上,并使系统简化;还可利用高温气体为钢铁、燃料、化学工业提供高温热能,实现氢气还原炼铁、石油或天然气裂解、煤的气化、氢气生产等新工艺,开辟综合利用原子能的新途径。但是,高温气冷堆的技术比较复杂,还需要做不少研究发展工作,特别要等一些大型堆建成投产取得实践经验后,才有可能在工业上推广应用。

(4)快中子增殖堆。

快中子增殖堆是不用慢化剂,直接用高速中子引起核裂变链式反应并能增殖核燃料的反应堆。由于堆芯体积小,产生的功率大,因此要求采用传热性能特别好,同时又不慢化中子的冷却剂。目前采用的有液态金属钠和高温高速氦气两种冷却剂,分别称为钠冷快中子堆和气冷快中子堆,目前各国主要发展的是钠冷却快中子增殖堆。

15.5.2 核燃料资源

从20世纪60年代开始,世界核能迅速发展,不仅所有发达国家都建造了核电站,一些发展中国家或地区也建造了核电站,这说明核电站已经是一种有竞争能力的发电方式,而且随着化石燃料供应渐趋紧张,许多国家发生能源危机,核电站已经势在必行。

实际可用的裂变燃料有三种同位素:铀—235、钚—239和铀—233。自然界中存在的天然铀是铀—235和铀—238的混合物,而且铀—235的含量极少,仅占0.7%,其余为铀—238。如果单用天然铀作燃料,则核燃料资源是有限的。可是在核电站中,非裂变元素铀—238和钍—232可以转换成裂变元素钚—239和铀—233,称铀—238和钍—232为转换燃料。在自然界中,铀—238和钍—232的含量比铀—235大千百倍,这样,核燃料的储量就远远超过化石燃料,因而能长期满足核能发电的需要。

相反,从化石燃料来看,其储量有限而且分布很不均匀,供应渐趋紧张,许多国家已出现能源危机,必须寻求新的能源来补充,而现在技术比较成熟,能提供大量动力的能源唯有核能,因此发展核电已势在必行,尤其是在缺乏燃料的地区,发展核电就更加有利。同时,从长远来看,煤、石油、天然气都是很贵重的化工原料,可制取化纤、塑料、橡胶、化肥、染料、医药等重要产品。因此,为了子孙后代,应尽量减少化石燃料的耗量。

15.5.3 核电的安全性

发展核电人们最为担心的是它的安全性。核电站中潜在危险是强放射性裂变产物对环境的污染。一座电功率1×10^{6}kW的反应堆,堆芯中所含裂变产物的总放射性约1×10^{10}Ci($1\text{Ci}=37\times10^{10}\text{Ba}$),这样大量的放射性如果扩散到环境中去,周围的人们将受到强烈的照射,其后果将极为严重。正因为如此,在设计核电站时,对其安全性特别重视。截至2009年底,全世界核电站已积累了2000堆年(一座核反应堆运行一年为一堆年)以上的运行经验,很少发生核伤亡事故。美国三里岛核电站(图15－7)1979年3月28日由于阀门失灵和操作失误造成严重的失水事故,90%的燃料棒受损,部分燃料熔化,在经济上造成重大损失。这一事件在美国和其他一些国家引起了轩然大波,并因此而决定推迟核电站的建设。可是,即使是这样严重的事故,未有一人丧命,受威胁最大的几个人所接受的辐射量也很小。因此这一事件的最后结果,恰恰证明了核电站的安全性。

图15－7　美国三里岛核电站

核电站的放射性全部是在反应堆内产生的,其中绝大部分放射性来自裂变产物。然而98%以上的裂变产物放射性是保持在燃料芯体中,只要芯体不熔化,就不会释放出来。有1%～2%的裂变产物放射性(主要是惰性气体和挥发性物质如氪、碘、铯等)容纳在燃料元件的芯体与包壳之间的空隙中。为了保证核电站的安全,对于裂变产物的逸出,一般设有三道屏障——燃料元件包壳、一回路管道和容器、安全壳。正常运行时排放到环境中的放射性一般可以控制在远低于容许标准以下,如厂区附近地面空气中的放射性浓度低于容许值的1%,附近水源中的放射性物质含量为容许含量的1%～10%,重水反应堆中氚的排放量也能控制在容许值的1%以下。

15.6　地热能

地球大体是一个半径平均为6370km的实心球体。按其构造可分为三层:地壳、地幔和地核。地壳的厚度很不均匀,大陆地壳平均厚约35km,海洋地壳平均厚仅10km,最薄的地方只有7km。地幔是地球的中间层,大部分是熔融状态的岩浆,厚度约为2800km,并分为上地幔与下地幔。由地幔向地核过渡时,地震波速急降,横波中断,表明地核处于液态。地核总厚3473km。地球内部的温度为:100km深为1000～1500℃,300km深1500～3000℃,2900km深2300～4000℃,地核4500℃。而且,地球内部的放射性物质在不断地蜕变并放出大量的热能。因此,地球内部蕴藏着巨大的能量,是一个巨大的热能库。这是人们能直接感受到地球储藏能量的丰富。如果以地球上煤的储量为100,石油的储量仅是3,核能储量是15,而地球总储能量则为1.7×10^8,可见地球储藏的能量是多么巨大。地球内部可供开发利用的热能称为地热能资源。目前开发利用的仅是地下的天然蒸汽与地热水。

地下热能的储存形式有。蒸汽型、热水型、地压型、干热岩型和岩浆型等5类。

蒸汽型系统的根本特点是排放蒸汽。蒸汽来源区的压力基本不随深度而改变。蒸汽排放的初始阶段可能是湿蒸汽、干饱和蒸汽或过热蒸汽,但随着开采的进行蒸汽逐渐变干,或过热度逐渐增大。蒸汽温度大于150℃,且焓值高。生产层的压力约3.3MPa。世界上正在开发的意大利拉得瑞罗、美国盖瑟尔斯、印度尼西亚的卡瓦卡马江以及我国的西藏羊八井、云南热海、台湾大屯等的热田都属于这种类型。这类地热田的形成一般都与火山或岩浆有关,有强大的热源补给,而地下水的补给适中。蒸汽储存在其天然状态下含有不流动或微流动的水中。这种水就是热储蒸汽的补给源,即天然状态下有上升的蒸汽流和下降的水流(蒸汽凝结水)。

热水型是单相的热水。按其温度范围分为高温(150℃以上)、中温(90~150℃)和低温(25~90℃)。这类热田分布极广。如美国加利福尼亚州的希伯热田、新西兰的怀拉基和布罗德兰兹、墨西哥的塞罗普列托等。我国的地热田大多属这一类。

地压型是以地压水的形式,在地表以下4000~5000m深处,被不透水层封闭在深部沉积盆地中储存,地压可达几百个大气压。地压地热资源中的能量实际由机械能、地热能和化学能三部分组成。如美国得克萨斯州和路易斯安那州的近海地区宽160~320km,长约1290km的地带,深3000~6000m,顶盖厚1200~4850m的地热田,地压水温随深度增加而增高,在3048m处为150℃,6096m处为260℃,压力梯度为21.869kPa/m,甲烷含量0.0036~0.0107m^3/L。

干热岩型是泛指地下普遍存在的没有水或蒸汽的热岩体,是一种比蒸汽、热水和地压地热资源更为巨大的资源。具有开采价值的是埋藏较浅(10km以内)、干而不透水的热岩体。利用钻井穿入岩体,并设法使井间岩体破碎,然后注入流体形成人工环流通道,并通过环流取出该系统的热能量。美国新墨西哥州的赫梅斯山脉区的芬顿小山上已钻成两口3000m深的孔井,温度200℃。两孔井一灌一抽循环,用热功率为10MW的装置进行试验。英国西南康沃尔郡从6436m深的孔内注水,获204℃的高温蒸汽。

岩浆型是利用地球深部高温的岩浆,如酸性侵入体的初始温度约为850℃。这种类型的潜力相当大,但直接利用的技术难度大,目前只在论证,而无一开发。

地热能资源与地质构造运动有关,而组成地球地壳的六大板块和一些小板块的边缘是地震活动、构造活动、火山爆发的主要发源地,也是高温地热的分布地带。世界四个大的地热带都是沿着板块边缘分布的。其中有两个大地热带分别经过我国的台湾省大屯和西藏的阿里地区(包括羊八井,羊易乡)至云南腾冲的热海,这使我国地热能资源非常丰富。

15.6.1 地热能资源的勘查与评价

地热能资源的勘查方法有:地球化学勘查、地球物理勘查及钻探。

地球化学勘查是通过检验地壳或温泉中的某些化学元素的含量来圈定地热异常区及确定地热田的勘探开发的前景。地热异常区内,特别是和近期火山活动有关的地热异常区,以As、Hg、HBO_2含量高为其显著特征。这是由于高温地热水对岩石的热蚀变会使蚀变矿物出现。因此,可利用As、Hg、HBO_2的含量高低和水热蚀变带寻找和圈定地热异常区。还可利用温泉水水质检验得到的SiO_2、Ca、Mg、Na、K等元素和化学成分,按地球化学温标的公式来计算热储温度,以确定地热田是否有开发价值。

地球物理勘查的方法很多:(1)地温测量,即通过热敏电阻测温仪测量井内温度的垂直分布,进而圈定出地热异常分布的范围。(2)航空红外测量,即利用红外线可在很短时间内了解大范围的地热情况，发现地热异常，了解其地热活动和温度分布。(3)磁法勘查，在地热异常地区，在同一岩性层内往往显示低磁异常。磁性勘查对近期火山活动的地热异常区效果最好。这是因为含有硫化氢的热流体在运移过程中，和岩石中的磁铁矿发生化学反应而生成黄铁矿，导致磁性减弱出现低磁异常。如河北省怀来后郝窑地热田，地热异常区麻岩的磁异常值比非地热异常区的磁异常值低很多。(4)重力勘查，由重力高低能确定和地热条件有关的地质构造特征。在沉积盆地型地热区，重力高值区往往是基岩形成的潜山，而潜山的平面形状往往和地热异常相吻合。北京城东南地热田位于北京凹陷内的局部凸起上，由重力圈出的构造与该热田的地热异常区基本一致。(5)电法勘探，普遍采用电阻率法固定热储面积。因岩石的电阻率除了和岩性、热水矿化度有关，和温度也有密切关系。在我国西藏就是利用其电阻率作为进一步布置地热勘探工作的依据。(6)地震勘探，地震资料能较准确地了解岩层及基岩埋深、断裂展布和构造圈闭等，但不能直接圈出热储面积，和地温资料结合起来分析效果更好。一般来说，用反射波法在沉积盆地勘探的效果最好。

钻探是获得地热流体的重要手段。通过钻探验证地球物理勘探、地球化学勘探的成果，可使地热勘查区的地质情况更为准确和接近实际。通过钻探还可了解热储孔隙度、比热、导热率及渗透率等。

地热能资源评价是估算能从热储中取出的地热能的数量。在开发每个地热田之前，必须在地热勘察成果基础上做出资源评价。地热资源评价包括地热能资源量及地热流体化学质量的评价。地热能资源量是决定地热田是否有开发利用价值的重要指标。地热流体化学成分不仅影响地热田的开发利用，并对医疗价值及环境污染有重要影响。矿化度超过 1g/L，并有硫化氢、氟、砷等的热水具有很高的浴疗价值。在农田灌溉中，矿化度必须小于 1g/L，硫化氢有腐蚀性，氟、砷污染环境。因此，在制订发展规划时，应根据不同的目的，按有关法规和标准进行全面评价。

地热能利用方式有间接利用与直接利用，间接利用主要是利用高温地热发电，以 150℃ 以上的地热能为好。目前美国的地热发电装机容量最大(2.21×10^6kW，1987 年)；菲律宾的地热发电起步几乎与我国同步，但很快跃居世界第二(1987 年达 8.9×10^5kW)。直接利用一般是指对温度低于 150℃ 的地热流体的热利用，包括工业上一些工艺流程的用热、农副产品加工中的用热、农林牧渔业中的温度种植用热及养殖用热。

地热能的开发利用，必须通过钻出地热井并把地热能引导到地上，才能应用。地热井是通过管道深入地下几十米至几千米有地热能资源的地方，将地热蒸汽导出或再用泵将地热水抽出送至使用地热能的地方。为满足使用的需要，一个地热田往往要开几口甚至几百口地热井，地热井之间用管网连接向使用点供热。为保证地热井安全可靠地工作，地热井上设置有井口装置及监测系统。它们的功能是：能有效地补偿井管受热胀冷缩及地面下沉所造成的井台受损与井管弯曲；能根据系统用水量大小随时调节向系统的供水量；能在井口对地热水进行必要的处理：如对含沙量大的地热水进行除沙处理；对含有大量不凝气体的地热水进行排气处理；特别针对某些地热井伴生可燃气体，如对有毒的硫化氢气体进行处理，决不能让它们进入供热系统中去；通过备存的必要仪表及监测条件，能随时向生产部门提供基本热工参数和地热水用量变化的趋势；具备良好的密封性，以减少地热水与空气的接触而造成对机件的腐蚀，以及防止地热水的泄漏。

15.6.2　我国的地热能资源分布

我国地处欧亚板块，东部以及东南部受太平洋和菲律宾海板块相互运动的影响，西南部受印度洋板块相互运动的强烈影响（对我国地质构造发展史及地热带的分布起着决定性作用）。根据大地构造特征，我国地热能资源分布可分成东部、西部和西北三大区。

东部地区的地热能资源主要分布于以下四个地区：

(1)台湾地区：该区为高温地热带，岛上有百余处温泉，其中高于沸点的6处。台北大片火山区有温度高于293℃的热水，在清水已建成3000kW的试验电站。

(2)华北断块区：该区中低温地热田广布，温度从50～60℃至80～110℃，个别高达118℃。热田长轴呈北东向伸展。

(3)华南断块区：闽粤沿海是地热能资源的富集区，已出露温泉800余处。

(4)东北断块带：东北三省已出露40多处温泉，有一半温度在60～90℃范围内。

西部地区的地热能资源主要分布于以下两个地区：

(1)喜马拉雅地热带：该区是我国主要高温地热带。该区高温热储（大于150℃）有120余处。出露的温泉1200处。

(2)川西及昆仑南部地区：该区水温一般较低，50～96℃，该区以西的毛垭坝、茶洛、甘孜都有温度很高的热泉。

西北地区也有一定的地热能资源分布，在青海、新疆有上百处低温热泉出露。

15.6.3 中国地热能资源类型

1980年，地矿部依据储热层、盖层、通道四个要素将我国地热能资源分为三种基本类型：

(1)岩浆活动型地热能资源。

这类资源可分为以下两种。

① 近期火山型：分布在部分上新世与第四纪火山活动带，热储温度145～294℃，地温梯度10～30℃/100m，以台湾大屯和云南腾冲热海等热田为代表。

② 近期岩浆型：分布在部分上新生代构造作用带。热储温度150～200℃。地温梯度10～30℃/100m。如西藏羊八井热田。一般认为有近120万年的岩浆侵入，距地表7～10km处呈岩浆囊存在，通过热传导散热。

(2)隆起断裂型地热能资源。

这类资源主要分布在活动断裂发育的地壳隆起区。储热温度90～120℃，地温梯度3～5℃/100m，高者8～11℃/100m。如广东邓屋、东山湖，湖南灰汤和福建的福州、漳州等热田。这一类型的水文地球化学特性也因地而异。在结晶岩地区，主要为低矿化度的重碳酸钠质碱性水，富含F、SiO_2、Rn等；在干旱地区，水的矿化度稍高，个别地区出现中矿化度氯化钠质水；在砂页岩及含煤岩层中，往往形成硫酸盐型水；滨海地带受海水影响，可能出现较高矿化度的氯化钠质水，并富含Br、I等元素。这种开放型断陷盆地内沿断裂深循环形成的热水，其成分主要受水动力学及水文地球化学条件控制。浅埋者矿化度较低，化学成分近似附近的地下水，而深埋者则由于交替缓慢而呈现水化学成分的分带现象。

(3)沉积盆地地热能资源。

这类资源又可分为沉积断陷型和沉积坳陷型。沉积断陷型多为中生代沉积盆地，盖层巨厚，热储（指地热流体相对富集、具有一定的渗透性并含载热流体的岩层或岩体破碎带）以寒武—奥陶纪及震旦纪碳酸盐岩为主，局部地区为第三纪砂、砾层。热储温度70～100℃，地温梯度3～4℃/100m，高者6～8℃/100m。这一类型的地质资源因常伴生油气田，故以氯化钠质水为主，高含甲烷、硫化氢气体。

现今，地热能不到世界能量供应1%。由于资源基础的限制，地热能尽管发展相当快，但它仅仅在有限的地理范围内技术上和经济上可行,并且从当前的技术水平看,它最后占能源供应的比例也不会很高。新技术,特别是干热岩技术,可以扩展地热能的可用性,但现在对干热岩发展水平的预测还十分不可靠。

在那些没有别的选择或其他方法太昂贵或可能破坏环境的地方,通过以合理成本和产生有限的环境影响来供应电力或热量,地热能可能是很重要的。我国有重要的潜在地热资源,并已在相当大的范围内被开发和直接利用,这一点我国居世界领先地位。在某些地方地热能可能变得很重要,特别是西藏,那里资源丰富、经济系统脆弱,除了地热、水利和太阳能外,别的能源不容易获得。我国在许多地方有丰富的地热资源:西南(西藏自治区,高温)、东南和东北沿海(山东、辽宁,中地温)。喜马拉雅山脉总的地热潜能保守估计为 17×10^8W,乐观估计为 67×10^8W,当前的装机容量仅为 32×10^6W。

在我国未来的能源设想方案中,地热能尽管数量有限,但对解决局部地区能源问题是重要的。

15.7 可燃冰

可燃冰(图 15-8),顾名思义,就是像冰一样的固体,且点火能燃烧,是一种非常规能源。它是天然气分子(除氢、氦和氖外)充填在水的晶体笼架中形成的冰状固体物,其分子结构图见图 15-9,又叫(天然)气水合物或固体气。由于可燃冰中气体以甲烷(大于 90%)为主,故也称甲烷水合物。充填甲烷的 $1m^3$ 可燃冰可产出气 $164m^3$ 和水 $0.8m^3$,其能量密度是煤和黑色页岩的 10 倍左右,是一种能量密度高的能源。在煤炭、石油、天然气等传统能源储量有限并且价格趋势逐渐走高的情况下,可燃冰正以其独特的优势进入科学家的视野,并有可能一举成为 21 世纪的新能源。

图 15-8 可燃冰

要形成可燃冰,必须同时具备三个条件:一是低温(0~10℃);二是高压(压力大于 10MPa 或水深 300m 及更深);三是充足的气源。由于形成条件的制约,可燃冰通常仅分布在海洋大陆架外的陆坡、深海、深湖以及永久冰土带。大约 27% 的陆地(极地冰川冰土带和冰雪高山冻结岩)和 90% 的大洋水域是可燃冰的潜在区,其中大洋水域的 30% 可能是其气藏的发育区。

陆地上发现的可燃冰气藏与常规气藏赋存形式相同,都在成岩的层状地层中,因此,开发上和常规气层开发基本相同。陆上可燃冰气藏与海洋可燃冰气藏相比,气层厚度相对较大,并且均发现在含油气盆地中,气藏是下生上储型,气源是来自下伏地层中的常规气藏的热解气。

目前海洋中发现的可燃冰数量与规模比陆地上大,主要分布在东、西太平洋边缘和西大西

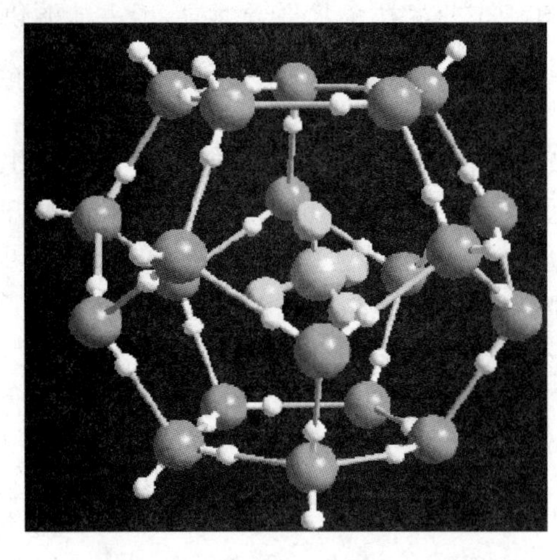

图 15 - 9　天然气水合物分子结构图

洋边缘，此外，东大西洋边缘和印度洋有小量发现，中、北美洲沿岸发现最多。目前，海洋中发现可燃冰赋存量以及分布多少，可能与研究调查程度详疏有关。随着研究和调查探查的增加，世界海洋中发现的可燃冰逐渐增加，1993 年海底发现 57 处，2001 年增加到 88 处。海洋中每处可燃冰分布范围往往很大，美国东南海岸外的布莱克海岭的可燃冰面积就有约 26000km^2。海洋可燃冰往往赋存于新生代成岩欠佳或未成岩沉积物中，在砂岩和粉砂岩中以细粒浸染状分布于孔隙中或以网脉状充填裂隙中，若在未成岩沉积物中则通常呈团块状、絮云状、薄层状和透镜状，故含气整体性较差，但在砂岩储集层中含气整体性较好。海洋可燃冰在上新世地层中发现多，其中的天然气以来自下伏同体系沉积层（物）和同层沉积物形成的生物气为主。

可燃冰的研究由来已久。18 世纪至 19 世纪是在实验室内小规模的研究。1778 年和 1811 年分别实验成功二氧化硫水合物和氯气水合物，此后至 20 世纪 30 年代前，实验获得了甲烷、乙烷、丙烷、异丁烷，氮、二氧化碳、硫化氢、氩、氪和氙等各自的水合物。20 世纪 30 年代初苏联学者在西伯利亚输气管道中首次发现了自然形成的可燃冰，1946 年苏联学者最先提出在永久冻土带有可燃冰的假想。20 世纪 60 年代开始，苏联、美国、德国、荷兰相继开展水合物的结构和热动力学研究。1960 年在西伯利亚发现了第一个可燃冰气藏——麦素雅哈气田，并于 1969 年投入开发，采气 14 年，总采气 $50.17 \times 10^8 m^3$（约为该气田总产气量的 36%）。1972 年美国学者和苏联学者分别在阿拉斯加北极斜坡第三系中和黑海海底沉积物中取得可燃冰天然样品。

世界上第一个可燃冰气藏的发现和开发，以及在地层中可燃冰样品的获得，对 20 世纪后期可燃冰的综合研究和勘探、评价及研究领域迅速扩大，研究国家不断增加，起到了重大推动作用。美国、日本、印度、俄罗斯、德国、美国、加拿大、挪威、巴基斯坦、荷兰在寻找海洋可燃冰上有较大的投入，并取得显著的进展。迄今为止，世界上至少有 30 多个国家和地区进行可燃冰的研究与调查勘探。

可燃冰勘探取得重大进展是依靠地震 BSR（似海底反射层）。BSR 是海底地震反射剖面中一种地震反射层，位于海底以下几百米的沉积层中，且几乎与海底平行。BSR 为海底沉积物中可燃冰稳定带基底，其上是可燃冰或气藏赋存处。目前，世界海上可燃冰的发现及范围圈定主要有赖于 BSR。

从 1984 年开始，我国地质界对国外有关水合物调查状况及其巨大的资源潜力进行了系统的资料汇集。广州海洋地质调查局的科技人员对 20 世纪 80 年代早、中期在南海北部陆坡区完成的 $2 \times 10^4 km^2$ 地震资料进行复查，在南海北部陆坡区发现有 BSR 显示。根据国土资源部中国地质调查局的安排，广州海洋地质调查局于 1999 年 10 月首次在我国海域南海北部西沙海槽区开展海洋天然气水合物前期试验性调查，完成三条高分辨率地震测线，共 543.3km。2000 年 9 月至 11 月，广州海洋地质调查局“探宝号”和“海洋四号”调查船在西沙海槽继续开展天然气水合物的调查。资料表明:地震剖面上具明显 BSR 和振幅空白带。那里的 BSR 界面一般位于海底以下 300 ~ 700m,最浅处约 180m。振幅空白带或弱振幅带厚度约 80 ~ 600m, BSR 分布面积约 2400km^2。以地震为主的多学科综合调查表明:海域天然气水合物主要赋存于活动大陆边缘和非活动大陆边缘的深水陆坡区,尤以活动陆缘俯冲带增生楔区、非活动陆缘和陆隆台地断褶区中天然气水合物十分发育。根据 ODP184 航次 1144 钻井资料揭示,在南海海域东沙群岛东南地区,几百万年以来沉积速率在每百万年 400 ~ 1200m 之间,莺歌海盆地中中新世以来沉积速度很大。资料表明:南海北部和西部陆坡的沉积速率和已发现有丰富天然气水合物资源的美国东海岸外布莱克海台地区类似。南海海域水合物可能赋存的有利部位是:北部陆坡区、西部走滑剪切带、东部板块聚合边缘及南部台槽区。本区具有增生楔型双 BSR、槽缘斜坡型 BSR、台地型 BSR 及盆缘斜坡型 BSR 等四种类型的水合物地震标志 BSR 构型。从地球化学研究发现南海北部陆坡区和南沙海域经常存在临震前的卫星热红外增温异常,其温度较周围海域升高 5 ~ 6℃,特别是南海北部陆坡区,从琼东南开始,经东沙群岛,直到台湾地区西南一带,多次重复出现增温异常,它可能与海底的天然气水合物及油气有关。综合资料表明:南海陆坡和陆隆区应有丰富的天然气水合物矿藏,估算其总资源量达(643.5 ~ 772.2) $\times 10^8$t 标油,大约相当于我国陆上近海石油天然气总资源量的 1/2。

15.8 海洋能

海洋能指依附在海水中的可再生能源,包括海水温差能、海水盐度差能、潮汐能、海流能、波浪能等。其中潮汐能来源于月球、太阳引力,海水盐度差能为化学能,其他海洋能均来源于太阳辐射。海洋面积占地球总面积的 71%,太阳到达地球的能量大部分落在海洋上空和海水中,部分转化为各种形式的海洋能。

海水温差能是热能。低纬度的海面水温较高,与深层冷水存在温度差,而储存着温差热能,其能量与温差的大小和水量成正比。河口水域的海水盐度差能是化学能。入海径流的淡水与海洋盐水间有盐度差,若隔以半透膜,淡水向海水一侧渗透,可产生渗透压力,其能量与压力差和渗透流量成正比。潮汐能、海流能、波浪能都是机械能。潮汐的能量与潮差大小和潮量成正比。海流的能量与流速平方和通流量成正比。波浪的能量与波高的平方和波动水域面积成正比。

全球海洋能的可再生量很大。根据联合国教科文组织 1981 年出版物的估计数字,五种海洋能的理论可再生总量为 766×10^8kW。其中温差能为 400×10^8kW,盐度差能为 300×10^8kW,潮汐能和波浪能各为 30×10^8kW,海流能为 6×10^8kW。但是将上述全部能量取出是难以实现的,只能利用较强的海流、潮汐和波浪,或利用大降雨量地域的盐度差,温差能的利用还受热机卡诺效率的限制。因此,估计技术上允许利用功率为 64×10^8kW,其中温差能 20×10^8kW,盐度差能30×10^8kW,潮汐能 1×10^8kW,海流能 3×10^8kW,波浪能 10×10^8kW。

海洋能作为自然能源是随海洋变化着的,海洋是个庞大的蓄能库,将太阳能以及派生的风能等以热能、机械能等形式蓄在海水里,不像在陆地和空中那样容易散失。海水温差、盐度差和海流都是较稳定的,24 小时不间断,昼夜波动小,只略有季节性变化。潮汐、潮流则作恒定的周期性变化,对大潮、小潮、涨潮、落潮、潮位、潮速、方向都可以准确预测。海浪是海洋中最不稳定的,有季节性、周期性,而且相邻周期也是变化的。但海浪是风浪和涌浪的总和,而涌浪源自辽阔海域持续时日的风能,不像当地太阳和风那样容易骤起骤止和受局部气象的影响。

世界海洋能分布并不均衡。海洋温差能主要分布在南纬30°到北纬30°之间的赤道带深水海域。潮汐能主要在潮差大而有良好地形的港湾河口,著名的如加拿大芬地湾、英国塞汉河口、法国圣马诺湾、俄罗斯白令海和鄂霍茨克海以及印度、澳大利亚、阿根廷的海岸等。波浪能主要发生在南、北半球30°纬度之外的地区。北半球海浪峰值出现在大西洋、太平洋盆地东端的经度上,即英国、美国的西海岸。流速较高的海流则发生在两大洋的西端,即著名的邻近日本的黑潮和邻近美国的墨西哥湾流。强潮流发生在海峡。盐度差能主要分布在世界各大河流入海处。

我国位于太平洋西岸。大陆海岸线长18000km,6000多个岛屿的海岸线长14000km。我国海域面积$470\times10^4km^2$,横跨纬度40°左右,特别是地处温带的南海海域占$360\times10^4km^2$。注入我国沿海的总淡水量每年约为$(2.3\sim3)\times10^8m^3$。黑潮流经我国海域东部。大洋的风、浪、潮、流等对我国海岸影响不小。

我国海域蕴藏有一定的海洋能资源。据估算,技术上允许利用的可再生功率约为$(4\sim5)\times10^8kW$,其中潮汐能约为1×10^8kW,沿岸波浪能约为0.7×10^8kW,潮流能约为0.1×10^8kW,海洋温差能约为1.5×10^8kW,盐度差能约为1.1×10^8kW,海流能约为0.2×10^8kW。潮汐能经过近年勘查,可供开发装机容量为2090×10^4kW,年发电量为5800×10^4kW。潮汐资源的80%分布在闽、浙两省沿岸港湾河口,平均潮差为4m以上。波浪能资源主要分布在闽、粤、浙三省,能量密度为3~6kW/m,而以岛屿面临外海岸线更为丰富。海洋热能分布在广大南中国海,温差有20℃。潮流、盐度差能等主要也分布在长江口以南海域。华东、华南地区常规能源短缺,而工农业生产密集。至于众多待开发的边远岛屿更是不通电网、缺能少水。我国海洋能的分布格局、正与上述需要适应,可以就地利用,避免和减少北煤南运、西电东送以及向岛屿运送化石燃料的花费和不便。

15.9 其他新能源

除了上述几种传统种类的新能源以外,煤层气与页岩气的研究与开发正成为全球渐兴产业。

在国际能源局势趋紧的情况下,煤层气作为一种优质高效清洁能源,其开发利用具有诱人的前景,市场前景也十分广阔。煤层气的开发利用还具有一举多得的功效:提高瓦斯事故防范水平,具有安全效应;有效减排温室气体,产生良好的环保效应;作为一种高效、洁净的能源,产生巨大的经济效益。如果把煤层气利用起来,可作为发电燃料、工业燃料和居民生活燃料;可液化成汽车燃料,也可广泛用于生产合成氨、甲醛、甲醇、炭黑等方面,成为一种热值高的洁净能源和重要原料。全球埋深浅于2000m的煤层气资源约为$240\times10^{12}m^3$,是常规天然气探明储量的两倍多,世界主要产煤国都十分重视开发煤层气。美国、英国、德国、俄罗斯等国煤层气的开发利用起步较早,主要采用煤炭开采前抽放和采空区封闭抽放方式抽放煤层气,产业发展较为成熟。20世纪80年代初美国开始试验应用常规油气井(即地面钻井)开采煤层气并获得突破性进展,标志着世界煤层气开发进入一个新阶段。

煤层气是煤层本身自生自储式的非常规天然气,世界上有74个国家蕴藏着煤层气资源,我国煤层气资源量达$36.8\times10^{12}m^3$,居世界第三位。目前,我国煤层气可采资源量约$10\times10^{12}m^3$,

累计探明煤层气地质储量 $1023\times10^{12}m^3$，可采储量约 $470\times10^{12}m^3$。我国95%的煤层气资源分布在晋陕内蒙古、新疆、冀豫皖和云贵川渝等四个含气区，其中晋陕内蒙古含气区煤层气资源量最大，为 $17.25\times10^{12}m^3$，占全国煤层气总资源量的50%左右。

页岩气是从页岩层中开采出来的天然气，是一种重要的非常规天然气资源。页岩气的形成和富集有着自身独特的特点，往往分布在盆地内厚度较大、分布广的页岩烃源岩地层中。与常规天然气相比，页岩气开发具有开采寿命长和生产周期长的优点，大部分产气页岩分布范围广、厚度大，且普遍含气，这使得页岩气井能够长期地以稳定的速率产气。页岩气在世界范围内分布广泛，有北美克拉通盆地、前陆盆地侏罗系、泥盆系—密西西比系富集多种成因、多种成熟度的页岩气资源。我国许多盆地发育有多套煤系及暗色泥、页岩地层，互层分布大套的致密砂岩存在根缘气、页岩气发育有利条件，发现了不同规模的页岩气藏，但目前尚未在大面积区域内实现页岩气勘探的进一步突破。资料显示，我国南方海相页岩地层可能是页岩气的主要富集地区。除此之外，松辽、鄂尔多斯、吐哈、准噶尔等陆相沉积盆地的页岩地层也有页岩气富集的基础和条件。重庆綦江、万盛、南川、武隆、彭水、酉阳、秀山和巫溪等区县是页岩气资源最有利的成矿区带，因此被确定为首批实地勘查工作目标区。

本章总结

新能源又称非常规能源，是指刚开始开发利用或正在积极研究的、有待推广的、传统能源之外的各种能源形式，如太阳能、风能、生物质能、水能、地热能、核能等。新能源的各种形式都是直接或者间接地来自于太阳或地球内部所产生的热能，相对于传统能源，新能源普遍具有污染少、储量大的特点，对于解决当今世界严重的环境污染问题和资源（特别是化石能源）枯竭问题具有重要意义。

复习思考

1. 简明地描述一下核能利用的原理。试述核能利用的情况。
2. 在哪些地区太阳能的利用能达到较大的利用？
3. 试述风能利用在现实中的限制是什么。
4. 解释地热能利用的实质和技术。
5. 评估水能和海洋能对未来能源短缺问题的影响。

思维拓展

在新世纪能源短缺的时代，生物质能的利用已经逐渐走向扩大化，请考察就近的地区农村的生物质能的利用情况，并研究相关技术。

拓展阅读

[1] 鲁楠．新能源概论．北京:中国农业出版社,1997.
[2] 王长贵,崔永强,周篁．新能源发电技术．北京:中国电力出版社,2003.
[3] 翟秀静,等．新能源技术．化学工业出版社,2006.
[4] C W. Montgomery. Environmental Geology. IA:Wm C Brown Publishers,1995.

第5篇

城市环境与人体健康

16　固体废物处理

16.1　概述

16.1.1　固体废物的概念、来源和分类

固体废物是在人类一切活动过程(包括各类生产活动及废水与废气的处理过程)中产生的,相对于原过程已不再具有使用价值而被废弃的固态、半固态物质或高浓度液态废物。各类生产活动中产生的固体废物俗称废渣;生活活动中产生的固体废物则俗称垃圾。任何生产或生活过程往往仅利用了原料、商品或消费品中的某些有效成分,而对于原过程不再具有使用价值的大多数固体废物中仍含有其他生产行业中需要的成分。经过一定的技术环节,这些"废物"可转变为有关行业中的生产原料,甚至可以直接使用。可见,固体废物是"废"(相对于原过程)而"不废"(相对于新的可利用过程是原料)。

根据固体废物的概念,相对于原过程,应尽量减少固体废物的产生量,如采用无废或少废技术、采用精料、提高产品质量和使用寿命等;相对于新的生活或生产过程,从资源节约的角度,应充分利用固体废物的资源性,如通过各种渠道进行固体废物的综合利用、发展物质循环利用的生态产业等;如果固体废物没有可利用性,应进行彻底的无害化处理与处置如焚烧等。在不同国家、不同地区,固体废物种类和相应含量都有较大不同,又因当地生产力水平不同,对固体废物的处理与处置过程中,若不严格管理就可能导致二次污染的产生和扩散,因此产生、收集、运输、破碎、分选、综合利用、处理、处置等环节都应严格管理;为了减少处理成本、减少二次污染、便于集中控制,应提倡"集中处理";固体废物中的危险废物因其具有腐蚀性、急性毒性、分泌出毒性、反应性、传染性、放射性等,更应严格管理与控制。

固体废物来源广泛,如日常生活可产生厨余类垃圾、粪便及废塑料、废玻璃、废纸、废旧电器、废家具等垃圾;木材加工业产生刨花、碎木、锯末等;化工行业产生有害化学废物;药品制造业产生有毒废弃物等;轮胎制造业产生废旧轮胎等;冶金及相关行业产生相应废渣等;矿业产生相应废弃矿石如煤矸石等;废水废气治理产生废渣等;农业生产可产生秸秆等农作物废料;核工业产生放射性废料等。

根据不同的分类标准,可把固体废物分为不同的类型。固体废物按化学性质可分为有机废物和无机废物;按形状可分为固体和泥状;按危害状况可分为有害废物(注意有害废物与危险废物的不同:有害废物是指在生产建设、日常生活和其他活动中产生的污染环境的有害物质、废弃物质;危险物质是指列入国家名录或者根据国家规定的危险废物鉴定标准和鉴别方法认定的具有危险特性的废物)和一般废物;按来源可分为城市垃圾、工业固体废物、矿业固体废物、农业固体废物和放射性固体废物等。

16.1.2 固体废物的危害

固体废物已成为世界公害之一,它往往是水、气污染物的最终形态,其危害主要表现在以下几个方面。

(1)影响环境卫生和视觉卫生。垃圾堆放有碍市容环境;垃圾堆、垃圾桶等旁边苍蝇滋生,严重影响环境卫生。垃圾随意丢弃、不科学运输(如不密闭)等不仅会影响环境卫生,而且也会影响视觉卫生。如在风的作用下,纸屑、塑料袋等漫天飞舞,树上、草地上到处都是,带来不良的视觉效果。

(2)大量侵占土地。固体废物大量占地的现象有目共睹,近些年人与垃圾已开展了土地争夺战。许多城郊边缘的农田被大量占用以堆放垃圾,城市处于垃圾山包围之中;近些年垃圾处理的方法主要是填埋法,占用了大量的土地;大量采矿废石堆积毁坏了大片的农田和森林;虽然近些年工业固体废物利用率大大提高,但其历年的累积储存量仍然大量占地。

(3)污染土壤。土壤是许多细菌、真菌等微生物聚居的场所,这些微生物对土壤发挥正常的功能有重要的作用,它们与土壤本身构成了一个平衡的生态系统。而堆放的大量固体废物,特别是含有有害成分的固体废物,经过雨雪淋溶、地表径流等作用,其有毒液体将向土壤迁移转化,使土质发生酸化、碱化、硬化等恶化现象,甚至使土壤出现严重的有机质污染和重金属型污染,对农作物生长极为有害。上述情况进而破坏了土壤的功能,污染严重的地方寸草不生。例如,一般在有色金属冶炼厂附近的土壤里,铅含量为正常土壤中含量的10~14倍,铜含量为5~200倍,锌含量为5~50倍。这些有毒物质通过土壤进入水体,直接污染地下水;有毒物在土壤中发生积累而被作物吸收,毒害农作物;还通过植物吸收进入食物链,对人的生命健康构成严重威胁。

(4)污染水体,淤塞河床。固体废物未经无害化处理随意堆放,将随天然降水或地表径流进入河流、湖泊,长期淤积使水面面积缩小、淤塞河床,其有害成分造成水体污染。如果人们将固体废物直接倾倒入水体中,固体废物的有害成分能随渗滤水进入土壤,从而污染地下水,造成的危害将是更大的。据测量,我国个别城市的垃圾填埋场周围地下水的浓度、色度、总细菌数、重金属含量等污染严重超标。城市垃圾与工业废渣在雨水、雪水的作用下,流入江河湖海,造成水体的严重污染;如果将工业废渣或垃圾直接倒入河流、湖泊或沿海海域中就会造成更大污染。

(5)污染大气。固体废物,尤其是有机固体废物在堆放过程中,在适宜的温度和湿度的条件会被微生物分解,放出有害气体如硫化氢、氨气等恶臭气体和温室气体,造成对空气的污染。目前,焚烧法处理固体废物是一种较为流行的方式,但是焚烧将产生大量的有害气体和粉尘,卫生填埋也会产生温室气体污染。

(6)产生火灾隐患。固体废物堆放和处理过程中存在着大量火灾隐患。堆积如山的煤矸石发生自燃时,火势蔓延,难以救护,并放出大量的二氧化硫气体,污染环境。1994年8月1

日7时40分左右,湖南省某市一座约$2\times10^4m^3$的垃圾堆突然爆炸,产生的冲击波将1.5×10^4t垃圾抛向高空,摧毁了垃圾场20~40m外的一座泵房和两旁的污水大堤;1994年12月4日,某市发生了严重的垃圾爆炸事件,爆炸时强大气流掀起的垃圾将正在现场作业的9名临时工埋没,2人当场死亡。1995年10月27日早7点20分,位于北京市的某公司员工宿舍发生爆炸,致使3人被爆燃气体烧伤,其中一名妇女烧伤面积达95%,其中三度烧伤面积达65%,已面目全非,毁容严重。多次现场调查、监测结果表明在该公司围墙外不足20m处,有一座垃圾场。该公司在未经环保部门审批的情况下,未采取任何防止渗漏的措施,即利用一个容积为$(15\sim20)\times10^4m^3$的废弃沙坑堆埋城市生活垃圾。由于长期堆埋,垃圾发酵而产生沼气,沼气通过沙石缝隙向外扩散到附近的职工宿舍内,泄漏的沼气遇明火,引起爆燃烧伤事故。此外,一些危险固体废物引起的爆炸事件和填埋场发生火灾的现象也是不断见诸报端。

(7)传播和诱发疾病。在垃圾转运站或堆放场周围,老鼠遍地,蚊蝇成团,一些传染性的病毒、病菌也在这里繁殖、传播。垃圾,尤其是医疗垃圾会快速传播疾病;有害物质会导致恶疾如畸变、癌变、基因突变等;水体、大气和土壤等受到固体废物污染后导致疾病的产生和传播,使人或其他动物产生怪异疾病,严重的导致人体死亡。

(8)造成生物性污染与生物危害。目前世界上原子反应堆的废渣、核爆炸产生的散落物以及向深海投弃的放射性废物,已使能量为0.74EBq的同位素污染了海洋,海洋生物资源遭到极大破坏。

16.1.3 我国固体废物现状

我国是世界上垃圾包袱最沉重的国家,人均每年垃圾产量440kg。据统计,目前全世界每年产生的4.9×10^8t垃圾中,我国占1.3×10^8t。仅北京市日产生活垃圾总量已达2.09×10^4t。近些年来,我国城市生活垃圾增长速度很快,年增长率已达9%,少数大城市更快,如北京已达到15%~20%。从北京市科协2000年的鉴定课题《北京市生活垃圾处理与利用的调查和评价》中了解到,20世纪90年代以来,北京市的垃圾年产量一直以2.65%的速度递增;预计到2015年生活垃圾年产量将达到781×10^4t。目前,我国城市垃圾对存量高达66×10^8t,侵占了$35\times10^8m^2$的土地,已有2/3的大中城市陷入垃圾的包围,有1/4的城市不得不把解决垃圾危机的途径延伸到乡村,因此又造成城市垃圾公害向乡村转移。尤其是城市垃圾的二次污染,导致城乡结合区域生态环境恶化。目前,北京市垃圾堆放场的污染状况比较严重。垃圾渗滤液直接污染着地下水,同时,垃圾堆体释放的氨气、硫化氢气体对周围500m以内的空气造成了严重污染,尤以每年6~8月份为甚。

最为严重的生活垃圾污染为"白色污染"。我国每年发泡塑料餐具的用量在100亿只以上,约合1×10^5t,体积约为$2\times10^6m^3$。仅北京市居民一天就大约使用6×10^6个塑料袋和1×10^6个塑料餐盒,据估算,北京市目前日产生活垃圾中的塑料盒占了约1/4,而且其数量还在不断增加。而在治理方面,全国目前除了北京市、天津市从1997年开始回收外,其他地方都没有很好地进行回收和治理,全国回收率仅为3%~5%。

塑料餐盒和塑料袋采用苯乙烯材料(来源于石油,属于不可再生资源)制成,无法在自然环境的循环再生中被降解吸收,而且其处置成本高,再利用价值低,埋在泥土里或在海水中的降解分化时间为200~300年。

随着人民生活水平的提高和消费习惯的改变,我国生活垃圾的构成也发生了很大的变化。当然,不同地区的垃圾因人民生活水平和消费习惯的不同其构成也有很大的不同。总体趋势是,可燃的有机物不断增加,垃圾的热值越来越高。以北京市为例,垃圾中的灰土、炉渣等不可燃物所占的比例已从20世纪90年代初的53%下降到目前的10%以下，而垃圾中的纸类、织物、塑料等可燃物的比例已由原来的40%增加到80%以上，垃圾的热值为3.3494×10^6J/kg。

根据《中国环境状况公报》，2000年，全国工业固体废物生产量为8.2×10^8t，其中县及县以上工业固体废物产生量为6.7×10^8t，乡镇工业的固体废物产生量为1.5×10^8t。工业固体废物排放量为3186×10^4t，其中乡镇工业排放量为2146×10^4t，占排放量的67.3%。危险废物产生量为830×10^4t，其中县及县以上的工业产生量为796×10^4t，占产生总量的95.9%。2001年，全国工业固体废物产生量为8.87×10^8t，比上年增加0.61×10^8t；工业固体废物处置量为14489.4×10^4t，工业固体废物储存量为30166.4×10^4t，工业固体废物综合利用量为4.7×10^8t，综合利用率为52.1%。工业固体废物排放量为2893.8×10^4t，比上年减少了9.2%。2002年，全国工业固体废物产生量为9.5×10^8t，比上年增加6.5%；工业固体废物处置量为16617.5t，工业储存量30039.5×10^4t，工业固体废物排放量为2635.2×10^4t，比上年减少8.9%。工业废物综合利用量为5.0×10^8t，综合利用率为52.0%，与上年持平。

我国工业危险废物近年来每年产生量为1000×10^4t以上，社会生活中也产生了大量废弃的含有镉、汞、铅等的电池和日光灯管等危险废物，而医疗卫生机构和其他行业则产生放射性废物11.53×10^4t。此外，全国年产医疗废物约65×10^4t，平均日产生量为1780t。

以通信、计算机等为代表的信息产业近年来在我国迅猛发展，这些产业在相关设备的生产、使用、更新过程中，产生了大量工业废弃物。目前在我国，污染最重的信息产业废弃物当属废旧电池和废线路板。目前我国的电池消费量在每年70亿只以上。北京市每年产生废旧电池3000t，而被环保部门回收的仅10t左右。据有关资料显示，我国有数千吨移动电话、免提电话的废电池和残次电池以及数千吨印刷线路板因被遗弃而混进一般生活垃圾，它们在腐蚀分解后，直接进入土壤。这些废弃物中含有汞、铬、猛、金等金属元素，严重污染土壤和地下水，甚至破坏植物生长，导致人畜中毒。如汞会强烈致毒甚至致死，铅能造成神经紊乱、肾炎等，镉主要造成肾损伤以及骨质疏松、软骨症等。

目前，固体废物已成为我国及世界各国城市环境所面临的最紧迫的问题之一，已危及我国乃至世界21世纪的可持续发展。

16.2 固体废物的处理与城市垃圾的处理

16.2.1 固体废物的处理

固体废物的处理指将固体废物转变成适于运输、利用、储存或最终处置的过程。固体废物的处理方法有物理处理、化学处理、生物处理、热处理、固化处理等。

16.2.1.1 物理处理

主要的物理处理方法有收集、压实、破碎、分选、浓缩、脱水等，目的是为了便于运输、储存、处理、处置或利用。固体废物的物理处理是回收固体废物中有用物质的重要手段之一。

1）收集

相关环境工作者提倡分类收集，以便于后续利用、处理或处置。目前我国多是混合收集，这也是固体废物的处理、利用、处置增加了难度。

2）压实

压实指利用机械（压实器）的方法增加固体废物的聚集程度，增大固体废物的容量并减小其体积，便于装卸、运输、储存和填埋。

3）破碎

利用外力克服固体废物质点间的内聚力而使大块固体分裂成小块的过程即为破碎。使小块固体废物颗粒分裂成细粉的过程即为磨碎。破碎程度由后续处理、利用、处置等过程确定。经过破碎后的垃圾具有以下一些优点：破碎后的垃圾可增大容量，减少容积，从而提高运输效率，降低运输费用；破碎后的细碎垃圾，有利于填埋处置时压实垃圾土层，加快复土还原工程的速度；破碎后的垃圾对垃圾分类分拣有利，容易通过磁选等方法回收高品位金属；垃圾破碎有利于用焚烧法处置垃圾，提高垃圾焚烧热效率。垃圾破碎通常是一定条件下（如控制温度、水文等）用破碎设备进行。

4）分选

根据物质的粒度、密度、磁性、电性、光电性、摩擦性、弹性、表面润湿性等的不同，把可回收的或不利于后续处理、处置工艺要求的物料分离出来即为分选。分选有手工分选、筛分（根据粒度差异）、重力分选（根据密度差异）、磁力分选（根据磁性差异）、电力分选（根据电性差异）、浮选（根据表面润湿性差异）、摩擦与弹跳分选（根据摩擦性、弹性差异）、光电分选（根据光电性差异）等多种方法。

16.2.1.2 化学处理方法

化学处理是采用化学方法（如氧化、还原、中和、化学沉淀、化学溶出等）破坏固体废物中的有害成分从而使固体废物无害化或将其转变为适于进一步处理、处置的形态。有些有害固体废物经过化学处理，还可能产生富含毒性成分的残渣，此时还需对残渣进行解毒处理或安全处置。

16.2.1.3 生物处理方法

生物处理是利用微生物分解固体废物中可降解的有机物，从而使其无害化（如卫生填埋）或综合利用（如堆肥化和沼气化）。

16.2.1.4 热处理方法

通过高温破坏和改变固体废物组成和结构，同时达到减容、无害化或综合利用的目的，称为热处理。热处理的方法有焚烧、热解等。

16.2.1.5 固化处理

固化处理是采用固化剂将废物固定或包覆起来，以降低其对环境的危害，从而能较安全地运输和处置的一种处理过程。固化处理的主要对象是有害废物和放射性废物。

16.2.1.6 固体废物的资源化利用

固体废物的资源化利用把固体废物中可利用成分进行回收利用，如回收生活垃圾中的纸类、玻璃等；用工矿业固体废物中的粉煤灰、煤矸石制建材等。固体废物的资源化利用是循环经济的重要部分，也是可持续发展的重要内容之一。

16.2.2 城市垃圾的处理

由于目前城市垃圾的收集多为混合收集，所以城市垃圾的组成极其复杂，其处理和处置的难度可想而知。

城市垃圾（municipal waste）大体可分为无机物和有机物两类。属于无机物的主要物质有灰渣、砖瓦、金属、玻璃等；属于有机物的主要物质有厨余垃圾、塑料、纸、织物、草木等。垃圾中的各组分的含量与社会生产力、区域功能特性、居民的生活水平、消费习惯、环境素质等因素有关。另外，城市垃圾从可燃性角度可分为可燃和不可燃物质；从回收性能角度可分为可回收和不可回收物质等。城市垃圾的性质包括物理性质、化学性质、生物性质等，主要取决于其组成成分，影响较大的主要是垃圾的含水率、容量、热值等。

16.2.2.1 城市垃圾的预处理

1）垃圾的收集、运输和压实

（1）垃圾的收集和运输工具：目前各国用于收集城市垃圾的容器多数是用金属、塑料或纸张制成的垃圾桶、垃圾箱、塑料袋、纸袋等。运输垃圾的主要工具是汽车。垃圾专用运输车的车箱应是密闭的，有些垃圾运输线和运输带有压缩垃圾或破碎垃圾的装置。靠近江河湖海的城市，多用船舶收运垃圾。美国、日本、瑞典等国还用压力管道运输垃圾。

（2）垃圾的分类收集：近年来，国内外均大力提倡将垃圾分类收集，以利于垃圾的利用和降低处理成本。不少发达国家实行电池以旧换新，并实行由居民将自家的废纸本、废金属和废塑料、废玻璃容器等单独存放，供收运者定期收集的制度。美国有的城市甚至将每月两次收运的日期印在日历上，以方便居民。西欧、北欧的许多发达国家的许多城市在街头放置分类、分格的垃圾桶、箱，供行人使用。德国、瑞典甚至为分别收集白色和其他颜色的玻璃而分别设置垃圾筒。

近年来，我国不少城市也在推行垃圾分类收集工作。某些城市设置的固定和流动废品收购站对城市垃圾分类收集、运输和回收利用也起到了积极作用。

2）城市垃圾的破碎和分选

垃圾破碎和分选是垃圾处理、利用或处置过程前的重要预处理过程。垃圾破碎的目的主要是改变垃圾的形状和大小，以适应其进一步处理和利用的需要。垃圾分选技术在城市垃圾预处理中占有十分重要的作用。由于垃圾中有许多可以作为资源利用的组分，有目的地分选出需要的资源，进行生产循环再利用，可达到充分利用资源的目的（如建筑渣土作回填土等）。因此城市垃圾的资源再利用技术是城市垃圾处理与处置的重要技术。

16.2.2.2 城市垃圾的生物处理技术

城市垃圾的生物处理技术主要有堆肥化技术和沼气化技术。

1）堆肥化技术

堆肥化就是依靠自然界广泛分布的细菌、放线菌、真菌等微生物，在一定程度上控制并促进可被生物降解的有机物向稳定的腐殖质转化的生物化学过程。堆肥化的产物称为堆肥。堆肥化是处理可降解垃圾（如农作物秸秆、农林废物、粪便、厨余垃圾、有机物污泥等），制取农肥的最古老技术。堆肥使垃圾、粪便中的有机物，在微生物降解作用下，进行生物化学反应，最后形成一种类似腐殖质土壤的物质，用以作肥料或改良土壤。堆肥化的关键，在于提供一种使微生物活跃生长的环境，以加速微生物分解过程，使微生物达到稳定。

堆肥主要受废物中的养分、温度、湿度、pH 值等因素的控制。在堆肥化过程中，需要选择合适的工艺参数。堆肥技术可分为厌氧堆肥与好氧堆肥两种。厌氧堆肥需在严格缺氧条件下进行，且厌氧微生物生长缓慢，故不多用。好氧堆肥过程可同时产生高温，可以杀灭病虫卵、细菌等，我国主要采用好氧堆肥法。

2）沼气化技术

利用有机垃圾、植物秸秆、人畜粪便、污泥等有机物在厌氧条件下，通过厌氧菌制取沼气（沼气中含有甲烷、氢气、硫化氢和一氧化碳等多种气体，其中甲烷的含量为60% ~75%）的过程，称为沼气发酵，又称厌氧消化。沼气化技术，工艺简单、质优价廉，沼气发酵后的泥渣除含有氮、磷、钾外，还含有许多腐殖质，是一种很好的肥料，因而具有广阔的发展前途。

沼气发酵的生化过程可分为液化（碳水化合物、蛋白质、脂肪等有机物在发酵细菌作用下分别转化为单糖或二糖、酞和氨基酸、脂肪酸和甘油等）、产酸（单糖或二糖、酞和氨基酸、脂肪酸和甘油等在产氢产醋酸细菌作用下被转化为丁酸、乙酸、乙醇、甲醇等简单有机物以及二氧化碳、氢气等气体，含氮有机物分解后除产生有机酸和有机醇外还生成氨气和硫化氢）和产甲烷（产甲烷菌利用乙酸、甲酸、乙醇等作为碳源，氨气作为氮源进行生长繁殖，甲烷则是产甲烷菌的一种代谢产物）3 个阶段。

我国农村推广的沼气池，主要是在房前屋后建一座 6 ~ 8m^3 的池子，并与猪圈、厕所连通。一般一个五口之家，养两头猪，这样产生的人、畜粪便再加入平均每天 3 ~ 4kg 秸秆，所产生的沼气可供烧饭、照明之用。

16.2.2.3 城市垃圾的热处理技术

城市垃圾的热处理技术主要是指焚烧处理技术和热解处理技术。

1）焚烧处理技术

焚烧法将固体废物进行高温热处理，在达到一定温度且氧气充足的条件下，在一定燃烧装置（焚烧炉）中，废物中的可燃成分与空气中的氧进行剧烈的氧化反应，放出热量，生成高温的燃烧气和固体残渣。经过焚烧，垃圾中的细菌、病毒被彻底消灭，带恶臭的氨气和有机质废弃物被高温分解。因此，焚烧法能以最快的速度实现垃圾无害化、稳定化、减量化、资源化的最终处理目标，同时可以节约大量土地资源，是处理垃圾的比较好的方法。垃圾焚烧主要包括以下几部分：受给料部分、燃烧部分、能量回收和烟气净化部分。

焚烧既可减少垃圾体积，减少最终填埋量，又可灭菌并产生能量（根据实际情况可发电或供暖），能同时实现减量化、无害化和资源化，是重要的垃圾处理处置技术。焚烧法适用于处理可燃物较多的垃圾，否则需要助燃剂。采用焚烧法必须注意不能造成焚烧残渣、空气、煤烟等的二次污染。通过控制温度、停留时间、搅拌速度和过剩空气率可降低恶臭气体、煤烟等的产生量。

2）热解处理技术

固体废物热解是利用有机物的热不稳定性，使有机物在无氧或缺氧条件下受热分解燃烧的过程，便于能源的储存及运输，是资源化利用手段。燃烧产生的能量必须及时转化。但用热解技术处理垃圾时，产物有一定的不稳定性，目前热解处理技术多用来处理塑料类物质、废橡胶类物质等。

16.2.2.4 城市生活垃圾的卫生填埋

目前世界上广泛采用的城市生活垃圾卫生填埋方式是厌氧式卫生填埋，原因是厌氧填埋结构简单、操作方便、施工费用低，同时还可回收沼气。通常，把运到土地填埋场的废弃物在限定的区域内铺成 40 ~ 75cm 的薄层，然后压实以减少废弃物的体积，每层操作之后用 15 ~ 30cm 厚的土壤覆盖，并压实。压实的废弃物和土壤覆盖层共同构成一个单元，具有同样的高度的一系列相互衔接的单元构成一个升层。完整的卫生土地填埋场是由一个或多个升层组成的。当土地填埋达到最终的设计高度之后，再在填层之上覆盖一层 90 ~ 120cm 厚的土壤，压实之后就得到一个完整的卫生土地填埋场。

16.2.2.5 城市垃圾的系统化处理与利用

城市垃圾组成复杂、种类多样，单纯地采用任何一种方法“处理”垃圾多是不科学、不经济的，必须根据垃圾中组分的多样性，以分类收集、有效分选为前提，因地制宜，以资源、能源回收为出发点，进行多种方法结合使用的系统化综合利用、处理和处置。城市垃圾系统化处理的主旨内容：首先进行有效分类和分选；然后进行系统化、综合性的利用、处理与处置以实现可用物质（废纸、金属、玻璃等）的回收再生利用；再进行易腐有机物的堆肥或沼泽化处理；之后进行高热值不易腐蚀有机物的焚烧或热解；最后对不能用上述方法处理的城市垃圾和灰渣进行最终处理如填埋。

16.3 北京市固体废物处理与利用实例

16.3.1 北京固体废物综合利用现状与目标

16.3.1.1 发展的基础

北京市固体废物处理与回收利用工作已取得一定成效。截至2005年底，全市共有再生资源回收站点3090个，再生资源集散市场23家，废旧物资回收量250.1×10^4t。建成17座垃圾处理设施，6座垃圾转运站，城区垃圾无害化处理率达到95%，郊区达到45%。科学进步为固体废物再生利用提供强有力的技术支撑；公众的节约资源和保护环境意识明显增强；循环经济的开展、绿色奥运的举办，对固体废物回收利用规范化、产业化起到了强大的助推作用；经济实力稳步提高，为固体废物资源化提供有力条件。

16.3.1.2 存在的问题

固体废物产生量大，环境压力重。2004年，全市生活垃圾年总产生量为495×10^4t，达到报废要求的车辆28401辆，废纸产生量270×10^4t，废旧塑料74×10^4t，废旧轮胎约350万条，废旧家电300万台，危险废物19.6×10^4t。

回收体系不完善，回收率低；综合利用水平低，资源化水平急需提高；综合处理与利用企业普遍经营规模小，没有形成产业化；工业危险废物集中处理处置设施规模均比较小，污染防治设施不完善，管理手段落后；政策、法规和行业标准不够完善，监管难度大。以上都是北京市正在面对的问题。

16.3.1.3 发展思路与目标

通过大力整合现有资源，完善回收网络和集散市场建设，构筑"回收体系"；通过积极培育再生资源企业，构筑"再利用体系"；通过技术创新和制度创新，完善法规标准、强化执法监督，构筑"保障体系"。到2010年，北京市已基本建成以社区回收网络为主、多渠道配合的回收体系，固体废物的处理率、回收率和资源化利用率显著提高，已初步建成规模和数量满足需求、空间布局合理、技术先进的固体废物处理和加工利用产业构架，并形成一定的产业化规模。

北京市开展再生资源回收体系建设的目标是"实现两个消除和两个提升"，即：以规范收购前端，消除扰民等社会不稳定因素；以企业运作代替摊群市场为主运作模式，再造回收体系，消除环境隐患；提升宜居社区的便利性和安全性；提升再生资源回收和利用效率。总的固定与流动站点比例为4∶6。到2010年，北京市废旧塑料回收率达到60%以上，废纸回收率达到80%以上，废旧家电回收率达到80%，废旧轮胎回收率达到70%，报废汽车回收率达到95%。尽量整合和充分利用现有的加工利用企业，集中力量支持一批规模较大的废纸、废旧塑料、废旧轮胎等再生资源利用企业，扩大其规模和提高其产业化水平；建立废旧家电和废旧汽车拆解中心并形成产业化。实现生活垃圾综合利用率30%，危险废物无害化处理率95%，年拆解处理废旧家电300万台，拆解汽车3万辆，废旧轮胎资源化利用300万条，生产再生纸40×10^4t，综合利用废旧塑料50×10^4t。

16.3.1.4 发展运行机制基本形成

通过制定和修订相关的法律法规和技术标准,已基本建立固体废物处理利用的政策法规体系,初步形成各种固体废物处理利用的技术标准体系,实施依法管理;通过立法定期地公布强制淘汰的落后生产工艺、产品及技术路线,在一定时期内逐步使落后的生产技术向着高新技术、工艺和路线上转化;给予企业相应的政策和资金支持,提高其资源化利用技术水平和产业化水平等措施,建成监督管理体系,完善产业筛选评价体系。

16.3.2 北京市固体废物综合利用主要措施

北京市固体废物综合利用的主要措施有以下几个方面:

(1)完善回收体系建设。科学布局回收网点,建设完善的社区回收体系;建设废旧家电、报废汽车、生活垃圾和危险废物专用回收渠道,提高回收效率;结合物流中心的建设,建设管理规范的综合集散市场。

(2)推进生活垃圾的综合利用,降低最终处置量。继续推进生活垃圾的分类收集,出台垃圾分类品种指导目录,完善社区分类收集设施,2010 年全市生活垃圾分类收集覆盖率达到 50%。"十一五"间,规划新建垃圾转运站 7 座,新建生活垃圾处理设施 27 座。2010 年,全市共有城市生活垃圾处理设施 33 座,转运站 12 座,具有每日接受 1.65×10^4t 原生垃圾、1200t 餐厨垃圾的能力。垃圾焚烧、综合处理、卫生填埋的比例达到 4:3:3,基本实现垃圾处理技术的战略性调整。

(3)提高危险废物的安全处置水平。在北京市东部和南部建设 2 座日处理能力 30 吨的医疗废物集中处置设施,2005 年建成使用,2010 年满负荷运转。密云、怀柔、延庆、平谷四区县可各自建立医疗废物处置设施。在市区西南部新建北京市危险废物集中处置中心,2010 年处理处置能力达到 8.5×10^4t。在东南部地区建设危险废物焚烧处理厂。2010 年,全市危险废物焚烧年处理能力达到 2.7×10^4t。建设危险废物综合利用设施,年利用能力达 6.9×10^4t。同一种危险废物的综合利用能力不超过该类危险废物产生量的 20%。年危险废物产生量超过 1×10^4t 的企业在现有设施的基础上,按相关法规、标准要求,对设施进一步完善;能力不足的应提高处理处置能力,实现危险废物的无害化处置。

(4)培育发展再生资源利用产业,提高废旧物资的资源化水平。依靠科技进步,增强企业发展能力;突出发展重点,示范企业带动;加强政府引导,大力培育再生资源回收与利用市场;积极促进固体废物综合利用产业化。"十一五"间重点支持一批规模适度、管理先进、符合环保要求的固体废物资源化利用示范工程。

(5)推广再生产品,提倡绿色消费。倡导绿色消费模式和绿色生活方式;实施政府绿色采购制度,进一步推行"电子政务",推进"无纸办公",建立废弃办公用品回收系统;扶持租赁业和维护业。开展绿色消费社区和村镇示范。

16.3.3 北京市固体废物综合利用保障措施

北京市固体废物综合利用保障措施有以下几个方面。

(1)完善法律法规,健全标准体系分阶段制定和修订。《北京市废旧家电及电子产品回收管理条例》、《北京市废旧轮胎回收与再生利用管理条例》、《北京市再生资源回收管理办法》、《北京市 <贯彻汽车回收管理办法> 实施办法》已出台,形成有利于固体废物循环利用的法制环境。制定和出台《北京市垃圾分类品种指导目录》、《北京市废纸回收分类标准》、《北京市废旧塑料回收分类等级标准》、《北京市旧家电再商品化标准》等行业标准,建立和完善再利用品标识等,规范和指导固体废物的回收和加工利用工作。

(2)加大科技投入、加快科技创新,构建技术支撑体系。重点要加大对资源节约和循环利用关键技术的攻关力度,组织开发和示范有重大推广意义的资源节约和替代技术。重点支持一批综合利用技术开发和技术改造项目。

(3)加强政策引导,加大资金投入。加强政策支持,强化引导作用;强化监督管理,规范市场秩序;加大投资力度,促进再生资源回收利用快速发展。

(4)营造良好环境,加强协同合作。推进信息化管理,充分发挥行业协会、清洁生产中心、科研单位等中介机构在推广再生资源综合利用技术、提高资源利用效率中的作用。广泛开展多层次、多形式的宣传和科普教育,提高公众意识。加强多方合作,鼓励企业投资。

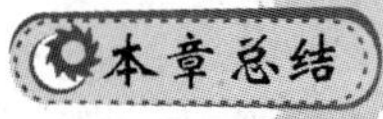

固体废物是指在生产、消费、生活和其他活动中产生的各种固态、半固态和高浓度液态废物。主要有工业有害废料、放射性废物,生活垃圾和一般废旧物质。近年来,我国城市生活垃圾增长速度很快,我国已经是世界上垃圾包袱最沉重的国家。

复习思考

1. 什么是固体废物?列举固体废物的主要来源与分类。
2. 试述我国固体废物处理的现状。
3. 试述固体废物处置的现状。
4. 固体废物有哪些危害?

思维拓展

请考查就近地区的固体废物处理现状,通过研究进行固体废物资源化利用与无害化可行性分析。

拓展阅读

[1] 崔斌,董仁城. 北京城市环境模式管理转变研究. 管理论坛,2005,17(4):58-62.

[2] 黄凯,刘克锋,等. 北京城市垃圾处理与管理对策. 北京农学院学报,2001,17(1):54-59.

[3] 鞠美庭. 环境学基础. 北京:化学工业出版社,2004.

[4] 刘长礼. 城市垃圾地质环境影响调查评价方法. 北京:地质出版社,2006.

[5] 徐增亮. 环境地质学. 青岛:青岛海洋大学出版社,1992.

17 医学地质

人们的生活环境是受地球化学场控制的，而地球的地球化学场是有一定规律的，当人们还不了解它之前，只能靠着自己固有的生活规律去生存，而受到大自然的制约。自然环境对人类的影响是具有根本性的，它不仅制约着人类生命活动的质量，而且在人类利用和改造环境时，要求必须以自然环境为其大前提，一旦超越，必受自然环境的惩罚，地方病发生就是例证。

两千多年前，《内经》中就明确表达了人和自然界是一个统一整体的思想，认为人类的生存、健康、疾病与地理环境有关。《吕氏春秋》也明确记述了一些地方病与环境的关系（公元前279年前后）。

随着分子生物学、超微量分析和结构测试技术的发展和微量元素生理功能的逐一发现，从人体外部环境的各种生物到人体内在环境中的脏器、组织、细胞及分子中生命的许多奥秘被揭开，过去难以理解的现象获得了科学的解释。人们希望，通过对微量元素这一科学领域的深入研究以及对微量元素与健康的相关性及其内在联系的探索，必将大大提高人类生命的质量并提高人类的预期寿命。特别是对与微量元素有关的各种地方病、营养性疾病及其他有损于健康的生物学效应的防治，都将在各相关学科的共同努力下得到改善或解决。

医学地质学正是在这一背景下产生的，并且很快获得了迅速发展。简而言之，医学地质学（Medical Geology）是研究人体健康与地质环境关系的学科。具体地说，医学地质学通过对环境生命元素在岩石—土壤—水—大气—动植物—人体这一自然体系中的含量分布和转移规律的研究，揭示地质环境的历史演变规律，并为保证和改善这一体系的平衡、使人类与地质环境协调发展、建立最佳的人类生存环境，运用环境地质手段与方法，与医学部门一起解决地方性疾病的产生、防治和保健与地质环境的关系及其机理的问题。这方面的研究内容包括环境的各种介质中元素的含量、分布、转化及其与健康的关系。这些成果对提示人们在哪些地区应注意防范与微量元素有关的地方病具有重要价值。微量元素间相互作用或者微量元素与其他营养物质的相互作用的研究也是当前医学地质领域中的重要课题。因为无论在外部环境中或机体内环境中，微量元素的存在都不是孤立的，同时微量元素与各种营养物质的相互作用，更有助于阐明微量元素的生理功能与作用机理等。

不同的地质环境将直接影响人体生长发育和健康。某些化学元素的不足或过剩，都可能会引起人体疾病的产生，甚至死亡。因此，目前世界各国众多的学者都积极参与研究地质环境的生物学效应及其机理，研究选择和开发增进人体健康的地质环境，而尽量避开和改造有害于人体健康的地质环境。近20年来，我国在研究地质环境中微量元素与健康的关系上取得了很大的成就。例如克山病与低硒因素之间具明显正相关关系，而且用硒能很好预防克山病的研究，被国际上誉为是微量元素与健康关系研究的成功范例。又如碘与甲状腺肿的“U”字形规律，也是我国学者首次揭示的。

17.1 环境生命元素与健康

17.1.1 环境生命元素

根据法国Noddack夫妇提出的“一切元素存在于一切矿物中”的元素普遍存在法则外推，可以得出一切自然物中含有所有的元素。目前，人们可以在生命机体中测得60多种化学元素。人体内的化学元素，即生命元素，依其在体内的含量多少，可分为宏量元素和微量元素两类。宏量元素包括 C、H、O、N、S、P、Na、K、Ca、Mg、Cl 等 11 种，占人体总量的 99.95%，它们构成人体中的主要组分，是生命机体不可或缺的元素，从元素周期表中的排位来看，均为原子序数 20 号以前的轻元素。微量元素包括 Fe、Cu、Zn、Co、Cr、Mo、V、F、Ni、I、Se、As、Pb、Sn、Al、Ba、B、Hg、Si、Cd、Sr、Li、Tl、Ge 及稀土元素等多种，因为每种这类元素在人体内含量低于人体体重的万分之一故称为微量元素。微量元素通过各种机理和代谢环节在机体的生命活动中发挥重要作用，根据其在人体内的作用，又可分为必需微量元素和非必需微量元素。必需微量元素是指那些具有明显营养作用和生理功能，维持生物生长发育、生命活动及繁衍不可缺少的而又不能通过机体的生理生化反应来合成，必须从外界摄取，并且机体的需要量很小但作用极大的元素。它们主要是以过渡族元素为主的金属元素和卤素元素。目前的研究认为，Fe、Cu、Zn、Mn、Co、Cr、Mo、V、F、I、Se、Si、Ni、Sn 等 14 种元素是人体和动物必需的微量元素。非必需微量元素是指那些对人体有毒害而无明显生理功能的微量元素，按其毒性又可分为毒性元素和潜在毒性元素两个亚类，这些元素在元素和潜在毒性元素两个亚类，毒性元素指 Pb、Hg、Cd、As、Ge、Ga、In、Te、Sn 等，这些元素在自然界多形成硫化物，且均为大原子量的元素，潜在毒性元素包括 Tl、Th、U、Po、Ra、Ba 等。当然，这种划分是有争议的，同时其界限也不是固定不变的，随着科学技术的发展和人们认识水平的提高，或许现在认为是非必需微量元素甚至是有毒微量元素，也可能转化为必需微量元素。此外，人体组织或器官内元素的含量受地区、年龄、性别、营养和职业接触的影响，人体组织内常见微量元素含量见表 17－1。

表 17－1　人体组织内常见微量元素的含量

组织		铬	锰	镍	铜	锌	镉	锑	汞	甲基汞	铅
名称	质量,g	mg	mg	mg	mg	mg	mg	mg	mg	mg	mg
肌肉	24000	2.40	2.16	2.40	22.08	1440	6.96		1.44	0.19	6.24
骨	8500	0.53	0.63	1.96	4.42		0.85				2.98
脂肪	6600	6600		0.36		1.72	17.62	0.45			5.54
血液	4500	0.40	0.59	0.42	2.98	45.40	1.34	0.40	0.25		3.70
皮肤	4200	0.40	0.59	0.42	2.98	45.40	1.34	0.40	0.25		3.70
结缔组织	1800										
肝	1500	0.099	1.77	0.12	14.88	83.70	8.52	0.034	0.71	0.066	0.69
脑	1300	0.073	0.32	0.065	6.66	20.68	0.16	0.022	0.13	0.023	0.34
胃肠	1000	0.14	1.02	0.14	1.90	23.36	0.75	0.043	0.076	0.010	0.70
肺	900	0.23	0.20	0.14	1.14	14.18	0.65	0.056	0.072	0.0058	0.27
心	300	0.03	0.06		1.00	7.36	0.043	0.0096	0.021	0.0028	0.096
肾	250	0.019	0.14	0.024	0.64	13.74	11.73	0.011	0.23	0.0058	0.12
脾	150		0.012		0.17	3.13	0.12	6.00	0.01		0.03
胰	100	0.010	0.077	>5.6	0.15	3.51	0.27	0.003	0.008	0.0010	0.05
合计	55000	>4.1	>7.6	<10	>63	>1700	>33	>0.66	>3.3	>0.35	>22

17.1.2　环境生命元素与健康关系的研究

人类是自然的产物，是生命和环境相互作用经过长期演化和选择的结果。从环境中获取维持生命过程所必需的物质和能量，包括各种必需的化学元素，并通过新陈代谢与周围环境不断地进行物质和能量的交换，以致人体的物质组成和周围环境的物质组成，不仅保持动态平衡的关系，而且形成一个统一的整体。这是阐述环境生命微量元素及人体健康的基本原理。

早在1884年，利比赫在研究植物时发现，一般作物产量并非经常受到较容易被环境满足的物质的限制，而是受那些看起来需要量小但环境中常难以满足的物质，如硼等微量元素的限制，此即著名的利比赫最小因子法则。人体的健康也同样如此，即取决于最小量状况的营养量的控制。

英国的地球化学家汉密尔顿等在对比了人血化学组成与地壳的元素丰度后，发现两者的元素含量丰度曲线形状具有惊人的相似性，仅有生物物质的结构元素C、H、O和地壳结构元素Si和Al等例外。因此，他认为环境与人体间元素丰度联系与地区差异可能对人类某些疾病的发生有重要的影响。

我国的环境生命科学研究者对从东北到西南大区域克山病病带的研究中，得出了同样的结论，丰富和发展了汉密尔顿的学说。谭见安等对克山病病区与非病区的岩石、土壤、小麦、头发、大米、饮水等整个地理生态系统中21种生命有关元素的研究，对比曲线图见图17-1，反映了环境与生物之间紧密的化学联系这个普遍规律，以及环境—人体化学元素与健康的关系。这些研究不仅表明生物演化过程中的环境元素丰度是控制生物元素丰度的重要因素，也为生物地球化学性疾病的病因学提供了重要的科学理论。因此，研究某一区域的元素含量的区域分布规律，同样能很好地预测人地之间的动态平衡关系的好坏，同样能很好地研究疾病与微量元素的关系。

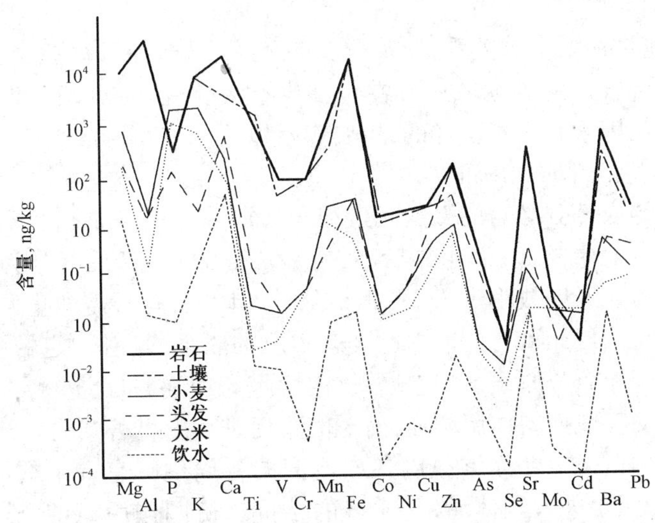

图17-1 生态环境生命元素含量对比曲线图(据谭见安,1996)

17.1.3 生物地球化学性疾病

生物地球化学性疾病，是指发生在某一特定地区，由于地质历史发展或某些人为的原因，致使地壳表面元素的含量超出了人体适应范围，导致人体内环境稳定性调节紊乱，产生严重的功能障碍，而使一定数量的人群患有共同的病症，甚至造成机体死亡。根据近几十年的研究，人们已查明大约27种元素是生物正常生活必不可少的元素，其中已明确能引起动物及人类生物地球化学性疾病的有10多种，最主要的有I、F、As、Se、Mo、Co、Ni、Pb、B等，它们在人体内含量虽少，但其作用极其显著，过多或过少都会引起人体健康的异常和疾病的发生。

医学专家研究发现，当今人类疾病90%以上与微量元素有关，许多疑难绝症和大区域的地方病都与人体微量元素过量或缺乏相关。维持人体微量元素正常动态平衡，只能通过人体与环境相互间的物质交换来实现。简而言之，微量元素的地球化学分布对人体健康有着直接的、非常重要的影响。然而，环境中地球化学元素的分布是不均一的。生命各圈层中物质组成各不相同，环境中的地球化学元素的分布分配和迁移转化，必然影响生命元素的分布分配、化分化合，并影响分散富集、协同拮抗、行为性状等生命活动的规律变化。当作用于生命体中的某些元素出现比例失调、相互取代、协同拮抗等，都会引起生命元素变化，致使人体内平衡遭受破坏、生命过程会发生障碍、健康会受到影响、疾病就有可能出现。这就是地方病的环境地球化学病因。同样，人群若长期生活在或经常接触到某些元素污染的环境，久而久之，就会患职业病或出现中毒现象。这就是职业病和元素中毒病的环境地球化学病因。如碘元素分布异常可引起甲状腺肿或地方性克汀病，氟元素分布过多可引起地方性氟中毒等。按其成因又分为原生地方病和次生地方病两种。前者是指在地质历史发展过程中由于内外动力地质作用，改变其环境地球化学平衡，引起人体功能性病变。其中有些病因较明显，如分布在我国黑龙江、吉林、辽宁、河北、山西、陕西的氟骨症和许多山区广泛分布的甲状腺肿。还有些病因不够明显的，影响因素比较复杂和有待于进一步探讨的地方病，如分布在我国黑龙江、吉林、辽宁、内蒙古、河北、河南，山东、山西、陕西、甘肃、宁夏、四川、湖北、云南，西藏等十几个省和部分地区的克山病和大骨节病以及河南林县食管癌等。次生地方病是由于人类经济技术活动的原因，使地球化学环境中某些元素超过背景值，引起人体中毒性病变。如日本汞中毒引起的“水俣病”和镉中毒引起的“骨痛病”。

研究疾病与环境生命元素的关系，涉及众多的环境要素，并且彼此交互影响，要素因地而异，有明显的地域差异性。这种地域差异性包括岩石风化壳、土壤、水、生物和人体的地域差异，而引起这种差异的因素是多种多样的，主要包括以下几方面。

(1)化学元素本身的性质和内部结构。

通过研究发现，绝大部分必需的微量元素和全部常量元素都位于元素周期表前四周期，越靠前者越必不可少，且比重越大；而越靠后者，有益成分越少，且大部分为有害元素。如除碘外，所有必需微量元素原子序数小于43，再把铝除外的话，所有必需微量元素的原子序数小于34。其次，生命体所需微量元素与元素周期表有本质的联系，具有一定的周期性特征和规律。如在同一族，随着原子序数或原子量的递增，体内含量相应递减，但进入人体中的作用却相应增大，一般是对机体的毒性抑制作用增强，而对健康促进程度显著减弱。并且每周期中主族或副族都有这种现象。再者，生命元素纵向各族或横向各周期具有一定的周期性的相关关系。当环境中的有害生命元素进入人体后，呈明显的拮抗和协同作用，具明显的纵向取代致病规律。同一族中，原子量大的生命元素取代原子量小的生命元素，在生命体内发生致害的规律性变化。

上述现象的出现，是因为人类在长期进化过程中微量元素的生物化学选择的历史必然性。这主要在于生物选择某种微量元素完成某种特定的生理功能并不是随机的，而有它本身的规律性和必然性；生物在组成生物体时，有选择地从环境中摄取化学元素，主要取决于化学元素，生物化学特征和化学元素在地壳和环境中丰度等因素。人体利用最普通的元素是生物进化的结果，其目的是为了保证生物在正常条件下不会遭到缺乏必需物质的危险。同理，防御机制也是生物进化的结果，对于不常接触的元素或化合物，生物不会有防御机制，几百万年前恐龙的灭绝可能正是因为微量元素镍的弥漫所造成。

生物体选择化学元素的基本原理不外乎以下四点原则：第一，合理性原理（或化学适合原理），即指特定的元素具有产生特定的生物功能的固有能力（或潜力），当然，可能有多种元素具有同种功能；第二，丰度原理，即指有多种元素具有同种生物功能的情况下，生物体优先选择丰度大而且易于获取的元素；第三，有效性原理，即指有两种或多种合适的元素，其丰度大致相同且获取程度相等时，生物体优先摄入生物功能更有效的那种元素；第四，演化适应性原理，即指一旦生物必需某一元素时，生物体将会建立某一体系，以便最有效地利用该元素，在其演化过程中，生物体渐渐变成只摄取这种元素而排斥具有类似功能的其他元素。

（2）所在自然环境条件和自然过程的性质。

化学元素沿着各种途径通过岩石圈、水圈、大气圈和生物圈的相互运动，构成了生物地球化学循环。同时，人们的生产消费也导致引起环境污染的物质的释放。一般地，许多微量元素的丰度按下列顺序增大：岩石→土壤→水→植物→动物，但也存在一些例外。化学元素一旦经过人工或自然过程释放，它们将通过像风化作用、淋滤作用、堆积作用、沉积作用以及生物活动的有效分选等地球化学或成岩过程进行循环和再循环，将元素富集或分散到自然环境中。气温、湿度、雨量的差异有时也造成疾病的区域性差异，例如在非洲，各种致命的肿痛病出现在年降雨量大于51cm、海拔低于1500m、年平均气温高于15℃的中非。因此，元素浓度的变化取决于地球化学或成岩过程的自然条件。

同样应该看到，微量元素的含量和分布，从宏观上来讲，大的生物气候带，不同的地貌类型、地质构造、植被类型和不同成土过程所形成的显（隐）性土壤，是决定土壤中微量元素含量分布的重要因素。从微观上讲，土壤剖面中的矿物成分和元素组成（特别是母质的矿物元素）是微量元素分布的物质基础。此外，剖面中有机质（腐殖质）的含量和分布，土壤质地的粗细，pH 值以及氧化还原电位的土壤微量含量都会产生一定的影响。

（3）社会生产类型和社会习惯与方式。

研究生命元素地球化学的环境地质特征，必须考虑与疾病类型和死亡率有关的人文因素，这有助于分析出环境地质影响。如日本胃癌的高发病率是社会习惯与方式和发病二者之间关系的一个例子。日本人喜欢吃被研磨和粉碎过的稻谷，但不幸的是，粉末含有纤维状矿物石棉（图 17 –2）等杂质，可通过进食进入人体组织（图 17 –2）而石棉是一种致癌物或作为微量金属致癌物的携带者。又如古罗马帝国的灭亡，原因之一是普遍的铅中毒。据统计，古罗马人在 400 年中每年生产大约 55000 吨铅，用于生活的各个方面，如用铅管引水、造锅、酒杯、加工葡萄酒以及化妆用品和医用。

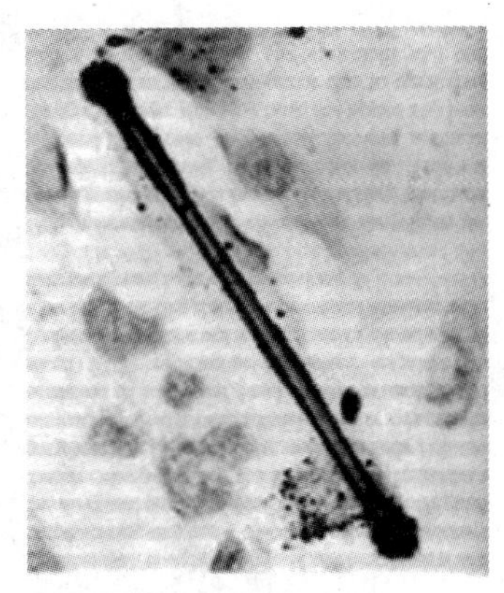

图 17 –2　组织里的石棉
（据 Robert B. Finkelman）

通过环境—生命元素—生命关系的研究，可见人类生存与健康取决于环境中各元素的种、量、比的动态平衡，生物体不能自行合成它们，这种联系主要通过食物链为媒介的微量生态系统来实现。

由此可见，生命化学元素与自然环境（地球）化学元素之间具有内在必然规律，这是由于环境（地球）中生命进行的化学选择的历史必然性所决定的。地球化学元素一旦参与生命活动，就要遵循“生命元素”的活动规律。它们的活动不是简单地聚在一起，而是按照生命活动的需要，在不同时间、空间条件下，以不同的含量、存在状态、分布在生命体的不同部位，发挥着不同的作用，即可导出“生命元素地球化学原理”。

（4）微量元素的生物学效应。

医学专家已经证明，微量元素各具独特的生理功能，且其生理功能是多方面的也是极其重要的。例如参与酶及酶的激活剂，作为体内载体，参与激素及其辅助因素的合成，调控自由基水平，对机体营养生长和生长发育，生殖功能、感官功能、免疫功能等的作用，可以说无所不在。

通过微量元素与健康关系研究，可以看出微量元素的生物效应并不是一成不变的，而是一个相当复杂的问题。可能有这样几种情况：

① 表面联系，在进行环境与人群健康调查时，表面上看来，它们之间关系密切，而经过进一步研究，并无本质联系。

② 潜在联系，一些潜在的环境问题，一直到人群健康出现了严重问题后才被发现。如日本水俣病出现后，才发现是由汞污染引起；骨痛病出现后，才知道与镉污染有关。

③ 明显联系，微量元素与人群健康之间，常存在明显相关，其生物效应见表 17 - 2。

表 17 - 2　微量元素的生物效应（据柴之芳，1994）

微量元素	原子序数	标准人体含量 mg/70kg	生物效应
钒（V）	23	0.04	可能为必需金属。钒存在于骨、牙、脂肪中，使铁迁移至肝，抑制胆固醇合成与一些酶的活性
铬（Cr）	24	0.15	必需金属。Cr^{3+}是必需的微量元素，它对球蛋白的正常新陈代谢活动不可缺少。Cr^{6+}的毒性大，干扰重要的酶体系，与肺癌、肝、肾损伤有关
锰（Mn）	25	20	必需元素。是构成机体内精氨酸酶、脯氨肽酶的成分，又能激活辅醇酶等，还能参与人体的氧化磷酸化过程。有对抗硫胺的作用，并与钙磷代谢有关。缺钙使骨骼发育异常
铁（Fe）	26	4250	必需元素。为血红蛋白所需，与呼吸和细胞内的生物氧化作用密切相关。缺铁引起贫血、红血球和血红蛋白含量降低，铁过多产生恶心、呕吐
钴（Co）	27	3.1	必需金属。为维生素 B_{12} 和一些酶所需，缺钴引起食欲不振，皮肤干燥，钴过多产生红血球增多症并影响红血球的正常生长，引起肺病病变等
镍（Ni）	28	10	必需金属。镍中毒引起皮炎、呼吸系统紊乱和呼吸系统的癌症，被认为是致癌物质
铜（Cu）	29	200	必需金属。有 30 种以上的酶和蛋白中含有铜，含铜酶的重要特点是能直接用分子态氧，需要铜制造红细胞和血红蛋白等
锌（Zn）	30	1925	必需金属。包含在许多金属蛋白和酶中，主要与碳酸酐酶、激素等有关。缺锌使骨骼生长缓慢、肝脾肿大、腺功能减弱，量大引起不适
砷（As）	33	100	有毒元素。蓄积性体系中毒引起皮炎和支气管炎，使口腔、食道、喉和膀胱致癌
硒（Se）	34	13	必需金属。因化学性质与硫相似，所以体内含硫氨基酸中含有硒，与蛋白络合，并分配在所有组织中。缺硒产生白肌病，过量硒引起食欲减退、肝脏受损、毛发改变等
钼（Mo）	42	15.4	必需金属。包含在染色体有关的金属酶之中。钼滞留在骨骼与软组织中，可能产生癌症

续表

微量元素	原子序数	标准人体含量 mg/70kg	生 物 效 应
镉(Cd)	48	50	有毒元素。与含硫基蛋白分子结合,减低或抑制许多酶的活性,抑制生长,并降低蛋白质和脂肪消化引起高血压和心血管疾病
锡(Sn)	50	<17	可能是必需元素。无机锡毒性不大,有机锡化合物蓄积在中枢神经系统中,剧毒,可发生脑水肿
钡(Ba)	56	22	生物效应不明,性质与钙相似,用作消化道的造影剂
汞(Hg)	80	13	有毒元素。汞会影响正常细胞的代谢
铅(Pb)	82	120	有毒元素。是作用于全身各系统的毒物
铀(U)	92	0.02	铀既有化学毒性,又有放射性。铀中毒主要使肾脏受损,它还对多种酶有影响,抑制酶的活性

另外,微量元素的生物学效应存在两重性的问题。有害微量元素,是机体正常生长发育、维持正常生理功能所不需要的并能产生有害作用的物质,体内含量越少,对健康越有利,其剂量效应关系曲线呈"S"型。而必需微量元素作为机体的营养成分,具有其独特的生物学效应。当微量元素完全缺乏时,机体不能维持正常的生命过程而死亡;而当摄入量不足,处于微量元素缺乏状态时,就会引起生物学功能障碍,机体会出现各种各样的微量元素缺乏症,如碘摄入不足时出现的甲状腺肿,硒缺乏引起的克山病,锌缺乏引起的伊朗村病等等;仅当微量元素摄入量增加,逐渐能满足机体的需要,此时机体的正常功能才得以充分发挥,机体处于正常状态;一旦微量元素摄入量过多,机体的正常功能又会受到不良影响;剂量更大超出机体的耐受能力和适应性调节时,则会出现中毒反应,严重时发生中毒死亡。因此,微量元素的摄入有一定的范围,在此范围内能维持机体处于最佳状态,称其为最佳剂量。可以看出,微量元素对机体生物学效应的剂量关系明显不同于有毒物质。

17.2 地质环境与健康

通过长期的实践,通常认为,地质环境与人类健康问题在宏观方面主要与地貌、岩石、土壤和水等环境地质因素有关,在微观方面与化学元素有关,对于后者我们在前一节已经作了探讨,这一节将主要讨论环境地质因素与健康的问题。

17.2.1 地形地貌与健康

大量流行病调查结果显示,地形地貌与人类的生活活动最为直接,与人类的健康关系也最密切。甚至在同一地区,由于微地貌不同,健康水平差异也很显著。地形地貌与健康研究的先驱者当属英国医生 A. Hariland。他通过研究英格兰和威尔士胃癌死亡率的分布与地貌的关系发现,在分水岭高地,河流的上游地带胃癌死亡率明显低于河流的中下游河谷,特别是在河漫滩和超河漫滩地带,这种差异性越明显。

我国学者林年丰通过调查研究也得出相似的结论,指出大骨节病与地形地貌的关系尤其明显,往往仅一山之隔,一河之隔,一沟之隔,山上山下,坡上坡下,沟头沟口,人群中大骨节病检出率高低差别悬殊。

至今为止，已发现许多疾病与地形地貌有关系，如在食管癌的流行区，发病率高低差别明显反映在地貌上，山区病重，丘陵中等，平原病轻或无病；又如肝癌死亡率的分布，在河流的干流区低，在水流静止的区域却很高，由石灰岩组成的峰林槽谷及孤峰平原区（地下暗河发育）较高，而由砂页岩组成的山区、丘陵区，以及河流两岸却很低；在封闭的小盆地、碟形洼地、内流封闭区地方性氟中毒病情重，而在岗地、坡地、外流区（排泄区）病情明显变轻或无病，其关系见表 17－3。

表 17－3　地形地貌与生物地球化学疾病的关系

疾病类型	地貌类型		地形特点	
	山区	平原	高地、开阔	谷地、洼地
克山病	重	轻	轻	重
大骨节病	重	轻	轻	重
甲状腺肿	重	轻	重（高地）	轻（平原）
地氟病	轻	重	轻	重
食道癌	重	轻	轻	重
肝癌	轻	轻	轻	重
胃癌	轻	轻	轻（分水岭）	重（泛滥平原）
龋齿	重	重	重	轻

17.2.2　岩石与健康

地层岩性与人类健康的问题，同样也引起了人们的重视。国外一些学者在生物地球化学研究中，注意到某些植物中有大量选择性的金属富集，并认为这与下伏基岩及其上面风化壳的覆盖层中矿物成分有关。

岩石是土壤发育的母质，它不仅决定了土壤的结构和化学成分。而且广泛影响着地表水和地下水的化学成分。因此，研究岩石与健康的关系问题具有重要的意义。但由于表生地球化学作用的影响很大，同一地区由于元素迁移形式和强度不同也常出现贫乏区和富集区。因此，对于岩石与健康的问题要作具体的分析，其与生物地球化学性疾病的关系见表 17－4。

表 17－4　岩石与生物地球化学疾病的关系

疾病类型	高发区的岩性	国家和地区	疾病类型	低发区的岩性	国家和地区
心血管病	寒武系变质岩与花岗岩	英国、芬兰、瑞典、美国	心血管病	中新生界砂页岩、灰岩、石炭二叠系砂页岩	地中海沿海诸国、美国
食道癌	玄武岩、安山岩沉积岩中含煤地层	中国河南、山西，南非	食道癌	石灰岩	中国河南、山西，南非
甲状腺肿	变质岩、花岗岩、石英岩、砂岩	中国新疆南部、南非、中非、哥伦比亚、斯里兰卡	甲状腺肿	石灰岩、火山岩	中国新疆南部、南非、中非、哥伦比亚、斯里兰卡

17.2.3　土壤与健康

早在两千多年前，人们就有了土壤与人类健康问题的基本认识。然而专门性研究始于 19

世纪英国医生 Hariland 发表关于湖区土壤、岩石与癌的著作。国外报导最多的是关于癌症、脑溢血、心血管病与土壤的关系。如英国的 Legon 于 20 世纪 50 年代早期,通过对北威尔斯的土壤与胃癌的关系研究发现,胃癌的发病率与土壤的烧失量之间,有明显的正相关关系。同时指出,胃癌的最高发病率常见于有机碳含量为 2.5% ~4.0% 的地区;Tromp 和 Diohi 研究提示了荷兰的各种癌症死亡率与 16 种土壤的关系,发现富含腐殖质的粘土有利于癌症的发生;砂土区癌症发病率则较低;而以石灰岩为母质的碳酸盐土壤对癌症的发生具有抑制作用;我国学者林年丰在研究大骨节病的分布时,认为大骨节病和土壤中腐殖酸分布有密切关系。

一般来说,土壤对人类健康的影响,主要是通过谷物来实现的。土壤类型不同,谷物中微量元素的含量就有较大的差异。美国缺碘的土壤地区,地方性甲状腺肿发病率就较高;而富硒土壤地区,人体易患肠胃病和肝功能异常;富铝的土壤,人类易患神经系统疾病和结缔组织增生症。然而,土壤中微量元素变化受许多因素影响,其中最为密切的是与水溶性微量元素含量与淋滤程度。

17.2.4 地质构造与健康

一般来说,地质构造通过控制环境生命元素的分布规律而影响人体健康。由于水代替作用强烈,在构造带地区可能产生某些常规组分的大量流失,也可能因为沟通深部岩石中的地下水而使某些微量元素组分发生迁移富集。另外,地质构造对岩石类型的分布、基岩地下水的成分以及构造裂隙对封存水化学成分都能起控制作用。例如,国内一些专家学者的研究表明,克山病和大骨节病多位于地质构造上升带与沉降带的接合部位,以及构造活动频繁、有强烈岩浆活动和火山作用区域或者坳陷盆地(如跨越新华夏系的第二、第三隆起带和沉降带的部分地区,云贵高原经向构造带等)。

17.2.5 水文地质与健康

某些生物地球化学性疾病区分布于一定的区域水文地质单元内,它们明显受地下水的类型、埋藏条件、径流条件及含水层岩性等控制,如我国克山病及大骨节病的分布,按某一区域水文地质单元来讲,常常处于补给区和径流区的过渡带及排泄不畅地段。

有些生物地球化学性疾病只要适当改变饮水,或调节其中的某些成分,就可以有效地防止这些疾病的发生。如适当地提高水的硬度可以降低心血管疾病的发病率或死亡率;在贫镁的饮水中适量增加镁元素便可以维持心肌的正常代谢,改善其功能状况;通过对高氟水进行降氟,可以防止氟骨症的发生,而对低氟水适量增加氟的浓度,可以较好地防治龋齿。可见许多生物地球化学性疾病都与水文地质条件密切相关。

17.3 地质环境与地方病

17.3.1 地质环境与大骨节病和克山病

17.3.1.1 克山病和大骨节病的概况

克山病和大骨节病(图 17-3)无论在地理分布还是在病因上,以及环境地质特征上,都有相似之处,因此,我国过去曾将这两种地方病称作"姐妹病"。为此,这里将两者一起讨论。

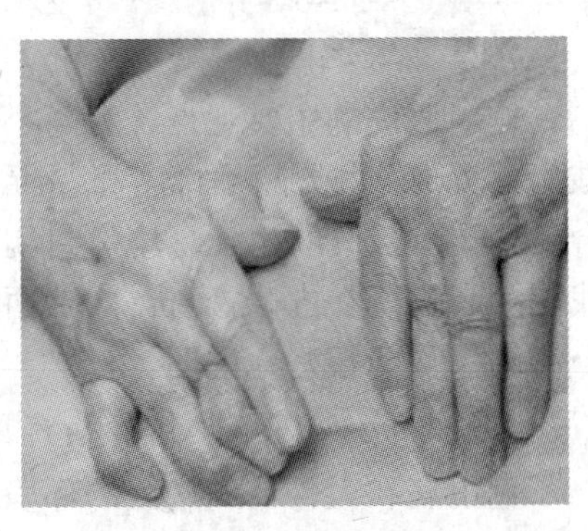

图 17-3 大骨节病

克山病是一种以心肌坏死为主要症状的地方病,因

1935 年最早发现于我国黑龙江省克山县而得名。据考证,该病可能在二百多年前就已有流行。它的发病特点以早期症状不明显,难诊断,患者发病很急且一旦发病,即出现急性或慢性心力衰竭、气短、呼吸困难、头晕、恶心、呕吐,严重者出现脉搏细弱、面色苍白、四肢冰凉、血压下降,若抢救不及时,便在短短的几个小时内死亡。

大骨节病是一种伴有机体改变的,进而造成四肢畸形的地方性疾病。大骨节病的主要表现为关节软骨和骨后板软骨发生病变或坏死,影响骨骼生长,关节疼痛、粗大,骨短、肌肉萎缩,个子小呈畸形,走路像鸭子等。大骨节病主要发生在正在生长发育的青少年中,已使成千上万的大骨节病患者丧失劳动能力和生活自理能力,严重损害少年儿童的生长发育。

我国的大骨节病和克山病发病区北起大小兴安岭的黑龙江畔,呈北东至西南走向的狭长条带状分布,一直到云南省的澜沧江边,包括黑龙江、吉林、辽宁、内蒙古、河北、河南、山西、陕西、甘肃、宁夏、四川、云南、山东等 14 个省、自治区,刚好处于我国东南部季风湿润带和内陆干旱带之间的过渡带。在国外,日本、朝鲜和拉丁美洲、非洲某些地区也曾有克山病发生,而在前苏联、瑞典、日本和越南等国也有大骨节病的流行。

17.3.1.2 克山病与大骨节病的病因

克山病和大骨节病流行已有百余年,中外的许多专家学者对它们进行了深入的调查研究,由于克山病和大骨节病的病因的复杂性,并有“水土病”的特点,至今其病因尚未完全查明。但多数调查结果都显示发病区具有特定的地球化学条件,同时提出了几种假说,能从某些方面进行较好的解释。对其中具有代表意义的假说归纳如下:

1)水土病因假说或生物地球化学病因假说

这一假说的主要观点认为是病区岩石、土壤、水、植物或动物性食物中某些化学元素异常,如 Ca、Mg、S、Se、Mo、Cu、Co、Zn、Mn 以及有机质如硝酸盐、腐殖酸等的丰缺或比例失调,引起心肌代谢障碍导致克山病和大骨节病的流行。其中最有说服力的是缺硒说。我国学者谭见安等经过 20 多年的研究,其病因学说已集中到生态环境缺硒及有关元素,因为低硒环境与病区吻合及补硒防病的重要作用已为人们所公认。其依据主要有:在克山病和大骨节病流行区,用亚硒酸钠或其他硒制剂能显著降低发病率;病区岩石、土壤、粮食作物,且有从非病区→低发区→高发区的物、头发、血液中硒含量明显低于非病区明显降低的趋势。

2)生物因素说或食物性真菌中毒说

这一假说认为致病因子是某种病原微生物或其代谢产物,如真菌毒素等,由于粮食被毒性镰刀菌污染形成耐热毒素,长期食用后中毒发病。最有说服力的例子是吃一般谷物都可以得这两种病,唯有吃大米才不得病,因为大米不传播镰刀菌。

3)营养缺乏假说

这一假说的主要观点认为高寒山区谷物成熟不好,从而导致缺乏 A、B、E 等维生素和氨基酸等营养成分,或缺硒、钼等微量元素而致病。这与绝人多数病区分布在比较偏僻的山区相吻合,由于交通不便,生活环境呈封闭、半封闭状态,经济发展水平低,导致人体内环境供需失衡。我国学者通过在内蒙古、吉林、陕西、云南等地进行的病情与生态环境动态监测点连续三年的监测结果均能很好地说明。

17.3.1.3 克山病和大骨节病病区的环境地质特征

克山病和大骨节病病区的环境地质特征包括以下几个方面:

1)地质构造

我国克山病和大骨节病病区跨越新华夏系的第二、第三隆起带与沉降带之间的部分地区，以及祁吕贺兰山字型构造带、秦岭纬向构造带和云贵高原经向构造带。其地质构造特点是处于上升运动和下降运动的交接地带和过渡地带，同时也是物质迁移地带。另一些病区位于地质构造上升地段和沉降地段，那里的构造运动强烈，曾有多次酸性岩浆活动和火山作用。对沉降带而言，病区多分布在边缘带和部分中心带。

2)岩石

由于地质地球化学过程所决定的岩石性质决定着生态环境的化学组分，所以特别是某些必需微量元素的含量或特性，易造成生态环境生命元素的失衡，并导致疾病的发生。如西南病区的岩性主要为紫红色泥岩、砖红色砂岩、紫红色粉砂岩等，它们的硒含量很低，平均为0.05μg/g，在此基础上发育成的紫色土也处于低硒状态，一般为0.10～0.15μg/g，因此，我国运用化学地理观点研究地方病的学者都认为硒致病与地区岩石性质有关。

通常，病区的地质—地理特点是与大规模厚层沉积的中、新生代陆相沉积岩系有关。就岩石类型来说，病区岩性主要是花岗岩和喷出岩，其次为分布于内陆河湖相砂岩、页岩、泥岩及黄土。如大兴安岭病区即位于华力西期酸性浸入岩、喷出岩风化带或残积、坡积地段，小兴安岭和长白山病区为酸性花岗岩和玄武岩出露区域，青藏高原东段和四川盆地病区是中生代内陆湖相沉积，松辽平原和陕甘黄土高原病区是中生代地层之上的第四纪松散堆积物。又如，沼泽地区常发生大骨节病例。

3)土壤

病区分布地域形成一条由东北到西南走向的长带，统之为病带。病带内的病区从东北到西南分属以下四个基本土壤类型。

(1)温带暗棕壤、黑土、白浆土—草甸土三个土壤亚类(东北和内蒙古东部病区属于此类)，前者指东北山丘病区，后者指低地病区，中者指平原岗地病区。

(2)暖温带棕褐土和粘化黑壤土(华北和西北病区属于此类)，前者多指华北病区，后者指黄土高原地区。

(3)亚热带紫色土、红棕壤、红褐土(四川和云南病区属于此类)。

(4)垂直带棕褐土、草甸草原土地带(川滇西部和西藏病区归属此类)，西藏病区主要是山地棕壤与棕色灰化土，这类土壤的特点是淋滤作用强，表土呈弱酸性，尤其是有利于硒淋滤流失或使土壤禁锢硒，使之不利于植物吸收利用，进而影响到动物和人体内缺硒而致病。

4)地貌

地貌因素主要通过其对水文地球化学环境的作用来影响克山病和大骨节病病区的分布。由于克山病和大骨节病在所有地貌如山区、丘陵、高原、平原及至沙漠都有分布，可以看出宏观地貌并不是这两种地方病分布的特征。然而，微观地貌却对它们的分布有着明显的控制作用。

我国克山病和大骨节病通常分布在以下地貌单元上：地质剥蚀区，如低山丘陵和山前倾斜平原、正地形和负地形，剥蚀地貌和堆积地貌相接之过渡带；区域性分水岭两侧或四周；地形地貌的低洼处，如山间盆地、山间碟形洼地、高原的山前地带、低平原的闭流洼地、外流不畅的低地、河流与支谷的中上游等；植被发育、沼泽遍布、土壤富含腐殖质。如大兴安岭病区主要位于大兴安岭东坡的布特哈旗、阿荣旗等丘陵和山前松嫩高平原地区；小兴安岭病区分布于嫩江、油河、克山、依安、德都、北安、海伦等剥蚀丘陵和山前堆积平原；云贵川病区分布于大雪山、横断山与云贵高原,四川盆地的结合部位;陕北黄土高原病区分布于黄土高原与渭河冲积平原接合部位的黄土丘陵地带。

5)水文地质

克山病和大骨节病病区主要分布在:地下水补给区与排泄区的过渡地带,从水文地球化学角度来说,该地带是元素淋滤、迁移带,如大兴安岭、小兴安岭、长白山、青藏高原等病区;地下水径流滞缓排泄不畅地带;花岗岩或喷出岩为主的坡积洪积含水层;含淤泥沉积物的含水层;黄土塬或第四系下伏中生代内陆湖相沉积物含水层。

从水文地球化学特征看,我国克山病和大骨节病最严重地区属元素强烈淋滤流失区,该区气候湿润,年降雨量大于650mm,居民饮用残积层、坡、洪积层或基岩风化壳中的潜水。这类水的化学特点是具有偏酸性、硬度低、矿化度极低,常呈茶色、铁锈色、黄绿色,有腥味。而病情中等的地区以元素淋滤、迁移为主要特征,属于补给径流带。非病区属于干旱、半干旱的元素累积区,这类水的pH值、矿化度、硬度较高。

17.3.2 地质环境与碘缺乏病

17.3.2.1 碘缺乏病及其地理分布

碘缺乏病(简称IDD)的基本含义是指碘缺乏对机体造成的全部危害。碘缺乏病这一概念是由著名的Hetezel教授提出的,他提议用"碘缺乏病"来代替"甲状腺肿"及"克汀病"这一术语,是因为甲状腺肿(图17-4)和克汀病只不过是碘缺乏的最明显的表现形式,另外,还有许多疾病是不同程度碘缺乏在人类不同发育时期所造成的损伤,如碘缺乏对甲状腺功能状胎儿、新生儿童的发育影响和脑功能危害以及缺碘时产生的碘代谢、垂体态失常等。总之,碘缺乏病是从缺碘的角度认识碘缺乏对人体健康的危害,而不是把本病仅概括为地方性甲状腺肿和地方性克汀病(图17-5)。

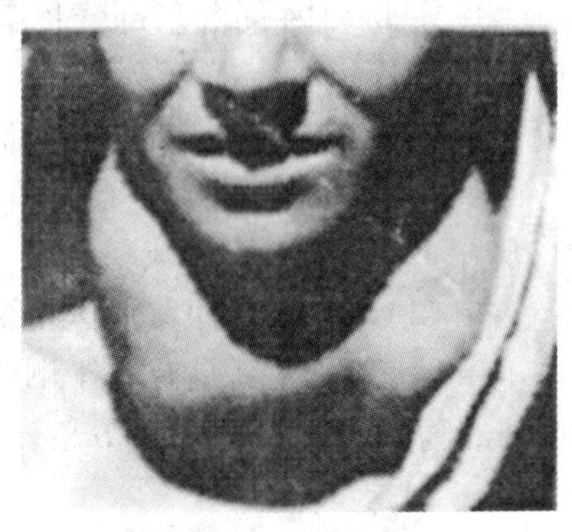

图17-4 甲状腺肿

正常儿童

临床克汀病儿童

地方性克汀病儿童

图17-5 正常人与克汀病的患者

碘缺乏病是一个世界性的地方病,世界各国(除冰岛外)都有不同程度的流行,主要分布于欧洲的阿尔卑斯山脉两侧的国家、南美洲的安第斯山脉、非洲的刚果河流域、亚洲的喜马拉雅山地区、大洋洲的新几内亚。据世界卫生组织1960年的不完全统计,全世界地方性甲状腺肿患者不少于2亿人。

地方性甲状腺肿病简称大脖子病,这是一种世界性的地方病。地方性甲状腺肿患者颈部生肿瘤,不仅压迫气管、影响呼吸、增加心跳频率、导致心脏病,而且还会向甲状腺癌转化。更为严重的是,地方性甲状腺肿流行地区,同时还常并发克汀病,克汀病实际上是地方性甲状腺肿的延续,地方性甲状腺肿患者所生育的后代常常成为“呆、小、傻”的克汀病患者。

在我国,碘缺乏病流行范围广,发病人数多,病情较严重,全国除上海市(台湾省病情不详)外29个省、市、自治区都有不同程度的流行。据1988年的病情统计,我国碘缺乏病流行的病区县(旗、市)为1615个,病区分为21077个,受碘缺乏威胁的人口达3.74亿人,占全世界病区人口的47%,占亚洲病区人口的63%。累计查出地方性甲状腺肿病人3500万人,地方性克汀病病人20万。

17.3.2.2 碘缺乏病的病因

从全世界范围来看,碘缺乏病的流行原因主要是地质环境中碘的缺乏。据环境地球化学、化学地理学、医学地质学等专家考察证明,在地球上尚未出现人类之前,陆地曾被大量的腐殖质土壤覆盖着,其中的熟土层中既富集着有机质,同时也含有多种化学元素(包括碘元素)。当地球进入1.8万年前的第四纪大冰期,大部分陆地布满了冰层。一方面,随着冰河融化消退,就把地壳表层富含碘元素的成熟土壤冲刷带入海洋之中;另一方面,由于碘元素化学性质活泼、分散度大、溶解度高、迁移性强,陆地上的岩土经过千万年的淋滤、风化而使自然环境持续处于缺碘状态,尤其在一些山区、半山区、丘陵、河谷地带以及河流冲刷地区缺碘更为严重,而造成碘缺乏病的严重流行。这是碘缺乏病流行的主要原因。然而,每个地区特有的地质、地理、气象条件以及生产、生活、卫生及水污染等情况对碘缺乏病的流行也均有重要影响。

据研究,我国碘缺乏病的成因类型有以下几种类型。

(1)山岳碘淋滤型:山岳地区由于山岳冰川和河流的切割、侵蚀作用,土少石多,土层浅薄,水土缺碘,土壤滞留碘的能力较弱。

(2)强渗流弱吸附型:由于沙土中有机质含量小于1%,粘粒含量又小于10%,地下水力坡降大,渗透速度快,与围岩接触时间短,它们对碘的吸附能力很弱,易使碘淋失。一般主要分布于山前冲积扇、洪积扇上部和古河道、沙漠边缘地区。

(3)沼泽泥炭固碘型:由于土壤矿化质弱,植物残体分解差,碘被有机物禁锢,水土中植物有效态碘数量很少。

(4)高山氧化挥发型:构造隆起山区,氧化带发育较深,强烈的氧化作用使碘挥发贫化。

(5)拮抗协毒型:环境中并不缺碘,但因饮用富钙的水,抑制了人体对碘的吸收,或者如Co、Mo的缺乏,发生协毒作用,使碘缺乏加重,这种拮抗作用使碘缺乏病发病率升高。

17.3.2.3 碘缺乏病的环境地质特征

碘的地理分布和地方性甲状腺肿病区的地理分布一般规律为:从湿润地带到干旱地带,从内地到沿海,从山岳到平原,从河流上游到下游。地表的碘是从淋滤到积累,由此造成地方性甲状腺肿的发病率逐渐减少,最后过渡为非病区。据调查研究发现,地形地貌、岩石、土壤、水质和气象条件对碘缺乏病的流行有重要影响。

1)自然地理和地形地貌

地理位置和地形对碘缺乏病流行与分布有重要影响。我国有关碘缺乏病的研究报告中,绝大多数认为其与地形地貌有密切关系。因缺碘引起的地方性甲状腺肿多数分布在构造侵蚀山区,少数出现在地面坡度大和侵蚀作用强烈的低阶地前缘及高漫滩区。从山区向平原,水中碘含量明显增加,而地方性甲状腺肿发病率则递减。同时,距离海洋远和被高山隔离的地区或海拔高的地区,空气中的碘就少,这样通过降雨降雪向陆地上补充的碘就比较少。我国碘缺乏病流行病区和地带的共同特点是地势高、地形倾斜、地表切割强烈,洪水冲刷严重且水土流失大,土壤的碘就越容易流失。而且,地形地貌的不同,其地方性甲状腺肿和地方性克汀病患病率不同,海拔高度与患病率正相关,甲状腺肿和地方性克汀病的患病率也不相关,山越高,地形越陡峻、地表坡度越大,水土越易于流失。同时,由于山地小气候的影响,降雨量亦随海拔高度的上升而增多,进一步加剧了水土和碘的流失,逐渐形成了环境碘含量随海拔增高而减少的特征。因此,一般的规律是碘缺乏病发病率为山区大于丘陵,丘陵大于平原。

2)岩石

岩石的类型和性质决定土壤及地下水中碘含量;同时,作物及人体食物链中的碘主要是从岩石→土壤→作物立体剖面形式完成,因此,岩石是土壤、机体等物质的来源基础。岩石中碘的含量见表17-5。

表17-5　岩石中碘的含量　　单位:μg/g

岩石	超基性岩石	基性岩石	中性岩石	酸性岩石	页岩	页岩夹粘土岩	砂岩	碳酸盐	深海碳酸盐	粘土
含碘量	0.01	0.5	0.3	0.4	2.2	1.0	1.7	1.3	0.05	0.05

3)土壤

土壤中碘的含量制约碘缺乏病的发生和发展。土壤中含碘量与该地区的岩石和土壤的性质密切相关。碘缺乏病常见于以石灰石、白垩土、砂土、灰化土及泥炭土为土壤成分的地带,而在黑、红色土及含有大量胶体颗粒和有机物的栗色土壤为主要成分的地带中碘缺乏病是较少见的。产生这种情况的主要原因是:石灰石、白垩土含碘量少;砂土、灰化土空隙大,碘容易流失;泥炭土含碘量虽多,但由于碘与土壤牢固结合,植物不易吸收;黑土、红土及栗色土含碘量较高,植物容易吸收。

4)气候条件

碘缺乏病的流行多见于降雨量集中、地下水位高和地面上缺少植被的地区。水位高时,由于地下水上升,促使土壤中的碘溶解、分离而流失;在雨量集中、雨势急暴并缺少植被的地区碘大量流失,这正是某些地势看来平坦的地带,碘缺乏病流行反而比周围山区更为严重的原因。

5)膳食因素

人体需要的碘92%来自食物,4%来自水,4%来自空气。海产品是富于碘的,其次是动物食品,最低的是植物性食品。此外,不合理的膳食与碘缺乏病的发生有密切关系。最初人们注意到,碘缺乏病多发生于经济落后、营养不良的偏远山区,尤其多见于这些地区内生活贫困的家庭。随着科学的发展,人们才逐渐认识到营养不良对甲状腺功能的影响。因此,从某种意义上讲,碘缺乏病是以碘缺乏为主的多种营养素缺乏症。

17.3.3　地质环境与地方性氟病

17.3.3.1　地方性氟病的分布

地方性氟病(又称地方性氟中毒)是由于一定地区的环境中氟元素过多,致使生活在该环境的居民长期摄入过量氟所引起的一种全身性慢性疾病。地方性氟病一般是因饮食高氟的水或食物引起的(成人每日需氟量约1.0~1.5mg),摄入过量的氟会破坏人体内正常的钙、磷代谢平衡,过量氟在人体内与钙结合生成氟化钙,沉淀于骨骼和软组织中,造成血液中钙含量降低,使骨质硬化,密度增加,引起一系列临床症状。钙的代谢紊乱又可引起磷的代谢紊乱,阻碍正常的骨质代谢。血钙的减少又可以引起甲状旁腺功能升高,使甲状旁腺分泌增多,破骨细胞增多,促进溶骨,加速骨的吸收。氟化钙的形成将影响牙齿钙化,致使牙釉质受损(图17-6)。氟能破坏硬组织各种细胞的生理功能,引起骨细胞的代谢障碍,导致它们变性或坏死。

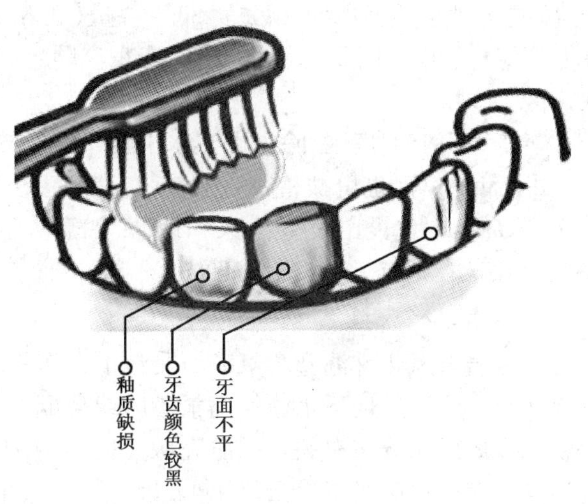

图17-6 氟斑牙示意图

地方性氟病是地球上分布最广的地方病之一,世界上五大洲的50多个国家都有该病的存在。在亚洲,印度、中国、日本、朝鲜等十几个国家也均有此病的发生。其中,印度的地方性氟病病区的病情极为严重,有的地区用X线检查发现的氟骨症率超过50%,许多是残废性氟中毒病人,病区人口大约有500万人。在欧洲,该病在俄罗斯分布较广,英国、保加利亚、意大利等十几个国家也有这种疾病的发生。另外在美洲、非洲、大洋洲的20多个国家均有此病的报道。

据目前所掌握的资料,我国地方性氟病病区分布除上海市外,全国各省、自治区、直辖市均有不同程度的地方性氟病流行,分布于1187个县(市、区、旗)内,病区人口约有3.3亿人,氟斑牙患者约4000万人,氟骨症患者约260万人。我国比较集中的是北方,如松嫩平原30多个市、县的一半以上,即其中16个市、县有地方性氟中毒分布,氟斑牙患者约80万人,氟骨症患者7200余人,是我国严重的氟中毒病区之一。山西地方氟病严重,病区人口约480万人,氟斑牙约180万人,氟骨症患者约4.05万人,且易患尿结石。此外,还有吉林,辽宁、北京、内蒙古、陕西以及西南的云贵地区。

17.3.3.2 地方性氟病病区的成因类型

地方性氟病病区分布受气侯条件和特定的岩石、矿床、盐湖的地质条件控制。高氟无烟煤的分布和居民生活习惯也是氟中毒发生的因素。由于引起地方性氟病的环境介质的不同,病区的成因类型也就不同。

1)浅层地下水型(或蒸发浓缩型)

这类病区氟的物质来源于中生代侏罗纪至白垩纪中酸性火山岩、侵入岩和大片黄土。由于气候干旱、降雨量小、蒸发量大,强烈的蒸发浓缩造成地表水和浅层地下水中富氟,或局部地势低洼及地下水径流不畅,氟离子无法迁移;而且,又由于此类地区地下水以碳酸氢根及钠离子为主,地下水中氟含量可随矿化度增高而升高,尤其是盐渍化带地下水中氟含量可高达30mg/L。我国的长白山以西,长江以北广大区域,包括黑龙江三肇、吉林白城、辽宁朝阳、内蒙古赤峰、河北怀来、山西大同、陕西榆林等地区为浅层高氟地下水型病区。

2)泉水和地热水型(包括火山亚型)

泉水和地热水中氟含量高的地区,居民直接饮用泉水或受其影响的浅井水即可引起氟中毒。氟是热水的特征性阴离子,由于地热异常区的岩性、地质构造条件和差异,温泉中氟含量变化大。如江西温泉热水中,氟含量高于5mg/L的有30处,其中最高的安远县虎岗温泉的氟含量高达19.2mg/L,而在粤北始兴一带,热水含氟量更高,达45mg/L。一般规律是温泉热水中氟的富集与水温(>50℃)、pH值(>8)、水型(与钙型水负相关,而与钠型水中的重碳酸钠型、硫酸钠型、氯化钠型正相关)、SiO_2 含量(正相关)及矿化度密切相关。分布广泛而零散的黑龙江海林、北京小汤山、江西安远、广东丰顺、福建龙溪和辽宁汤岗子、兴城等地均是高氟泉水病区。

至于火山亚型病区,除火山热水中含一定量的氟外,火山喷出物质及尘埃中含有大量 HF 和 CaF_2、MgF_2 等,也可被植物直接吸收,参加生态循环而致病。该类病区主要分布在意大利、日本、冰岛等现代火山发育国家和地区,如意大利维苏威火山地区居民患一种"基阿杰牙齿病",而在日本则有"阿苏火山病"。

3)富氟岩矿床型

含氟岩石风化淋滤及含氟矿石受地下水作用溶解,使氟解离形成与矿脉地理分布相吻合的病区。或当深层地下水流经高氟矿床或高氟基岩时,使地下水含氟量增高。该类病区与氟矿物和含氧矿床分布有关。据研究认为,三大岩类的含氟量的大小顺序为:变质岩 > 岩浆岩 > 沉积岩。变质岩中又以黑云母、金云母、绢云母、角闪石的全氟含量为高。而正长石、石英、白云石含氧量低,在风化产物中,一般全氟含量的大小顺序是:残积物 > 坡积物 > 冲积物。渤海湾滨海平原,如辽宁盘锦、天津塘沽、河北沧州等地区为深层高氟地下水病区。河南的方城、江西的宁都、云南的昆阳、贵州的贵阳、新疆的温宿等地区为富氟岩矿病区。

4)生活燃煤污染型

病区由于采用落后燃煤方式,燃烧含高氟劣质煤而污染了室内空气、食物、饮水,使居民摄入大量氟引起的地方性氟病。该类病区多为高寒山区,海拔高度在 800m 以上,气候寒冷潮湿,烤火期长达 6 个月之久,尤其收获季节阴雨绵绵,粮食含水量高,需用煤火烘烤,故室内煤火终年不熄,用煤大;该地区煤储量丰富,埋藏表浅,取用方便,且煤质低劣,高氟、高硫。最关键的是当地居民落后的燃煤方式,使室内空气受到严重污染,空气含氟量高达 26.3 ~ 84.2mg/kg。这是当地居民引起氟中毒的直接和主要原因。分布在四川、广西、湖南及湖北等 12 个省的 150 个县中的病区为生活燃煤污染型病区,其中以湖北省的鄂西自治州、四川省的彭水、陕西省的安康等地为病情较为严重的地区。

5)工业污染型

现代工业也能造成氟的严重污染,如磷肥厂使用含氟磷灰石会产生大量含氟粉尘和烟气,电解铝,玻璃、陶瓷工业、硫酸厂等都可排出大量含氟废气污染环境,进而引起人、畜中毒。我国的包头钢铁厂、兰州铝厂等都已对其周围环境及人畜产生危害,而且涉及的距离很远。值得注意的是,该种污染长此下去,氟在环境中长年累积,经过若干年以后,即有可能形成次生性氟地球化学区,所以应引起环境地质工作者的重视。

17.3.3.3 地方性氟病的环境地质特征

地方性氟病的环境地质特征包括以下几个方面:

(1)地球化学背景:地质环境中有效态氟含量越高,机体通过食物链摄入氟越多,引起地方性氟中毒的可能性就越大。研究表明,摄氟量与地方性氟病的患病率高度相关。饮水型病区主要携氟介质为饮用水,氟斑牙和氟骨症的患病率及患病程度均与饮水氟的浓度呈高度正相关关系。生活燃煤污染型病区主要携氟介质是室内空气、玉米、干菜等,它们含氟的浓度及用量均与地方性氟病病情呈高度正相关关系。

(2)地质构造:地质构造对氟的富集具有一定的影响,特别是深大断裂,它往往是氟富集的通道。如沧州地区津浦铁路沿线受深大断裂影响,地下水氟含量呈条带状升高。又如天津市地下水氟含量的增高,也只能通过氟与地质构造的关系才能得到较好的解释。

(3)地理气候条件:气候炎热、干旱少雨、地下水强烈蒸发造成矿化度增高等是形成高氟浅层地下水病区的气候条件,此类病区地势越低洼,排水越不通畅,饮水氟就越高,病情越重。研究表明,氟的最大含量产生于矿化度在600~900mg/L的水中。生活燃煤污染型病区,海拔越高,气候越寒冷,潮湿多雨,年烧煤时间越长,室内空气和食物污染的就越重,病情也就越重。

(4)水化学特征:从饮水型病区调查发现,在水氟含量相同的情况下,患病率可以相差很大。水的硬度、钙离子与氟浓度之间呈明显的负相关关系,水的碱度有增强氟的毒性的作用。

(5)营养条件:实际调查发现,氟中毒患病率在贫穷地区高且病情严重,而营养状况好的地区,患病率低。最典型的例子是黑龙江省肇东市郊区的治国5队,饮水含氟量6.0mg/L,20世纪80年代前病情严重,但随着改革开放的发展,地方经济大幅度提高,居民生活水平明显好转。1985年医学卫生部门检查表明,水氟仍为6.0mg/L,氟骨症不但无新患者出现,而原有病人病情均无加重现象甚至有的稍有好转。这是因为,蛋白质、钙、维生素C、B_1、B_2等均有抗氟保护机体的作用,特别是维生素C有促使氟从体内排出的作用,而高脂肪能使氟的吸收增加。研究证明硼、钙、镁等元素均有抗氟作用,它们可以与氟形成稳定的络合物而使氟失去活性,或能抑制氟在肠道内的吸收,所以这些元素摄入的多少可以影响地方性氟病的病情。

17.4 环境污染与人体健康

环境的任何变化都会不同程度地影响人体的正常生理功能。但是,如果环境的异常变化不超过一定限度,人类可以通过调节自己的生理功能来适应不断变化着的环境。如果环境的异常变化超出人类正常生理调节的限度,则可能引起人体某些功能和结构发生异常,甚至造成病理性的变化。这种能使人体发生病理性变化的环境因素,称为环境致病因素。环境致病因素可分为化学性因素、生物性因素和物理性因素。化学性因素包括重金属、农药、化肥以及其他有机化合物及无机化合物;生物性因素包括细菌、病菌、虫卵等;物理性因素有噪声和振动、放射性、冷却水造成的热污染等。这些因素只要达到一定程度,都可以成为致病因素。在环境致病因素中,环境污染占最重要的位置。

17.4.1 污染物在人体中的转化和归宿

污染物进入人体后,一方面干扰和破坏人体的正常生理功能,使人体中毒或产生潜在性危害;另一方面人体通过各种机制与代谢活动使污染物降解并排出体外。因此,了解环境污染物在人体中的代谢过程,对研究污染物与人体相互作用的规律是十分重要的。污染物在人体内的代谢过程包括以下几个方面:

(1)吸收:环境污染物通过人体细胞膜进入血液的过程称为吸收。吸收的主要途径是呼吸道、消化道。此外,环境污染物也可经皮肤或其他途径侵入。血液是污染物在人体内得以迁移的主要介质。污染物与血液中何种成分结合将影响其在血液中的迁移速度。

(2)分布和蓄积:污染物进入人体经吸收后由血液带到人体各器官和组织称为分布。由于各种毒物的化学结构和理化特性不同,它们与人体内某些器官表现出不同的亲和力,使污染的有毒物质相对聚集在某些器官和组织内。例如,一氧化碳和血液表现出极大的亲和力。一氧化碳与血红蛋白结合生成碳氧血红蛋白,造成组织缺氧,它会使人感到头晕、头痛、恶心、甚至昏迷致死,这就是通常所说的一氧化碳中毒。毒物长期隐藏在组织内,其量逐渐积累,这种现象就是蓄积。某种毒物首先在某一器官中蓄积并达到毒作用的临界浓度,这一器官就被称为该毒物的靶器官。砷和汞常蓄积在肝脏器官;农药具有脂溶性,易在脂肪组织中蓄积。

(3)降解与转化:除很少一部分水溶性强、分子量极小的毒物可以原形从人体中排出外,绝大部分毒物都要经过某些酶的代谢,从而改变其毒性,增强其水溶性而易于排泄。环境污染物在体内转变成其他衍生物的过程称为生物转化。肝脏、肾脏、胃肠等器官对各种毒物都有生物转化功能,其中以肝脏最为重要。毒物在体内的代谢过程可分为两步:第一步是氧化还原和水解,这一代谢过程主要与混合功能氧化酶系有关,它具有多种外源性物质(包括化学致癌物、药物、杀虫剂)和内源性物质(激素、脂肪酸)的催化作用能使这些物质烃化、去甲基化、脱氨基化、氧化等,所以又称非特异性药物代谢酶系。第二步是结合反应,一般通过一步或两步反应,原属活性的物质就可能转化为惰性物质。生物转化的结果常常是使污染物的极性增强,成为水溶性更强的化合物,代谢产物或污染物易于排出体外,其毒性也相对减弱或消失,但也有少数污染物经生物转化后毒性更强。

(4)排泄:排泄是污染物以其代谢产物排出体外的过程,是人体物质代谢全过程的最后一个环节。此外,人体的呼吸、汗液、乳汁、唾液、泪液、毛发脱落也都是排泄途径。挥发性物质,如二氧化碳、氰化氢和酮会通过呼吸排出体外。肾脏是最重要的排泄途径。污染物通过肾脏进入尿液或经过肝脏的胆汁进入粪便,肾脏排出的污染物数量超过其他各种途径排出量的总和。尿液中污染毒素的蓄积会损害这一重要系统,肾和肠也常会因其在消化系统中的蓄积而受损,从而引发疾病或肿瘤。

17.4.2 环境污染对健康的影响

对人体健康危害程度大、作用时间长、影响范围广的污染物主要是化学污染物,寄生虫、细菌和病毒等生物性污染物也会对人体的健康造成或轻或重的影响。化学污染物按其形态可分为气体污染物、液体污染物和固体污染物。根据化学组成,又可将其分为无机污染物和有机污染物。化学污染物对人体危害的特点主要表现为低浓度长期效应、多因素联合作用和远期潜在性的影响。

环境的任何污染都会直接或间接地影响人体健康。影响的大小取决于环境污染的程度、污染持续的时间和人体的耐受限度。有的环境污染在很短时间内便可造成严重的急性危害,有的则需经过很长时间才会显露出对人体的慢性危害,甚至可通过遗传而影响到子孙后代的健康。

根据人体中毒程度和病症显示的时间,可将环境污染对人体健康的影响分为急性影响、慢性影响和远期影响三种类型。

(1)急性影响:急性影响主要表现为急性或亚急性中毒事件,在短时间内可引起人群暴发疾病和死亡的危害。存在于环境中的污染物浓度较低时,通常不会造成人体的急性中毒,但是在某些特殊条件下,如工厂在生产过程中出现特殊事故,大量有害气体跑出,外界气象条件突变等,便会引起人群的急性中毒。例如,1952 年伦敦烟雾事件及 1984 年 12 月印度博帕尔毒气泄漏事故,均造成数千人死亡。

(2)慢性影响:当污染物浓度较低,并长期连续地作用于人体时,可使人产生慢性中毒,一般患病率升高。污染物在人体内转化、积累,慢性中毒潜伏期长,病情进展不明显,很容易被忽视,中毒人体经过相当时间才出现受损症状的危害如职业病、水俣病、骨痛病等。而一旦这些疾病表现出明显症状,病情往往已到十分严重的程度。

(3)远期影响:环境污染对人体健康的远期影响只是慢性影响的一种特殊情况,它的危害结果的显露时间可能更长,受损症状要经过几十年甚至隔代才能显示出来。大多数远期影响具有致癌、致畸、致突变的性质，故危害很大。由于污染物长时间作用于肌体，故会损害体内遗传物质，引起突变。引起生物体内细胞遗传物质和遗传信息发生突然改变的作用，称致突变作用；诱发成肿瘤的作用，称致癌作用；生殖细胞发生突变，使后代机体出现各种异常的作用，称致畸作用。

本章总结

不同的地质环境将直接影响人体生长发育和健康。某些化学元素的不足或过剩，都可能会引起人体疾病的产生甚至死亡。因此，目前世界各国众多的学者都积极参与研究地质环境的生物学效应及其机理，研究选择和开发增进人体健康的地质环境，而尽量避开和改造有害于人体健康的地质环境。

复习思考

1. 什么是环境生命元素？请简述它和生命健康的关系。
2. 什么是地方病？列举几种常见的地方病。
3. 请简述各种地方病的分布、地质环境与成因。

思维拓展

考察就近地区可能稀缺的土壤中微量生命元素。研究是否这种元素的稀缺会潜在地导致某种地方性疾病？如果是这样，分析有什么方案可以解决？

拓展阅读

[1] 戴塔根．环境地质学．长沙：中南大学出版社，2000.

[2] 徐增亮．环境地质学．青岛：青岛海洋大学出版社，1992.

[3] Carla W. Montgomery. Environmental Geology. IA：Wm C Brown Publishers，1995.

[4] Robert B. Finkelman. The Medical Geology Revolution. Martin J S Rudwick Publisher，2008.

第6篇

环 境 法 规

18 环境法规

我国是社会主义国家,发展经济是为了不断提高人民的生活水平。因此,发展经济与保护环境在目标上是完全一致的。我国对环境保护十分重视,把环境保护列为基本国策。我国对环境保护的方针是:"全面规划,合理布局,综合利用,化害为利,依靠群众,大家动手,保护环境,造福人民。"

1989年12月26日第七届全国人民代表大会常务委员会第十一次会议通过了《中华人民共和国环境保护法》。此外,我国还通过了许多与环境保护有关的法律,如1984年9月20日全国人民代表大会常务委员会通过了《中华人民共和国森林法》;1986年3月19日全国人民代表大会常务委员会第十五次会议通过了《中华人民共和国矿产资源法》;1986年6月25日全国人民代表大会常务委员会通过了《中华人民共和国土地管理法》;1988年1月21日全国人民代表大会常务委员会通过了《中华人民共和国水法》。

本章主要针对环境保护法来研究环境法规的一些基本问题。

18.1 环境保护法的适用范围与目的

环境保护的适用范围与环境保护的范围含义相同,一般是指人类的生存环境,包括自然环境和社会环境两部分。环境的法律定义,是把环境作为法律的保护对象看待的,必须把环境要素作为保护客体,具体、明确地分列出来。

环境保护法第二条"本法所称环境,是指影响人类生存和发展的各种天然的和经过人工改造的自然因素的总体,包括大气、水、海洋、土地、矿藏、森林、草原、野生动物、自然遗迹、人文遗迹、自然保护区、风景名胜区、城市和乡村等。"

18.2 环境保护法的基本原则

18.2.1 环境保护与经济发展相协调

环境保护法的第四条:"国家制定的环境保护规划必须纳入国民经济和社会发展计划,国家采取有利于环境保护的经济、技术政策和措施,使环境保护工作同经济建设和社会发展相协调。”

环境是经济发展的基础。环境是主要的生产资料和生活资料。大气、水、海洋、土地……都是宝贵的自然资源。环境作为经济发展的基础,可以直接地促进经济的发展,同时,也会在一定时期内制约着经济发展的方向和速度。

经济发展是保护环境的主要因素。发展经济的方式有两种,一种是物质资源投入式,这是一种粗放经营的模式,是靠投入大量资源、资金发展生产,是外延扩大再生产,必然会造成资源的极大浪费,而给环境带来严重的污染和生态破坏。这种模式的经济效益低,对治理环境的投入少,使生态进一步遭到破坏,形成恶性循环。另一种是技术资源劳动合理组合型,这是一种集约经营模式,是通过科技进步,使资源、能源得到充分利用,既提高经济效益,又减少“三废”对环境污染,使生态得到更好的保护,形成良性循环。

为要使环境保护与经济发展相协调,必须把环境保护真正纳入经济计划和经济管理的轨道,即:在制订经济计划时,必须把环境保护的目标、措施、资金、设备等同时列入计划;把环境管理渗透到各个部门的经济管理与企业管理中去。

18.2.2 依靠科学技术进步,发展环境保护事业

环境保护法第五条:“国家鼓励环境保护科学教育事业的发展,加强环境保护科学技术的研究和开发,提高环境保护科学技术水平,普及环境保护的科学知识。”

环境保护科学的研究任务是以环境质量为中心展开的,其主要内容包括有:探索全球范围内人类与环境相互作用及其演化规律;查明环境质量变化及其对生态系统和人类存在的影响;研究环境污染和生态环境恶化综合防治技术及其管理措施;保障人类社会与环境保护的协调发展。这些研究任务需要大批高质量的人才,掌握先进的科学技术,才能更好地完成。

18.2.3 预防为主,全面规划,合理布局

贯彻预防为主的方针,要做好环境质量的评价。在制定区域和城市建设总体规划时,应该把环境的目标和措施,作为一个有机组成部分列入规划。根据该地区或城市的自然条件、经济条件,做出环境影响评价,找出一种既能合理布局工农业,又能维持区域生态平衡,保持环境质量的最佳规划方案。在生产力布局上要注意:充分利用自然环境的自净能力;加强资源和能源的综合利用;不使污染工厂建在居民稠密区、城市上风向区、水源保护区、名胜古迹、风景游览区和自然保护区。

18.2.4 谁污染、谁治理,谁开发、谁保护

凡是造成环境污染的单位和个人,都负有治理环境污染或补偿污染损害的责任。一切开发利用自然资源者,都有保护资源和自然环境的义务。

18.2.5 依靠群众保护环境的原则

环境保护法第六条:“一切单位和个人都有保护环境的义务,并有权对污染和破坏环境的单位和个人进行检举和控告。”要大力宣传环境保护法,在全社会造成一个人人关心环境、重视环境、保护环境的良好风气。

18.3 全面加强环境监督管理

环境监督管理是根据法律要求,对污染和破坏环境的行为加强控制,以保证社会经济和环境保护协调发展。

18.3.1 环境标准是强化环境监督管理的核心

环境标准是判别是否构成污染环境的标准依据,是强化环境监督管理的核心。环境标准包括环境质量标准和污染物排放标准。

18.3.1.1 环境质量标准

环境保护法第九条:“国务院环境保护行政主管部门制定国家环境质量标准。”“省、自治区、直辖市人民政府对国家环境质量标准中未作规定的项目,可以制定地方环境质量标准,并报国务院环境保护法行政主管部门备案。”

18.3.1.2 污染物排放标准

环境保护法第十条:“国务院环境保护行政主管部门据国家环境质量标准和国家经济、技术条件,制定国家污染物排放标准;对国家污染物排放标准中已作规定的项目,可以制定严于国家污染物排放标准的地方污染物排放标准。地方污染物排放标准须报国务院环境保护行政主管部门备案。凡是已有地方污染物排放标准的区域排放污染物的,应当执行地方污染物排放标准。”

18.3.2 环境监测是环境保护的基础性工作

环境保护法第十一条:“国务院环境保护行政主管部门建立检查制度,制定监测规范,会同有关部门组织监测网络,加强对环境监测的管理。国务院和省、自治区、直辖市人民政府的环境保护行政主管部门,应当定期公布环境状况公布。”

环境监测是环境保护的基础性工作,是环境管理执法体系的重要组成部分。主要任务是从事所辖区域内的环境质量监测、污染源监测、科研性监测和社会服务性监测等工作,为政府各部门执行环境保护法规、标准,全面展开环境管理工作,提供准确、可靠的监测数据和资料,开展环境监测技术研究,促进环境检测技术的发展。

18.3.3 环境影响评价是建设项目环境保护管理的重要手段

环境保护法第十三条:“建设污染环境的项目,必须遵守国家有关建设项目环境保护管理的规定。建设项目的环境影响报告书,必须对建设项目产生的污染和对环境的影响做出评价,规定防治措施,经项目主管部门预审并依照规定的程序报环境保护行政主管部门批准。环境影响报告书经批准后,计划部门方可批准建设项目设计任务书。”

环境影响报告书是非常重要的,它要阐明防治措施,只有它被批准后,建设项目设计任务书才能被批准。

18.4 保护和改善环境

在开发利用自然资源的同时,保护自然环境,充分发挥环境的综合效益,注意维护生态平衡,保证生态系统的良性循环。这是一项重要的综合性工作。

18.4.1 对自然生态区、水源保护区、人文遗迹自然遗迹、野生动植物等环境的保护

环境保护法第十七条:“各级人民政府对具有代表性的各种类型的自然生态系统区域,珍稀濒危的野生动物自然分布区域,重要的水源涵养区域,具有重大科学文化价值的地质构造、著名溶洞和化石分布区、冰川、火山、温泉等自然遗迹,以及人文遗迹、古树名木,应当采取措施加以保护,严禁破坏。”

18.4.2 对风景名胜区、自然保护区和其他特别保护区的保护

环境保护法第十八条:“在国务院、国务院有关部门和省、自治区、直辖市人民政府划定的风景名胜区、自然保护区和其他需要特别保护的区域内,不得建设污染环境的工业生产设施;建设其他设施,其污染物排放不得超过规定的排放标准。已经建成的设施,其污染物排放超过规定的排放标准的,限期治理。”

18.4.3 对自然资源的保护

环境保护法第十九条:“开发利用自然资源,必须采取措施保护生态环境。”

18.4.4 对农业环境的保护

环境保护法第二十条:“各级人民政府应当加强对农业环境的保护,防治土壤污染、土地沙化、盐渍化、贫瘠化、沼泽化、地面沉降和防治植被破坏、水土流失、水源枯竭,种源灭绝以及其他生态失调现象的发生和发展,推广植物病虫害的综合防治,合理使用化肥、农药及植物生长激素。”

在我国,保护自然环境的重点应该放在农业生态环境上。我国人均耕地不多,因此,要因地制宜地合理使用土地,改良土壤,增加植被;要保护和发展牧草资源,积极规划和进行草原建设,合理放牧,保持和改善草原的再生能力,严禁滥垦草原,防止草原火灾,要积极发展高效、低毒、低残留农药、推广综合防治和生物防治,合理利用污水灌溉,防止土壤和作物的污染;在开垦荒地、围海围湖造地、新建大中型水利等工程时,要事先做好综合科学调查,采取措施,防治水土流失,争取收到明显成效。为保护农业环境,今后还要大力开展植树造林。

18.4.5 对海洋环境的保护

环境保护法第二十一条:“国务院和沿海地方各级人民政府应当加强对海洋环境的保护。向海洋排放污染物、倾倒废弃物,进行海岸工程建设和海洋石油勘探研究开发,必须依照法律的规定,防止对海洋环境的污染损害。”

海洋有丰富的自然资源,海洋还起着调节全球气候与自然生态环境的作用。因此,开发利用海洋,保护和改善海洋生态环境,使它永远造福人类。海洋污染与其他污染相比,具有污染源多而复杂、污染扩散范围大和污染危害的持续性强等特点。污染和损害我国海洋环境的主要污染源有:陆地污染、石油勘探开发污染、船舶污染、倾倒废弃物污染和海岸工程损害五个方面。目前,我国海洋环境已受到不同程度的污染和损害,在一些入海口海区、港湾内海和沿海局部区域,环境污染严重,应引起有关方面的重视。

18.4.6 在城市规划和城市建设中要注意保护和改善环境

环境保护法第二十二条:“制定城市规划,应当确定保护和改善环境的目标和任务。”环境保护第二十三条:“城乡建设应当结合当地自然环境的特点,保护植被、水域和自然景观,加强城市园林、绿地和风景名胜区的建设。”

城市规划和城市的环境保护是两项密切相关的工作,也是建设现代化不可或缺的重要内容。为了尽快治理已有的污染,避免新污染物的出现,就必须在制定城市规划时,确定保护和改善环境的目标和任务。

18.5 防治环境污染和其他公害

环境污染是指人类在生产和生活过程中,排入大气、水、土壤中的废气、废渣、粉尘、垃圾、

放射性物质等有害物质和噪声、恶臭等引起的对环境的污染和生态系统的破坏。其他公害是指环境保护法没有明确规定的其他足以引起环境污染的情况。

18.5.1 建立环境保护责任机制

环境保护法第二十四条:“产生环境污染和其他公害的单位,必须把环境保护工作纳入计划,建立环境保护责任制,采取有效措施,防治在生产建设中产生的废气、废水、废渣、粉尘、恶臭气体、放射性物质以及噪声、振动、电磁波辐射等对环境的污染和危害。”

我们在治理污染和其他公害时,既要做到全面防治、合理布局、控制老污染、预防新污染,又要突出重点,着重治理污染严重的污染源,做到以点带面、点面结合,最终达到彻底根除污染和其他公害的目的。

18.5.2 工业企业要结合技术改造减少和消灭污染

环境保护法第二十五条:“新建工业企业和现有工业企业的技术改造,应当采用资源利用率高、污染物排放量少的设备和工艺,采用经济合理的废弃物综合利用技术和污染物处理技术。”

目前我国有很多工业设备陈旧、工艺落后,有相当一部分技术装备老化,能耗和物耗过高,资源能源浪费严重。因此,对现有企业有重点、有步骤地进行技术改造,是发展国民经济的一项迫切任务,也是解决我国工业污染的一条重要的途径。同时,新建工业企业要使用污染少、效益高的设备和工艺。工业企业要用能够使资源、能源最大限度地转化为产品、把污染物的排放量压缩到最低限度的新工艺。工业社会要用能够使资源、能源最大限度地转化为产品、把污染物的排放量压缩到最低限度的新工艺;要用节能防污的新型设备,代替严重污染环境、浪费资源和能源的陈旧设备。要采用经济合理的废弃物综合利用技术和污染物处理技术。

18.5.3 建设项目必须实行“三同时”制度

环境保护法第二十六条:“建设项目中防治污染的设施,必须与主体工程同时设计、同时施工、同时投产使用。防治污染的设施必须经原审批环境影响报告书的环境保护行政主管部门验收合格后,该建设项目方可投入生产和使用。防治污染的设施不得擅自拆除或者闲置,确有必要拆除或者闲置的,必须征得所在地的环境保护行政主管部门同意。”

新建、改建、扩建的基本建设项目和技术改造项目、自然开发项目以及一切可能对环境造成污染和破坏的工程建设,其中防治污染和生态破坏的设施,必须与主体工程同时设计、同时施工、同时投产使用,这就是“三同时”制度。这是加强开发建设项目环境管理的重要手段,是防止新污染产生的根本保证。

18.5.4 实行排污的申报登记和收费制度

环境保护法第二十七条:“排放污染物的企事业单位,必须依照国务院环境保护行政主管部门规定申报登记。”

环境保护法第二十八条:“排放污染物超过国家或者地方规定的污染物排放标准的企业事业单位,依照国家规定缴纳超标准排污费,并负责治理。水污染防治法另有规定的,依照水污染防治的规定执行。征收的超标准排污费必须用于污染的防治,不得挪作他用,具体使用办法由国务院规定。”

排污申请登记,是指排放污染物的单位在排放污染物之前,必须按照国家有关法律规定的程序和方法向环境保护部门申报排放污染物的种类、数量、浓度等项目。国家规定排污申报登记制度的目的,是为了使环境保护行政主管部门及时掌握排污单位的排污情况,以便采取相应措施防止污染危害的进一步加大。对缴纳超标准排污费的单位并不免除其治理污染的责任。

18.5.5 禁止引进和转移有污染的设备

环境保护法第三十条:“禁止引进不符合我国环境保护规定要求的技术和设备。”

环境保护法第三十四条:“任何单位不得将产生严重污染的生产设备转移给没有污染防治能力的单位使用。”

在引进国外的先进技术和设备中,有些企业引进的技术和设备严重污染了环境,反而影响了经济建设。为此,环境保护法的这一规定,避免了国外污染向我国转移。

在国内有的单位为了转移危机,把一些在本单位污染严重的设备,专卖给外地和乡镇企业,结果不但原有污染没有治理好,还造成了污染面积的进一步地扩大。为此,环境保护法禁止那些有严重污染的生产设备向没有污染防治能力的单位转移。

18.5.6 污染严重的单位要对污染限期治理

环境保护法第二十九条:“对造成环境严重污染的企业事业单位,限期治理。中央或者省、自治区、直辖市人民政府直接管辖的企业事业单位的限期治理,由省、自治区、直辖市人民政府决定。市、县或者市、县以下人民政府管辖的企业事业单位的限期治理,由市、县人民政府决定。被限期治理的企业事业单位必须如期完成治理任务。”

这种限期治理的规定可以推动污染单位积极治理污染,有利于企业加强环境管理,把企业的环境管理纳入经营管理和生产管理之中,把企业的环境保护责任制和经济责任制结合起来。

18.5.7 预防和处理环境污染事故的法律规定

环境保护法第三十一条:“因发生事故或者其他突然性事件,造成或者可能造成污染事故的单位,必须立即采取措施处理,及时通报可能受到污染危害的单位和居民,并向当地环境保护行政主管部门和有关部门报告,接受调查处理。可能发生重大污染事故的企业事业单位,应当采取措施,加强防范。”

对污染事故,首先是采取措施预防,在污染事故发生后,要立即采取措施,使损失减到最低限度。

18.6 环境保护的法律责任

违反环境保护法所应承担的法律责任,分为行政责任、民事责任和刑事责任三种。

18.6.1 行政责任

环境保护的行政责任是实施环境保护法或企业单位保护环境的规章禁止的行为引起的行政上必须承担的后果。包括行政处罚和行政处分。分别由国家环境保护主管部门和环境监督部门(或者由违犯者所在单位)负责追究。环境保护法对行政责任有以下规定:

环境保护法第三十五条:“违反本法规定,有下列行为之一的,环境保护行政主管部门或者其他依照法律规定行使环境监督管理权的部门可以根据不同的情节,给予警告或者处以罚款:(一)拒绝环境保护行政主管部门或者其他依照法律规定行使环境监督管理权的部门规定现场检查或者在被检查时弄虚作假。(二)拒报或者谎报国务院环境保护行政主管部门规定的有关污染物排放申报事项的。(三)不按国家规定缴纳超标准排污费的。(四)引进不符合我国环境保护规定要求的技术和设备的。(五)将产生严重污染的生产设备转移给没有污染防治能力的单位使用的。”

环境保护法第三十六条："建设项目的防治污染设施没有建成或者没有达到国家规定的要求，投入生产或者使用的，由批准该建设项目的环境影响报告书的环境保护行政主管部门责令停业生产或者使用，可以加处罚款。"

环境保护法第三十七条："未经环境保护行政主管部门同意，擅自拆除或者闲置防治污染的设施，污染物排放超过规定的排放标准的，由环境保护行政主管部门责令重新安装使用，并处罚款。"

环境保护法第三十八条："对违反本法规定，造成环境污染事故的企业事业单位，由环境保护行政主管部门或者其他依照法律规定行使环境监督管理权的部门根据所造成的危害的后果处以罚款；情节严重的，对有关责任人员由其所在单位或者政府主管机关给予行政处分。"

18.6.2 民事责任

环境保护的民事责任，是指公民、法人因污染和破坏环境而侵害社会公共财产或者其他人的人身、财产所应承担的民事方面的责任。

环境保护法第四十一条："造成环境污染危害的，有责任排除危害，并对直接受到损害的单位或者个人赔偿损失。赔偿责任和赔偿金额的纠纷，可以根据当事人的请求，由环境保护行政主管部门或者其他依照法律规定行使环境监督管理权的部门处理；当事人对处理决定不服的，可以向人民法院起诉，当事人也可以直接向人民法院起诉。完全由于不可抗拒的自然灾害，并经及时采取合理措施，仍然不能避免造成环境污染损害的，免于承担责任。"

因环境污染损害赔偿提起诉讼的时效期间为 3 年，从当事人知道或者应当知道受到污染损害时起计算。"

18.6.3 刑事责任

环境保护的刑事责任，是指公民因违反环境保护法而触犯刑律，构成犯罪，所应承担的刑事方面的法律责任。环境保护法对刑事责任有以下规定。

环境保护法第四十三条："违反本法规定，造成重大环境污染事故，导致公私财产重大损失或者人身伤亡的严重后果的，对直接责任人员依法追究刑事责任。"

环境保护法第四十五条："环境保护监督管理人员滥用职权、玩忽职守、徇私舞弊的，由其所在单位或者上级主管机关给予行政处分，构成犯罪的，依法追究刑事责任。"

我国对环境保护十分重视，把环境保护列为基本国策。在宪法的基础上，我国政府制定了各种保护环境的法规，为我国环境保护，建设和谐社会的工作提供了法律的保障。

复习思考

1. 了解我国环境法律法规体系。
2. 简述环境保护法的基本原则。
3. 简述环境破坏的法律责任。

思维拓展

第七届全国人民代表大会常务委员会第十一次会议通过了《中华人民共和国环境保护法》。此外,还通过了许多与环境保护有关的法律。我国环境保护法趋向于齐全。请依据实际的环境问题,分析还有哪些环境问题可能需要立法来做保障。

拓展阅读

[1] 国家环境保护总司政策法规司. 中国环境保护法规全书. 北京:中国环境科学出版社,2010.

[2] 徐增亮. 环境地质学. 青岛:青岛海洋大学出版社,1992.

参考文献

[1] 陈静生,等. 环境地球化学. 北京:海洋出版社,1990
[2] 陈余道,蒋亚萍. 环境地质学. 北京:冶金工业出版社,2004.
[3] 陈昭年. 石油与天然气地质学. 北京:地质出版社,2005.
[4] 崔斌,董仁城. 北京城市环境模式管理转变研究. 管理论坛,2005,17(4):58-62.
[5] 崔民选. 2007年中国能源发展报告. 北京:社会科学文献出版社,2007.
[6] 戴塔根. 环境地质学. 长沙:中南大学出版社,2000.
[7] 迪特富特. 宇宙星体漫谈. 北京:地震出版社,1986.
[8] E·斯塔赫,等. 斯塔赫煤岩学教程. 北京:煤炭工业出版社,1990.
[9] 方少木,等. 矿物岩石学. 北京:煤炭工业出版社,1984.
[10] 郭晓明. 矿产资源勘查新技术与产权化管理及经济性评价实务全书. 北京:地质出版社,2007.
[11] 韩文科,胡秀莲,高世宪. 中国能源消费结构变化趋势及调整对策. 北京:中国计划出版社,2007.
[12] 黄成敏. 环境地学导论. 成都:四川大学出版社,2005.
[13] 黄凯,刘克锋等. 北京城市垃圾处理与管理对策. 北京农学院学报,2002,17(1):54-59.
[14] 贾文瑞,等. 21世纪中国能源、环境与石油工业发展. 北京:石油工业出版社,2002.
[15] 鞠美庭,等. 环境学基础. 北京:化学工业出版社,2004.
[16] 鞠美庭,张裕芳,李洪远. 能源规划环境影响评价. 北京:化学工业出版社,2006.
[17] 廉有轩. 环境地学. 北京:中国环境科学出版社,2007.
[18] 林培英. 晶体光学与造岩矿物. 北京:地质出版社,2005.
[19] 刘雪松,王晓琼. 汶川地震的启示——灾害伦理学. 北京:科学出版社,2009.
[20] 李玉锁,等. 火山喷发机制与预报. 北京:地震出版社,1998.
[21] 刘东生,陈庆沐,余志成,等. 我国地方性氟病的地球化学问题. 地球化学,1980,(1):13-21.
[22] 刘嘉麒. 中国火山. 北京:科学出版社,1999.
[23] 刘长礼. 城市垃圾地质环境影响调查评价方法. 北京:地质出版社,2006.
[24] 路凤香,桑隆康. 岩石学. 北京:地质出版社,2001.
[25] 鲁楠. 新能源概论. 北京:中国农业出版社,1997.
[26] 马永胜,等. 水资源保护理论与实践. 北京:中国水利水电出版社,2009.
[27] 马中. 环境与自然资源,经济概论. 北京:高等教育出版社,1999.
[28] 马宗晋,杜品仁,高祥林. 地震知识问答. 北京:科学出版社,2008.
[29] 毛昆明,张乃明,郑毅. 土壤地质环境与农业资源利用. 北京:中国农业科技出版社,2007.
[30] M A 维利康诺夫. 泥石流及其防止法. 北京:科学出版社,1963.
[31] 美国国家环境保护局研究开发处. 污染预防与能源效率工业评估指南. 北京:中国环境科学出版社,2003.
[32] 潘懋,等. 环境地质学. 北京:高等教育出版社,1996.
[33] 潘忠祥. 石油地质学. 北京:地质出版社,1986.
[34] 潘剑君. 土壤资源的调查与评价. 北京:中国农业出版社,2004.
[35] 秦大河. 全球水循环和水资源. 北京:气象出版社,2005.
[36] 邵学军,等. 河流动力学概论. 北京:清华大学出版社,2005.
[37] 宋波,黄世敏. 图说地震灾害与减灾对策. 北京:中国建筑工业出版社,2008.
[38] 宋国君,等. 中国淮河流域水环境保护政策评估. 北京:人民大学出版社,2007.
[39] 万天丰. 中国大地构造学纲要. 北京:地质出版社,2004.
[40] 王昌杰. 河流动力学. 北京:人民交通出版社,2004.
[41] 王德滋. 光性矿物学. 上海:上海人民出版社,1977.
[42] 王恭先,等. 滑坡学与滑坡防治技术. 北京:中国铁道出版社,2007.
[43] 汪新文,等. 地球科学概论. 北京:地质出版社,2004.
[44] 徐增亮. 环境地质学. 青岛:青岛海洋大学出版社,1992.
[45] 徐祖信. 河流污染治理技术与实践. 北京:中国水利水电出版社,2003.

[46] 许钟民,邓育杰. 火山爆发. 北京:人民教育出版社,2002.
[47] 杨魁孚,田雪原. 人口,资源,环境可持续发展. 杭州:浙江人民出版社,2001.
[48] 杨永杰. 环境学基础. 北京:化学工业出版社,2002.
[49] 翟秀静,等. 新能源技术. 北京:化学工业出版社,2006.
[50] 张亚云. 应用煤岩学基础. 北京:冶金工业出版社,1990.
[51] 赵烨. 环境地学. 北京:高等教育出版社,2007.
[52] 赵振华. 微量元素地球化学. 地球科学进展,1992,7(5):65 – 66.
[53] 周爱国,蔡鹤生. 地质环境质量评价理论与应用. 武汉:中国地质大学出版社,1998.
[54] 周利国. 矿产资源开采投资评估实用手册. 北京:国家行政学院音像出版社,2009.
[55] 中国环境保护法规全书. 北京:化学工业出版社,2004.
[56] 中国石油工业的发展. 上海:上海人民出版社,1976.
[57] 朱大奎,等. 环境地质学. 北京:高等教育出版社,2000.
[58] 朱铁铮. 20 世纪中国河流水电规划. 北京:中国电力出版社,2002.
[59] 竹内均,等. 地壳运动假说——从大陆漂移到板块构造. 北京:地质出版社,1978.
[60] C W Montgomery. Environmental Geology. IA:Wm C Brown Publishers,1995.
[61] J A Cooper. Recent advances in sampling and analysis of coal – fired power plant emissions for air toxic compounds. Fuel Processing Technology, 39: 251 – 258.
[62] R B Finkelman. What we don't know about the occurrence and distribution of trace in coals. Journal of coal quality,1989(8):3 – 4.
[63] Richard W Lawrence etc. ,A method to calculate the neutralization potential of mining wastes . Environmental Geology, 1997,32(2):55 – 62.
[64] R Scarpa, R. I. Tilling. 火山检测与减灾. 北京:地震出版社,2001.
[65] Robert B Finkelman. The medical geology revolution. Chicago: Martin J S Rudwick Publisher,2008.